石油教材出版基金资助项目

石油高等院校特色规划教材

钻井与完井工程概论

金业权　刘　刚　编

石 油 工 业 出 版 社

内 容 提 要

本书系统讲述了油气井钻井与完井工程的基本理论和工艺技术。全书共八章,包括岩石的工程力学性质、石油钻机及钻井工具、地层压力与井身结构、钻进工艺技术、油气井压力控制、固井技术、完井技术和油气层保护技术。

本书可以作为普通高等院校非石油工程专业的教学用书,也可作为油气井钻探工程技术人员参考用书。

图书在版编目(CIP)数据

钻井与完井工程概论/金业权,刘刚编.
北京:石油工业出版社,2015.9
(石油高等院校特色规划教材)
ISBN 978-7-5183-0476-9

Ⅰ.钻…
Ⅱ.①金…②刘…
Ⅲ.①油气钻井—高等学校—教材
②完井—高等学校—教材
Ⅳ.TE2

中国版本图书馆 CIP 数据核字(2014)第 254699 号

出版发行:石油工业出版社
　　　　　(北京朝阳区安华里 2 区 1 号　100011)
　　　　　网　　址:www.petropub.com
　　　　　编辑部:(010)64523579　图书营销中心:(010)64523633
经　　销:全国新华书店
排　　版:北京苏冀博达科技有限公司
印　　刷:北京中石油彩色印刷有限责任公司

2015 年 9 月第 1 版　2015 年 9 月第 1 次印刷
787×1092 毫米　开本:1/16　印张:13
字数:330 千字

定价:26.00 元
(如出现印装质量问题,我社图书营销中心负责调换)
版权所有,翻印必究

前 言

《钻井与完井工程概论》作为普通高等院校非石油工程专业学生学习钻井与完井的教学用书,用于指导学生学习和了解钻井与完井理论,认识油气井的钻井和完井工艺方法。

全书本着理论与实际相结合,少而精,覆盖面广,尽量反映钻井与完井基本理论和技术的原则,从岩石的工程力学性质、石油钻机及钻井工具、地层压力与井身结构、钻进工艺技术、油气井压力控制、固井技术、完井技术和油气层保护技术等方面系统地讲述了钻井与完井工程所涉及的基本理论、基本计算、基本设计和现代主要钻井与完井技术的基本工艺过程。本教材在内容编排上基本符合循序渐进的原则,有利于课堂讲解和学生自学,教材内容适合40学时左右的课堂讲授,也可根据具体情况选择讲授。

本书第一章至第四章由刘刚编写,第五章至第八章由金业权编写。

本教材在编写过程中参考了石油院校正在使用的钻井和完井工程等方面的教材,以及钻井与完井工程相关专业书籍,在此对引用的文献编著者表示衷心的感谢。

由于编者水平所限,本书难免有不当和错误之处,恳请读者批评指正。

编 者
2015 年 2 月

目　　录

绪　　论 ………………………………………………………………………………… 1

第一章　岩石的工程力学性质 ………………………………………………………… 3
　　第一节　岩石的强度性质 ………………………………………………………… 3
　　第二节　岩石的变形性质 ………………………………………………………… 9
　　第三节　岩石的其他性质 ………………………………………………………… 14
　　思考题 ……………………………………………………………………………… 17

第二章　石油钻机及钻井工具 ………………………………………………………… 18
　　第一节　石油钻机 ………………………………………………………………… 18
　　第二节　钻头 ……………………………………………………………………… 32
　　第三节　钻柱 ……………………………………………………………………… 48
　　思考题 ……………………………………………………………………………… 59

第三章　地层压力与井身结构 ………………………………………………………… 60
　　第一节　地层异常压力的成因 …………………………………………………… 60
　　第二节　地层孔隙压力的预测与监测 …………………………………………… 63
　　第三节　地层破裂压力预测及试验方法 ………………………………………… 68
　　第四节　井身结构 ………………………………………………………………… 71
　　思考题 ……………………………………………………………………………… 75

第四章　钻进工艺技术 ………………………………………………………………… 76
　　第一节　钻井液技术 ……………………………………………………………… 76
　　第二节　影响钻进速度的因素 …………………………………………………… 88
　　第三节　喷射钻井技术 …………………………………………………………… 91
　　第四节　防斜打直技术 …………………………………………………………… 101
　　第五节　定向钻井技术 …………………………………………………………… 108
　　第六节　其他钻井技术 …………………………………………………………… 122
　　思考题 ……………………………………………………………………………… 133

第五章　油气井压力控制 ……………………………………………………………… 135
　　第一节　概述 ……………………………………………………………………… 135
　　第二节　井筒压力系统平衡关系 ………………………………………………… 137
　　第三节　溢流 ……………………………………………………………………… 139

第四节　关井 ………………………………………………………… 143
　第五节　井控设备 ……………………………………………………… 146
　第六节　压井工艺技术 ………………………………………………… 148
　思考题 ……………………………………………………………………… 151

第六章　固井技术 ………………………………………………………… 152
　第一节　套管柱受力分析 ……………………………………………… 152
　第二节　油井水泥 ……………………………………………………… 160
　第三节　注水泥 ………………………………………………………… 165
　思考题 …………………………………………………………………… 169

第七章　完井技术 ………………………………………………………… 171
　第一节　常用的完井方法 ……………………………………………… 171
　第二节　射孔工艺技术 ………………………………………………… 179
　思考题 …………………………………………………………………… 185

第八章　油气层保护技术 ………………………………………………… 186
　第一节　钻井过程中的储层保护技术 ………………………………… 186
　第二节　完井过程中的储层保护技术 ………………………………… 195
　思考题 …………………………………………………………………… 200

参考文献 …………………………………………………………………… 201

绪 论

一、钻井与完井工程的地位

钻井是石油勘探开发的一个非常重要的环节和手段,一个国家在钻井技术上的进步程度,往往反映了这个国家石油工业的发展状况。因此,许多国家竞相宣布本国钻了世界上各类第一口油井,以显示他们在世界石油工业发展史曾经做出的贡献和所处的地位。

石油勘探有多种方法,但钻井是最重要也是最终判断地下是否有油的手段。当一个地质圈闭经钻探并获得了有工业开采价值的油气流后就算找到了一个油田。下一步的工作就是进一步搞清楚这个油田的具体范围和出油能力。因此,在钻探过程中发现油气后,就应立即查清油层的层数、深度、厚度,并要搞清油层的岩性和其他物理性质,还要对油层进行油气生产能力的测试和原油性质的分析。然后再扩大钻探,进一步探明圈闭含油气情况,算出地下的油气储藏量有多少。这样,对一个油田来说,它的初步勘探工作才算结束。通过地质勘探,发现有工业价值的油田以后,就可以着手准备开发油田的工作了。

在石油勘探、开发各个阶段的共同特点是都要钻井。如在地质普查阶段,为了研究地层剖面,寻找储油构造,要钻地质井、基准井、制图井、构造井等。在区域详探阶段,为了寻找油气藏,并详细研究其储量、性质,要钻预探井、详探井、边探井等。在油田开发阶段,为了把石油、天然气开采出来,更需要钻井,如生产井、注水井、观察井等。石油钻井类型按性质和用途一般分为:

地质探井(基准参数井):在很少了解的盆地和凹陷中,为了了解地层的沉积年代、岩性、厚度、生储盖层组合,并为地球物理解释提供各种参数所钻的井。

预探井:在地震详查和地质综合研究基础上所确定的有利圈闭范围内,为了发现油气藏所钻的井;在已知油气田范围内,以发现未知新油气藏为目的所钻的井。

详探井(评价井):在已发现的油气圈闭上,以探明含油气边界和储量,了解油气层结构变化和产能为目的所钻的探井。

地质浅井:为配合地面地质和地球物理工作,以了解区域地质构造,地层剖面和局部构造为目的,一般使用轻便钻机所钻的井,例如剖面探井、制图井、构造井等。

检查资料井:在已开发油气田内,为了研究开发过程中地下情况变化所钻的井。

生产井:开发油气田所钻的采油井、采气井。

注水井:为合理开发油气田,保持油气田压力所钻的、用于注水的井。

地质探井、预探井、详探井和地质浅井总称探井。检查资料井、生产井、注水井总称开发井。

二、钻井与完井施工工序

钻井是一项复杂的系统工程,是勘探和开发油气田的主要手段。其主要施工工序一般包括:定井位、道路勘测、基础施工、安装井架、安装设备、开钻、钻进、接单根、起钻、换钻头、下钻、完井测试、固井、井队搬迁等。

钻井建井过程如图 0-1 所示。

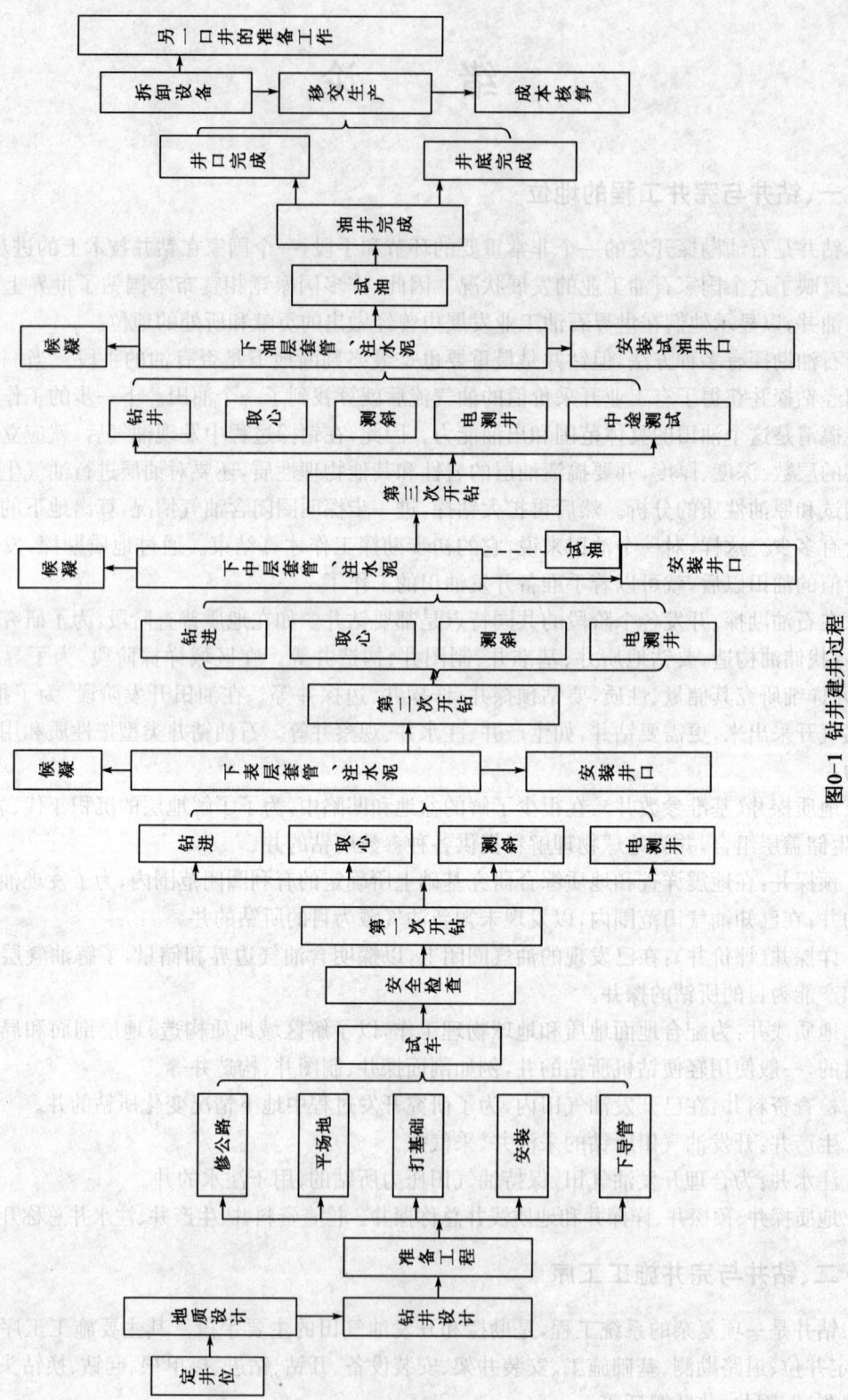

图0-1 钻井建井过程

第一章 岩石的工程力学性质

钻井是利用专用设备和工具,采用一定的措施和方法,不断破碎地下岩石形成井眼的过程。它是石油、天然气勘探开发的主要手段。由于石油、天然气大都埋藏在地下不同深度的岩层中,地层岩石是钻井工作者的工作对象,因此了解一定的岩石工程力学性质是非常必要的。

了解岩石工程力学性质,是为选用合适的钻头和确定最优的钻进参数提供依据。井眼的形成使地层裸露于井壁上,这又涉及井眼与地层之间的压力平衡问题,对此问题处理不当则会发生井涌、井喷或压裂地层等复杂情况或事故,使钻进难以进行,甚至使井眼报废。所以,在一个地区钻井之前,充分认识和了解该地区的工程地质资料是进行钻井设计的重要基础。

第一节 岩石的强度性质

岩石在各种荷载作用下达到破坏时所能承受的最大应力称为岩石的强度。例如,在单轴压缩荷载作用下所能承受的最大压应力称为单轴抗压强度或非限制性抗压强度;在单轴拉伸荷载作用下所能承受的最大拉应力称为单轴抗拉强度;在纯剪力作用下所能承受的最大剪应力称为非限制性剪切强度。

为了保证不同的岩石强度试验所获得的岩石强度指标具有可比性,国际岩石力学学会(ISRM)对岩石强度试验所使用的试件的形状、尺寸、加载速率和湿度等先后制定了标准,对不符合标准试件和标准试验条件所获得的强度指标值,必须根据国际标准作相应的修正。

一、岩石的应力—应变曲线

研究岩石力学性质最普遍的方法,是在试验机上对长度为直径 2～3 倍的圆柱形岩样进行轴向压缩试验,称为单轴压缩试验。将试验测得的应力和应变作图,就得到应力—应变曲线。在刚性试验机上得到的典型的岩石全应力—应变曲线如图 1-1 所示。

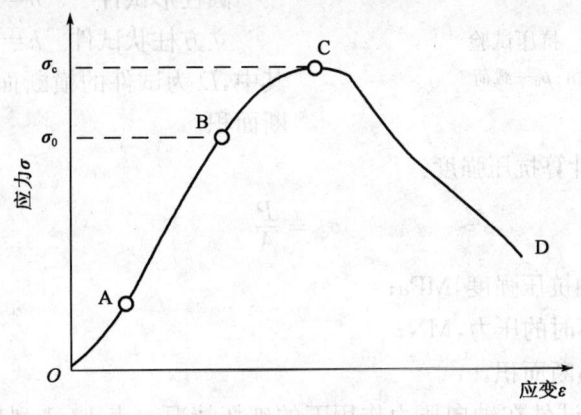

图 1-1 典型的岩石全应力—应变曲线
σ_c—岩石的单轴抗压强度

OA 段，曲线稍向上凹，这反映岩石试件内部裂隙逐渐被压密，随着岩石内部裂隙被压密进入 AB 段。

AB 段，它的斜率为常数或接近于常数。其斜率定义为岩石的杨氏弹性模量 E。随着荷载的继续增大，变形和荷载呈非线性关系，裂隙进入不稳定发展状态，这是破坏的先行阶段，即 BC 段。

BC 段，应力—应变曲线的斜率随着应力的增加逐渐减小到零，曲线向下凹，在岩石中引起不可逆变化。发生弹性到延性行为过渡点 B 通常称为屈服点，而相应的应力称为屈服应力。最高点 C 的应力称为强度极限。

CD 段，曲线下降，是由于裂隙发生了不稳定传播，新的裂隙分叉发展，使岩石开始解体。CD 段以脆性性态为其特征。C 点以前的阶段，可以称为破坏前阶段。这一段的力学表现大体来说，由一般试验机和刚性试验机试验所得到的结果，基本没有区别。但一般试验机得不出 CD 段过程，所以认为岩石在 C 点发生了破坏。实际岩石是有后破坏特征的。虽然此时裂隙大量发展，但破坏是个渐进过程，不是突如其来的过程，并且在应力超过峰值以后仍然具有一定的承载能力，研究岩石的破碎过程和井壁岩石的失稳破坏以及支护时应该加以考虑。

二、简单应力条件下岩石的强度

(一)岩石的抗压强度

岩石的抗压强度就是岩石试件在单轴压力下达到破坏的极限值，它在数值上等于破坏时的最大压应力。岩石的抗压强度一般在实验室内用压力机进行加压试验测定，如图 1-2 所示。

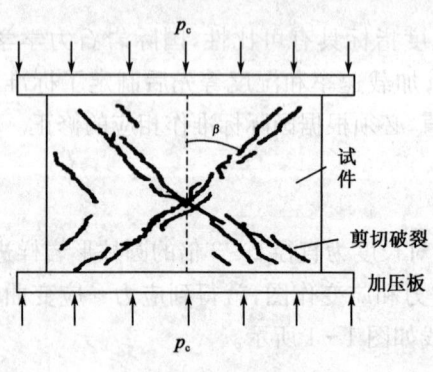

图 1-2 抗压试验
β—破坏角；p_c—载荷

试件通常用圆柱形(钻探岩心)或立方柱状(用岩块加工)。试件的断面尺寸，圆柱形试件采用直径 5cm，也有采用 7cm 的；立方柱状试件采用 5cm×5cm 或 7cm×7cm。试件的高度 h 应当满足下列条件：

圆柱形试件　　$h=(2\sim2.5)D$
立方柱状试件　$h=(2\sim2.5)A^{0.5}$

其中，D 为试件的横断面直径，A 为试件的横断面积。

试验结果按下式计算抗压强度：

$$\sigma_c = \frac{P}{A} \tag{1-1}$$

式中　σ_c——岩石单轴抗压强度，MPa；

　　　P——试件破坏时的压力，MN；

　　　A——试件的横断面积，m^2。

图 1-3 表示岩石试件在轴向压力作用下的破坏情况。表 1-1 列出一些岩石的单轴抗压、抗拉、抗剪强度值。

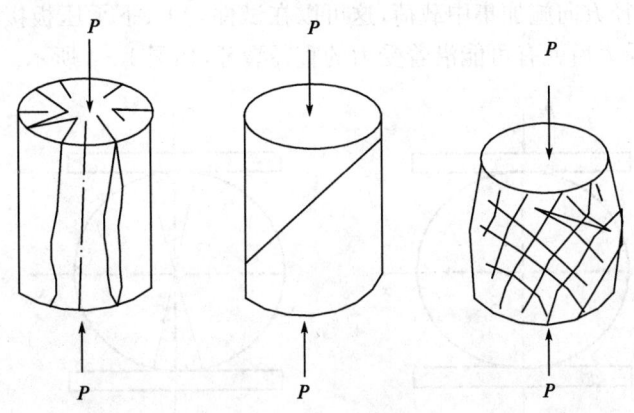

图 1-3 岩石试件在压力 P 轴向压缩时的破坏情况

表 1-1 岩石的单轴抗压、抗拉、抗剪强度　　　　　单位：MPa

岩　　石	抗压强度	抗拉强度	抗剪强度
粗粒砂岩	142	5.1	—
中粒砂岩	151	5.20	
细粒砂岩	185	7.95	
页岩	14~61	1.7~8	—
泥岩	18	3.2	
石膏	17	1.9	
含膏灰岩	42	2.4	
安山岩	98.6	5.8	9.6
白云岩	162	6.9	11.8
石灰岩	138	9.1	14.5
花岗岩	166	12	19.8
正长岩	215.2	14.3	22.1
辉长岩	230	13.5	24.4
石英岩	305	14.4	31.6
辉绿岩	343	13.4	34.7

大量试验证明，影响岩石抗压强度的因素很多，这些因素可分为两方面：一方面是岩石本身，如颗粒大小、矿物成分、颗粒联结及胶结情况、块体密度、层理和裂隙的特性和方向、风化程度和含水情况等；另一方面是试验方法，如试件大小、尺寸相对比例、形状、试件加工情况和加荷速率等。

（二）岩石的抗拉强度

岩石的抗拉强度是指岩石试件在单向拉伸条件下试件达到破坏的极限值，它在数值上等于破坏时的最大拉应力。和岩石的抗压强度相比，对抗拉强度的研究要少得多。这可能是因为直接进行抗拉强度的试验比较困难，目前大多是进行各种各样的间接试验，再通过理论公式算出抗拉强度。岩石的抗拉强度一般小于或等于抗压强度的1/10。

目前常用劈裂法测定岩石的抗拉强度。试件的形状用得最多的是圆柱体和立方体。试验时,沿着圆柱体的直径方向施加集中载荷,这可以在试件与上、下承压板接触处各放一根钢丝来实现。这样试件受力后就有可能沿着受力的直径裂开,如图1-4所示。

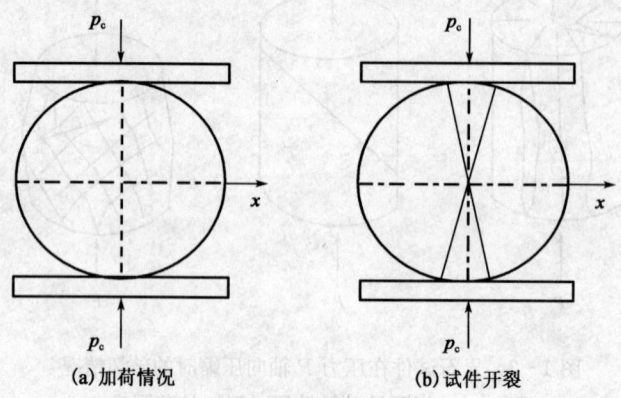

(a) 加荷情况　　　　　(b) 试件开裂

图 1-4　岩石劈裂试验

p_c—载荷

试验资料的整理可按弹性力学的解答来进行。根据弹性力学公式,这时沿着垂直向直径产生几乎均匀的水平向的拉应力,这些应力的平均值 $\bar{\sigma}$ 为:

$$\bar{\sigma} = \frac{2P}{\pi Dl} \tag{1-2}$$

式中　　P——作用力,N;

　　　　D——圆柱形试样的直径,m;

　　　　l——圆柱形试样的长度,m。

如果试样为立方体,则抗拉强度 σ_t 按式(1-3)计算:

$$\sigma_t = \frac{2P}{\pi a^2} \tag{1-3}$$

式中　　a——立方体试样的边长。

这个方法的优点是简便易行,不需特殊设备,只要有普通的压力机就可进行试验,因此该法在生产实践中已经获得了广泛的应用。

表1-1给出了某些岩石的抗拉强度,一般而言,岩石的抗拉强度 σ_t 与抗压强度 σ_c 之间一般存在着线性关系,可以近似地表示为:

$$\sigma_c = C_m \sigma_t \tag{1-4}$$

式中,C_m 在 4~10 范围内变化,依据岩石的类型而定。

(三)岩石的其他强度

1. 抗剪强度

抗剪强度是指在剪切力的作用下岩石破坏时的应力。较为直观的测定方法是:将方块长条岩样固定在支架上,支架在岩样下方形成一个支点,与岩样上方的切刀合在一起构成一对剪切力,当剪切力足够大时,岩样被剪断,此时岩样单位面积上的剪应力即岩石的抗剪强度。

2. 抗弯强度

抗弯强度是指在弯曲力矩作用下岩石发生破坏时的应力。可用简支梁法测定,将长方条形岩样下方支在两支点上,在上方位于两下支点中央处通过支点向下加压力,岩样受弯曲力矩,当岩样被压到折断时的应力即岩石的抗弯强度。

岩石由于其本身结构、组成、成因等特点,其强度与应变形式有很大的关系。一些岩石的单轴抗压强度、抗拉强度和抗剪强度的数值列于表1-1。

若抗压强度为1,则其余应变形式的强度与抗压强度的比例关系见表1-2。

表1-2 岩石各种强度间的比例关系 单位:MPa

岩石	抗压强度	抗拉强度	抗剪强度	抗弯强度
花岗石	1	0.02~0.04	0.09	0.03
砂岩	1	0.02~0.05	0.10~0.12	0.06~0.20
石灰岩	1	0.04~0.10	0.15	0.06~0.10

沉积岩的层理对强度的影响非常大,表1-3是几种沉积岩在平行于层理方向(用"∥"表示)和垂直于层理方向(用"⊥"表示)测出的强度。

表1-3 几种沉积岩的各向异性(不同方向的强度) 单位:MPa

岩石	抗压强度		抗拉强度		抗剪强度		抗弯强度	
	∥	⊥	∥	⊥	∥	⊥	∥	⊥
粗砂岩	118.5~157.5	142.3~176.0	4.43	5.14~5.25	48.3	47.0	11.1~17.2	10.3
中砂岩	117.0~216.0	147.0~206.0	7.70	5.20	33.6~59.4	48.2~61.8	16.2~22.6	13.1~19.4
细砂岩	137.8~241.0	133.5~220.5	8.07~11.8	6.0~7.95	43.2~59.5	52.4~64.9	20.85~26.53	17.75
粉砂岩	34.4~104.5	55.4~114.7	—	—	4.8~11.3	12.9~19.8	2.27~16.6	4.30

三、三轴压缩试验与围压条件下岩石强度的特点

上面讨论的岩石单轴强度问题,钻井中所遇到的岩石是处于一定的压力、温度条件下,岩石中还充满各种介质,显然这些条件会对岩石机械性质带来影响。

岩石在地层深处处于各方受压的状态,通过模拟这种压力条件的三轴试验,可以了解到岩石在压力条件下的强度特点。

(一)三轴压缩试验

岩石在三向压缩荷载作用下,达到破坏时所能承受的最大压应力称为岩石的三轴抗压强度。与单轴压缩试验相比,试件除受轴向压力外,还受侧向压力。侧向压力限制试件的横向变形,因而三轴试验是限制性抗压强度试验。

三轴压缩试验的加载方式有两种:一种是真三轴加载,试件为立方体,加载方式如图1-5(a)所示;另一种是常规的三轴试验,也称伪三轴试验,试件为圆柱体,试件直径为25~150mm,长度与直径之比为2:1或3:1,加载方式如图1-5(b)所示,轴向压力σ_1的加载方式与单轴压缩试验时相同。但由于有了侧向压力,其加载时的端部效应比单轴加载时要轻微得多。侧向压力($\sigma_2=\sigma_3$)由圆柱形液压油缸施加。由于试件侧表面已被加压油缸的橡皮套包住,液压油不会在试件表面造成摩擦力,因而侧向压力可以均匀施加到试件中。在上述两种试验条件下,三轴抗压强度均为试件达到破坏时所能承受的最大σ_1值。

这种试验就是利用三轴压缩试验的成果来求出剪切面上的σ与τ的关系,试验的装置如图1-6所示。

在进行三轴试验时,先将试件施加侧压力,然后逐渐增加垂直压力,直至破坏。

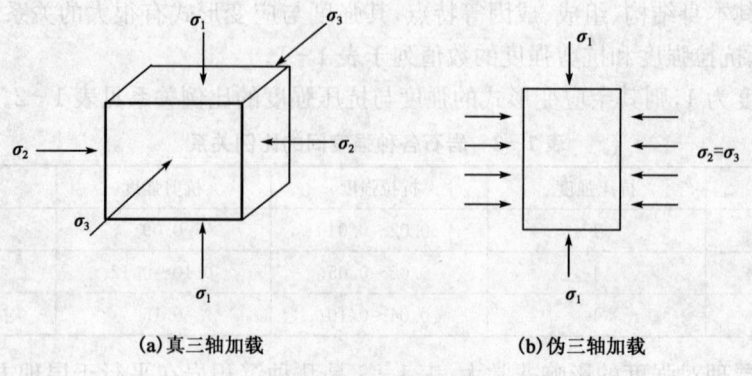

(a) 真三轴加载　　　　(b) 伪三轴加载

图 1-5　三轴压缩试验加载示意图

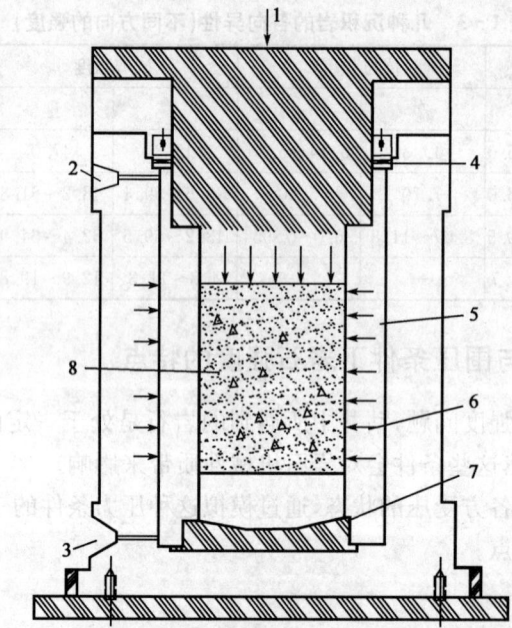

图 1-6　三轴压缩试验装置示意图

1—施加垂直压力；2—侧压力液体出口；3—侧压力液体进口；4—密封设备；5—压力室；
6—侧压力；7—球状底座；8—试件

由于岩石中有细微裂隙和层理等软弱面，它的强度就表现出明显的各向异性。需要指出的是，岩石的抗拉强度、抗压强度以及三轴试验强度都与岩石的孔隙指数有关。显然，随着岩石孔隙指数的增大，岩石的三种强度迅速降低。

(二) 围压条件下岩石强度的特点

1. 岩石强度增加

根据试验资料，当大理岩的围压从 0 增加到 165MPa 时，其强度从 136MPa 增大到 390MPa，增加了 254MPa；当砂岩的围压从 0 增大到 155MPa 时，其强度从 69MPa 增大到 330MPa。根据另一试验资料可知，岩石不同，受围压的影响也不同。如当砂岩试样围压从 0 增大到 200MPa 时，其抗压强度增大 12 倍左右；而盐岩的抗压强度仅增大 1 倍左右。其余岩石如白云岩、硬石膏、大理岩、石灰岩、页岩试样的抗压强度,在此条件下约增大 4~10 倍。

2. 岩石的塑性变形增大

岩石在围压影响下变形的试验资料见表 1-4。一般认为,岩石的总变形量达到 3%~5%,就开始具有塑性性质,或已实现了从脆性到塑性的转变。表 1-4 中,除石英砂岩仍然保持脆性破坏之外,其余岩石均已具有明显的塑性性质。岩性不同,岩石从脆性转变为塑性的围压也不同。

表 1-4　岩石围压下的塑性变形

岩　　石	在下列围压下破坏的变形量,%	
	围压 100MPa	围压 200MPa
石英砂岩	2.9	3.8
白云岩	7.3	13.0
硬石膏	7.0	22.3
大理岩	22.0	28.8
砂岩	25.8	25.9
石灰岩	29.1	27.2
页岩	15.0	25.0
盐岩	28.8	27.5

第二节　岩石的变形性质

一、岩石的变形特征

(一)岩石应力—应变的一般关系

对于大多数的岩石来说,应力—应变曲线具有近似直线的形式,如图 1-7(a)所示,在直线的末端 F 点处发生突然破坏,这种应力—应变关系可用式(1-5)表示:

$$\sigma = E\varepsilon \tag{1-5}$$

式中　E——弹性模量,即 OF 线的斜率。

如果岩石严格地遵循式(1-5)的关系,那么这种岩石就是线性弹性的。

如果岩石的应力—应变关系是曲线,如图 1-7(b)所示,但应力与应变之间有着唯一的关系,即:

$$\sigma = f(\varepsilon) \tag{1-6}$$

则这种材料称为完全弹性的,当荷载逐渐施加到任何点 P,得加载曲线 OP。如果在 P 点将荷载逐渐卸去,则卸载曲线仍沿 OP 曲线的路线退到原点 O,即仍按上式相同的路线进行。由于应力—应变是曲线关系,所以这里没有唯一的模量,但对于相应于 P 点的任何的 σ 值,都有一个切线模量和割线模量。切线模量就是 P 点在曲线上的切线 PQ 斜率,而割线模量就是割线 OP 的斜率,它等于 σ/ε。

如果逐渐加载至某点 P,然后再逐渐卸载至零,应变也退至零,但卸荷曲线不走加载曲线

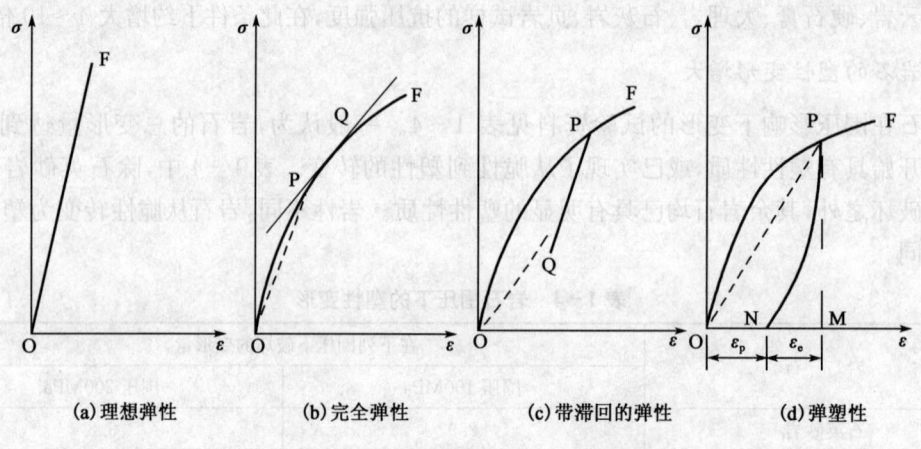

(a) 理想弹性　　(b) 完全弹性　　(c) 带滞回的弹性　　(d) 弹塑性

图 1-7　几种典型的岩石的应力—应变曲线

OP 的路线,如图 1-7(c)中虚线所示,则这种材料称为弹性的,这是产生了所谓滞回效应。在这种情况下,加载时在物体上做的功大于卸载时的功,因此,在加载与卸载的循环中,能量在物体中消散。卸载曲线上 P 点的切线 PQ 的斜率就是相应于该应力的卸载模量。

如果逐渐加荷至某点 P,得加载曲线 OP,然后再逐渐卸载至零,不仅卸载曲线不走加载曲线的路线,而且应变也恢复不到零(原点),如图 1-7(d)所示的 N 点,则这种材料称为弹塑性的,能够恢复的变形称为弹性变形,以 ε_e 表示(MN 段),而不可恢复的变形称为塑性变形或残余变形、永久变形,以 ε_p 表示。加载曲线与卸载曲线所组成的环,称为塑性滞回环。弹性模量 E 就是加载曲线直线段的斜率,而加载曲线直线段大致与卸载曲线的割线相平行。

(二)应力—应变曲线类型

米勒(Miller)根据岩石的应力—应变曲线随着岩石的性质有各种不同形式的特点,采用 28 种岩石进行了大量的单轴试验后,将岩石的应力—应变曲线分成 6 种类型,如图 1-8 所示。

类型Ⅰ:弹性,应力与应变的关系是一直线或者近似直线,直到试样发生突然破坏为止。具有这种变形类型的岩石有玄武岩、石英岩、白云岩以及极坚固的石灰岩。

类型Ⅱ:弹—塑性,在应力较低时,应力与应变的关系近似于直线。当应力增加到一定数值后,应力—应变曲线向下弯曲变化,且随着应力逐渐增加,曲线斜率也越来越小,直至破坏。具有这种变形性质的典型岩石有较软弱的石灰岩、泥岩以及凝灰岩等。

类型Ⅲ:塑—弹性,在应力较低时,应力—应变曲线略向上弯曲。当应力增加到一定数值后,应力—应变曲线就逐渐变为直线,直至试样发生破坏。具有这种变形性质的代表性岩石有花岗岩、片理平行于压力方向的片岩以及某些辉绿岩等。

类型Ⅳ:塑—弹—塑性,在压力较低时,曲线向上弯曲。当压力增加到一定值后,变形曲线就成为直线。最后,曲线向下弯曲,曲线似 S 形。这种变形类型的岩石大多数是变质岩,如大理岩、片麻岩等。

类型Ⅴ:基本上与Ⅳ类型相同,也呈 S 形,不过曲线的斜率较平缓,一般发生在压缩性较高的岩石中,压力垂直于片理的片岩具有这种性质。

类型Ⅵ:弹—塑—蠕变性,应力—应变曲线是盐岩的特征,开始先有很小一段直线部分,然后有非弹性的曲线部分,并不断地蠕变。某些软弱岩石也具有类似特性。

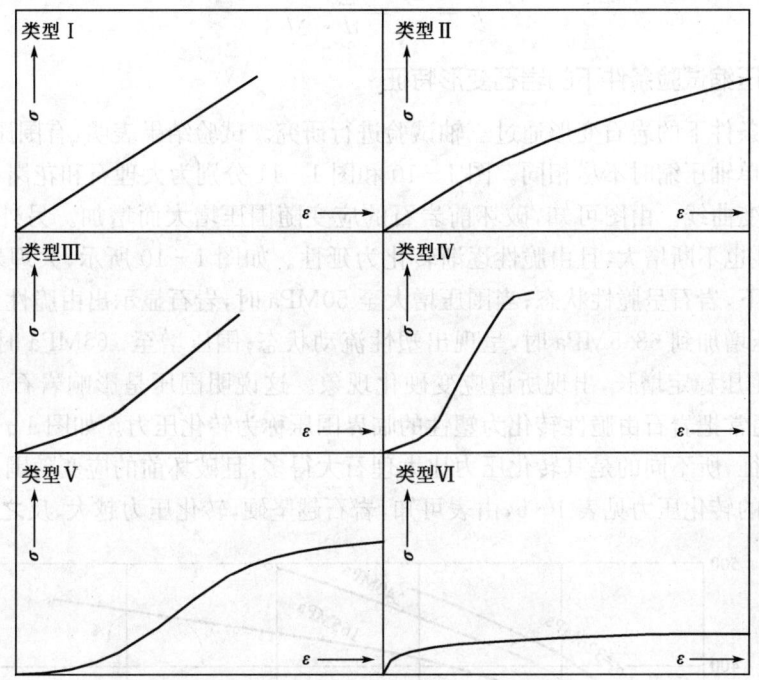

图 1-8　典型岩石的应力—应变曲线类型

二、岩石变形性质的室内测定

岩石变形指标以及应力—应变关系,可以在实验室内测定,也可在现场测定。目前用得较多的方法是实验室的单轴压缩试验、实验室或现场的波速测定法、室内三轴试验等,有时候还可以作弯曲试验、现场水压试验等。

(一)单轴压缩试验

在单轴压缩试验时,试样大多采用圆柱形,一般要求试样的直径为 5cm,高度为 10cm,两端磨平光滑。按照实验要求,在侧面粘贴电阻丝片,以便观测变形,然后用压力机对试样加压,如图 1-9 所示。在任何轴向压力下,都测量试样的轴向应变和侧向应变。设试样的长度为 l,直径为 d,试样在荷载 P 作用下,轴向缩短 Δl,侧向膨胀 Δd,则试样的轴向应变为 $\varepsilon_y = \dfrac{\Delta l}{l}$,侧向应变为 $\varepsilon_x = \dfrac{\Delta d}{d}$。

假如,岩石服从胡克定律(线性弹性材料),则压缩时的弹性模量 E 由式(1-7)给出:

$$E = \frac{\sigma}{\varepsilon} = \frac{P/A}{\Delta l/l} = \frac{P \cdot l}{\Delta l \cdot A} \quad (1-7)$$

泊松比 μ 为:

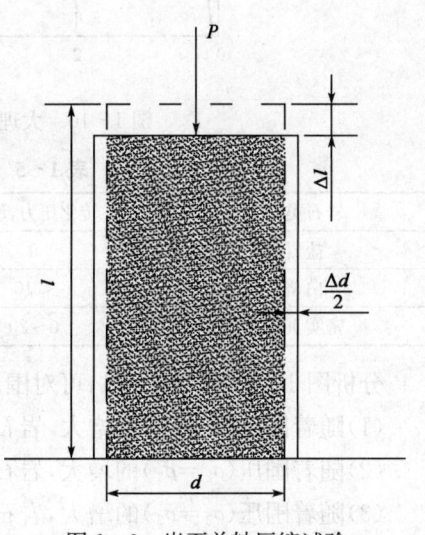

图 1-9　岩石单轴压缩试验

$$\mu = \frac{\varepsilon_x}{\varepsilon_y} = \frac{\Delta d \cdot l}{d \cdot \Delta l} \tag{1-8}$$

(二)三轴压缩试验条件下的岩石变形特征

三轴压缩条件下的岩石变形通过三轴试验进行研究。试验结果表明:有围压作用时,岩石的变形性质与单轴压缩时不尽相同。图1-10和图1-11分别为大理石和花岗岩在不同围压下的应力—应变曲线。由图可知,破坏前岩石的应变随围压增大而增加。另外,随着围压增大,岩石的塑性也不断增大,且由脆性逐渐转化为延性。如图1-10所示,大理岩在围压为零或较低的情况下,岩石呈脆性状态;当围压增大至50MPa时,岩石显示出由脆性到塑性转化的过渡状态,围压增加到68.5MPa时,呈现出塑性流动状态;围压增至165MPa时,试件承载力($\sigma_1-\sigma_3$)则随围压稳定增长,出现所谓应变硬化现象。这说明围压是影响岩石力学属性的主要因素之一,通常把岩石由脆性转化为塑性的临界围压称为转化压力。如图1-11所示,花岗岩也有类似特征,所不同的是其转化压力比大理石大得多,且破坏前的应变随围压增加更为明显。某些岩石的转化压力见表1-5,由表可知,岩石越坚硬,转化压力越大,反之亦然。

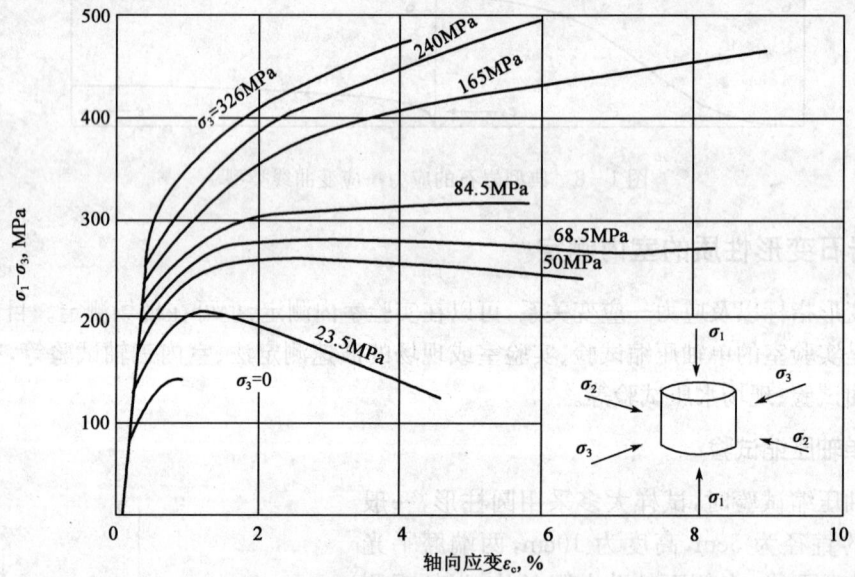

图1-10 大理石在不同围压下的应力—应变曲线

表1-5 几种岩石的转化压力(室温)

岩石类型	转化压力,MPa	岩石类型	转化压力,MPa
盐岩	0	石灰岩	20~100
白垩	<10	砂岩	>100
密实页岩	0~20	花岗岩	≥100

分析图1-10和图1-11,可对围压对岩石变形的影响,得出如下结论:
(1)随着围压($\sigma_2=\sigma_3$)的增大,岩石的抗压强度显著增加;
(2)随着围压($\sigma_2=\sigma_3$)的增大,岩石的变形显著增大;
(3)随着围压($\sigma_2=\sigma_3$)的增大,岩石的弹性极限显著增大;
(4)随着围压($\sigma_2=\sigma_3$)的增大,岩石的应力—应变曲线形态发生明显改变,岩石的性质发生了变化,即弹脆性→弹塑性→应变硬化。

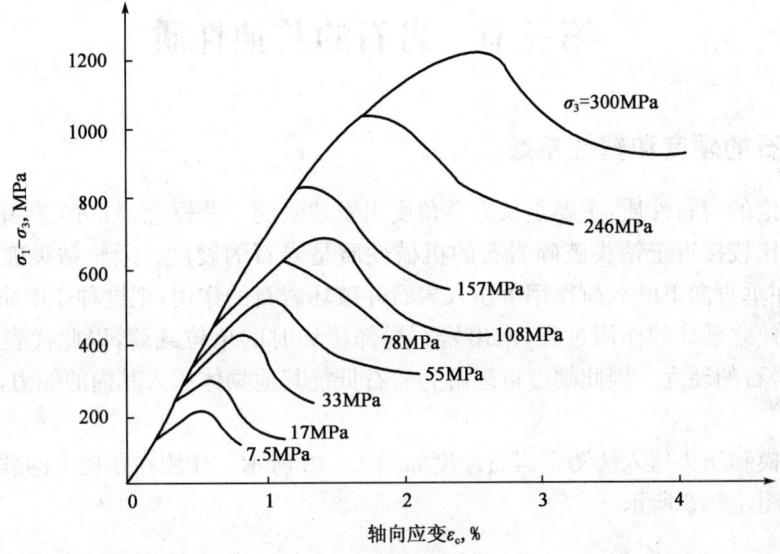

图 1-11 花岗岩在不同围压下的应力—应变曲线

用岩石三轴仪也可直接测定岩石试件的弹性模量。设施加在试件上的轴向应力为 σ_1,压力室的侧压力为 σ_3,测得的轴向应变为 ε_1,则弹性模量 E 为:

$$E = \frac{\sigma_1 - 2\mu\sigma_3}{\varepsilon_1} \tag{1-9}$$

如测得侧向应变 ε_3,令 $\varepsilon_3/\varepsilon_1 = B$,则可用下式计算泊松比 μ:

$$\mu = \frac{B\sigma_1 - \sigma_3}{\sigma_3(2B-1) - \sigma_1} \tag{1-10}$$

在岩石的弹性工作范围内,泊松比一般为常数,但超越弹性范围以后,泊松比将随应力的增大而增大,直到 $\mu = 0.5$ 为止。

岩石的变形模量和泊松比受岩石的矿物组成、结构构造、风化程度、空隙性、含水率、微结构面及与荷载方向的关系等多种因素的影响,变化较大。表 1-6 列出了常见岩石的变形模量和泊松比的经验值。

表 1-6 常见岩石的变形模量和泊松比值

岩石名称	变形模量,GPa		泊松比	岩石名称	变形模量,GPa		泊松比
	初始	弹性			初始	弹性	
花岗岩	20~40	50~100	0.2~0.3	片麻岩	10~80	10~100	0.22~0.35
流纹岩	20~80	50~100	0.1~0.25	千枚岩片岩	2~50	10~80	0.2~0.4
闪长岩	70~100	70~150	0.1~0.3	板岩	20~50	20~80	0.2~0.3
安山岩	50~100	50~120	0.2~0.3	页岩	10~35	20~80	0.2~0.4
辉长岩	70~150	70~150	0.12~0.2	砂岩	5~80	10~100	0.2~0.3
辉绿岩	80~100	80~150	0.1~0.3	砾岩	5~80	20~80	0.2~0.35
玄武岩	60~100	60~120	0.1~0.35	石灰岩	10~80	50~190	0.2~0.35
石英岩	60~200	60~200	0.1~0.5	白云岩	40~80	40~80	0.2~0.35
—	—	—	—	大理岩	10~90	10~90	0.2~0.35

第三节 岩石的其他性质

一、岩石的硬度和塑性系数

前面讨论的岩石性质,主要是从力学角度出发建立的一些概念,与钻头在井下工作的状态差别较大。比较接近于钻头破碎岩石的机械性质是岩石的硬度。牙轮钻头破碎岩石的过程中,有一种在垂直向下的载荷作用下压入岩石并破坏岩石的作用,把这种作用简化为用一压头压入岩石并使之破坏的作用过程,求出岩石局部压坏时的单位载荷,以此代表岩石的机械性质,称之为岩石的硬度。因此硬度可理解为岩石抵抗其他物体压入其内的能力,即岩石的抗压入强度。

常用压模和压头压入法测定岩石硬度如图1-12所示。作用在压模上的载荷与压入深度关系曲线如图1-13所示。

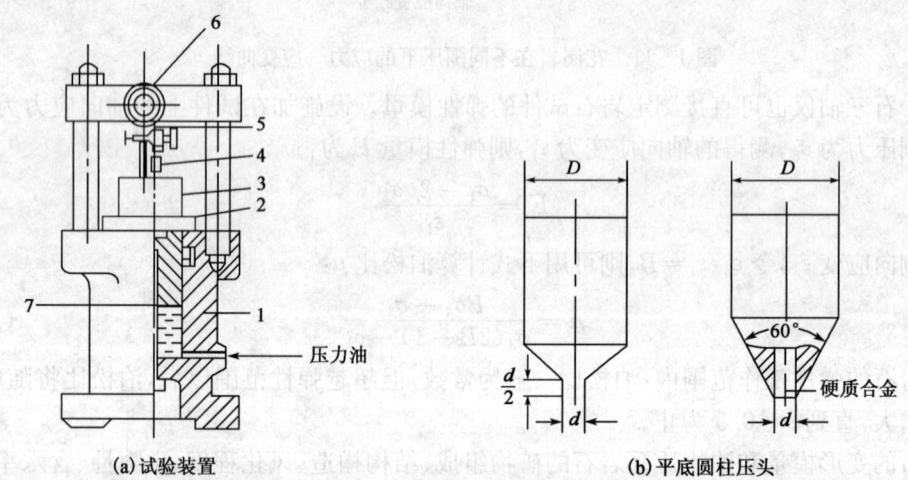

图1-12 常用压模和压头

1—液缸缸体;2—液缸柱塞;3—岩样;4—压头;5—压力机上压板;6—千分表;7—柱塞导向杆;
D—压头桩直径;d—压头尖直径

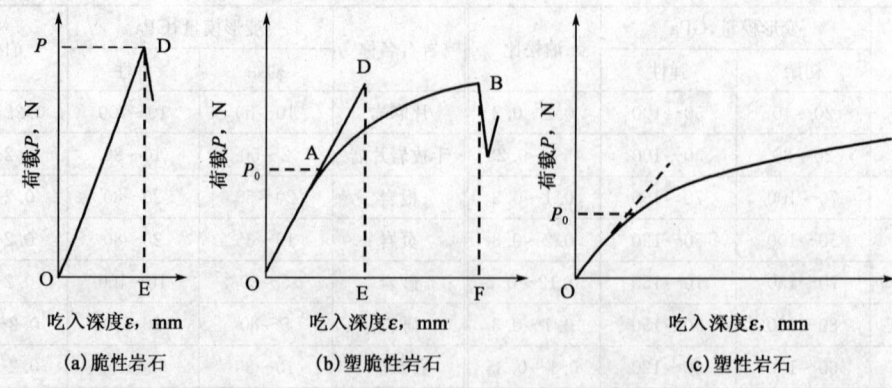

图1-13 平底圆柱压头压入岩石时的变形曲线

从图1-13可以看出,岩石在外力作用下产生变形直至破坏的过程是不同的:一种情况是在外力作用下,岩石只改变其形状和大小而不破坏自身的连续性,这种情况称为塑性的;另一种情况是岩石在外力作用下,直至破碎而无明显的形状改变,这种情况称为脆性的。岩石的塑性是岩石吸收残余形变或吸收岩石未破碎前不可逆形变的机械能量的特性,岩石的脆性是反映岩石破碎前不可逆形变中没有明显地吸收机械能量,即没有明显的塑性变形的特性。

图1-13(a)为脆性岩石的变形曲线,其特点是OD段为弹性变形阶段,达到D点后即发生脆性破碎;图1-13(b)为塑脆性岩石的变形曲线,其OA段为弹性变形阶段,AB段为塑性变形区,到达B点时产生脆性破碎;图1-13(c)为塑性岩石的变形曲线,施加不大的载荷即产生塑性变形,其后变形随变形时间的延长而增加,无明显的脆性破坏现象。

由此可知,脆性岩石所受载荷和吃入深度呈线性关系。其硬度P_y用式(1-11)计算:

$$P_y = \frac{P_{max}}{S} \tag{1-11}$$

式中 P_{max}——产生脆性破碎时压模上的载荷,N;

S——压模的底面积,mm^2。

对于塑性岩石,求取其硬度时,可取产生屈服(即从弹性变形开始向塑性变形转化)时的载荷P_0代替式(1-11)中的P_{max}即可。

塑性系数K为岩石破碎前耗费的总功AF与弹性变形功AE的比值。AF及AE用图1-13(a)中$P-\varepsilon$曲线下面的面积计算。因此脆性岩石的塑性系数K=AF/AE=ODE的面积/ODE的面积=1。

图1-13(b)是塑脆性岩石的变形曲线,$P-\varepsilon$曲线包含了弹性变形和塑性变形两个变形区,塑性变形末了也产生脆性破坏,塑性系数K=AF/AE=OABC的面积/ODE的面积=1~6。这类岩石的塑性系数K一般取1~6。图1-13(c)是塑性岩石的变形曲线,其特点是只有塑性变形,而无脆性破碎,塑性岩石的塑性系数K,因AF不能从$P-\varepsilon$曲线中求出,因此取无穷大∞。

岩石硬度和塑性系数分类情况见表1-7、表1-8。

表1-7 岩石硬度分类表

类别	软				中				硬			
级别	1	2	3	4	5	6	7	8	9	10	11	12
硬度 N/mm^2	<98	98~245	245~490	490~980	980~1470	1470~1960	1960~2940	2940~3920	3920~4900	4900~5880	5880~6860	>6860

表1-8 塑性系数分类表

类别	1	2	3	4	5	6
塑性系数	1	>1~2	2~3	3~4	4~6	6~∞
岩石属性	脆性	塑脆性 低塑性 ←――――――→ 高塑性				塑性

岩石硬度及塑性系数两项机械性质,是直接用岩心测出来的。这对于理解岩石破碎过程中的性质有所帮助。但是试验条件与实际情况不同,许多因素都没有考虑,如钻头结构、钻头转速、冲击载荷、洗井液性质、水力因素、岩石压力、地层压力、井下温度等,而这些因素的影响又是很显著的。因此,在利用这些数据时,还应考虑到这些因素的影响。

二、岩石的研磨性

在用机械方法破碎岩石的过程中,钻井工具和岩石产生连续的或间歇的接触和摩擦,从而在破碎岩石的同时,这些工具本身也受到岩石的磨损而逐渐变钝、损坏。除了金刚石以外,制造钻头的材料多为淬火钢或硬质合金(还有人造金刚石等超硬材料),岩石磨损这些材料的能力称为岩石的研磨性。钻头刃的磨损一般是表面的研磨性磨损,在有些情况下也可能出现疲劳的磨损(如牙轮钻头齿),至于人造金刚石聚晶块的脱落、折断不属于正常的磨损。

研究岩石的研磨性对于正确地设计和选择使用钻头,提高钻头的进尺,延长其工作面的寿命(轴承的磨损及使用寿命问题不在此讨论之列),对于提高钻井速度是极为重要的问题。

一般认为,泥岩和一些硫酸盐岩、碳酸盐岩(当不含有石英颗粒时)属于研磨性最小的岩石;其次为石灰岩和白云岩等,属于低研磨性的岩石;火成岩的研磨性一般属于中等或较高,要看这些岩石中所含长石和石英成分的多少以及颗粒度和多晶矿物间的硬度差而定。含长石及石英成分少、粒度细、矿物间的硬度差小的岩石研磨性也小些,反之则研磨性较高;含有刚玉矿物成分的岩石属于高研磨性的岩石;沉积碎屑岩的研磨性主要视其石英颗粒的含量及其胶结硬度而定,石英颗粒含量越多、粒度越粗、胶结强度越小的岩石,其研磨性越高,反之,如石英颗粒的含量少、颗粒细、胶结强度大的岩石,则其研磨性较低。

三、岩石的可钻性

岩石的可钻性一般理解为岩石破碎的难易性,由此把岩石分为难钻的和易钻的。在有些情况下,可钻性可以确定岩石在井底抗钻头破碎它的能力。

岩石的可钻性是个多变量的函数,这些变量包括有天然的、工艺的和技术的因素。因此到目前为止,岩石的可钻性问题仍是个尚未彻底解决。但是,对岩石可钻性的正确评价又是确定钻井参数、选择钻头类型、预测钻井效果以及规定钻进工作定额时所必需的。

单纯按某一项岩石机械性质去评价岩石的可钻性是不合适的,岩石可钻性取决于所使用的钻井方法。因此提出测定岩石可钻性的正确方法应该是去钻岩石才能得出合乎实际的有用数据,而这个钻岩石的方法又应与实际钻井方法的破岩方式相一致。在这种思想驱使下,国内外出现了很多研究可钻性的方法。其中评价用牙轮钻头钻井时岩石可钻性的研究,以罗劳(Rollow A G)在1962年提出的微型钻头钻进法较为完善。

在罗劳方法的基础上,我国石油界也开展了这方面的研究工作,研制成功可钻性测试仪。经过对大量地下岩心的试验数据的统计分析,得出了按微钻头钻时Y(秒)取以 2 为底的对数,即$\log_2 Y$为指标,可将各地层按可钻性分为 10 级(注:$\log_2 Y$的整数值即为可钻性级别),见表 1-9。具体方法是:在岩石可钻性测定仪(即微钻头钻进实验架)上使用 31.75mm 直径钻头,以钻压 889.66N,转速 55r/min 的钻进参数在岩样上钻三个孔,孔深 2.4mm,取三个孔钻进时间的平均值为岩样的钻时。

表 1-9 地层可钻性分类表

测定值,s	<4	4~8	8~16	16~32	32~64	64~128	128~256	256~512	512~1024	>1024
级别	1	2	3	4	5	6	7	8	9	10
类别	软				中			硬		

综上所述,地层岩性的研究对钻井工程是一项重要的基础工作。国内外各主要油田对地层岩性的测定相当重视,我国各主要油田的地层可钻性已先后进行了测定。但是,地层岩性的测定,主要依靠取自井下的岩心,而岩心的获取和制备有一定的困难。利用测井资料确定地层岩性,是目前较为理想的一种方法,可以代替部分岩心实验。

思 考 题

1. 简述岩石的全应力—应变曲线中各段的意义。
2. 简述岩石在简单应力状态下各强度大小的关系。
3. 简述岩石在三轴应力条件下强度特性与简单应力条件下的异同。
4. 岩石在平行层理和垂直层理方向上的强度有何不同？岩石的这种性质是什么？
5. 岩石受围压作用时，其强度和塑脆性是怎样变化的？
6. 简述影响岩石力学性质的各因素。
7. 岩石的硬度与抗压强度有何区别？
8. 岩石的塑性系数是怎样定义的？脆性、塑脆性和塑性岩石在压入破碎时的特征是怎么样的？
9. 什么是研磨性？如何评价其大小？
10. 什么是岩石的可钻性？我国石油行业采用什么方法评价岩石的可钻性？地层按可钻性分为几级？

第二章　石油钻机及钻井工具

古人云:"工欲善其事,必先利其器"。对于钻井来说,没有过硬的钻井装备和工具,就无法实现安全、优质和高效的勘探开发目的,也无法为勘探开发提供保障。

本章主要介绍石油钻机的基本组成、石油钻井用钻头的结构和破岩原理及钻柱的组成和使用。

第一节　石油钻机

一、石油钻机概述

石油钻机是指用于石油天然气钻井的专业机械,是由多台设备组成的一套联合机组。一部常用石油钻机主要由动力机、传动机、工作机及辅助设备组成。

为适应各种地理环境和地质条件,近年来出现了各种具有特殊用途的钻机,如沙漠钻机、丛式井钻机、斜井钻机、顶驱钻机、小井眼钻机、连续柔管钻机等,这些钻机称为特种钻机。

20世纪90年代至今,中国自主研制出了一系列不同类型的专业化特种钻机,形成了石油钻机的多样化体系。在生产出第一台新型电驱动钻机ZJ70D钻机之后,相继生产出一批新型石油钻井装备,包括全球首台人工岛7000m环形轨道移动模块钻机,以及代表中国钻机制造水平的12000m特深井钻机。

石油钻机设备的配置与钻井方法密切相关。目前,世界各国普遍采用的钻井方法是旋转钻井法,即利用钻头旋转破碎岩石,形成井眼;利用钻杆柱将钻头送到井底;利用大钩、游车、天车、绞车起下钻杆柱;利用转盘或顶部驱动装置带动钻头、钻杆柱旋转;利用钻井泵输送高压钻井液,带出井底岩屑。

(一)钻井工艺对石油钻机的要求

旋转钻井法要求钻井机械设备具有以下三方面的基本能力。

1. 旋转钻进的能力

钻井工艺要求钻井机械设备能为钻具(钻杆柱和钻头)提供一定的转矩和转速,并维持一定的钻压(钻杆柱作用在钻头上的重力)。

2. 起下钻具的能力

钻井工艺要求钻井机械设备应具有一定的起重能力及起升速度(能起出或下入全部钻杆柱和套管柱)。

3. 清洗井底的能力

钻井工艺要求钻井机械设备应具有清洗井底并携带岩屑的能力,能提供较高的泵压,使钻井液经钻柱中孔至钻头水眼,冲击清洗井底,再经井眼环空上返至井口,并将岩屑带出井外。

此外,考虑到钻井作业流动性的特点,钻机设备要容易安装、拆卸和运输,钻机的使用维修工作必须简便易行,钻机的易损零部件应便于更换。

钻机设备的配置和各种设备的工作能力、技术指标都是根据钻井工艺对钻机的以上三项基本要求确定的。在钻机的基本参数中,对转盘的转矩与功率、大钩起重量及功率、钻井泵的许用泵压与功率提出了要求。在这三组参数中,转盘的转矩、大钩的起重量、钻井泵的许用泵压,都是受到机件强度限制的。

在强度满足使用要求的条件下,转盘应提供一定的转速;大钩应提供一定的提升速度;钻井泵应提供一定的排量和泵压,否则钻井作业就不能顺利进行。对转盘扭矩与转速、起升重量与提升速度、泵压与排量的联合要求,就是对工作机功率和强度的要求。为了保证一定的转速、提升速度、排量,动力机应该供给工作机一定的功率。

(二)石油钻机的组成及布置

石油钻机一般有八大系统——旋转系统、循环系统、起升系统、动力及驱动系统、控制系统、钻机底座、钻机辅助设备系统、传动系统。其主要设备有:井架、天车、绞车、游动滑车、大钩、转盘、水龙头(动力水龙头)、钻井泵(现场习惯上称为钻机八大件)、动力机(柴油机、电动机、燃气轮机)、联动机、固相控制设备、井控设备等。常用石油钻机组成如图 2-1 所示。ZJ70D 钻机典型的现场布置如图 2-2 所示。

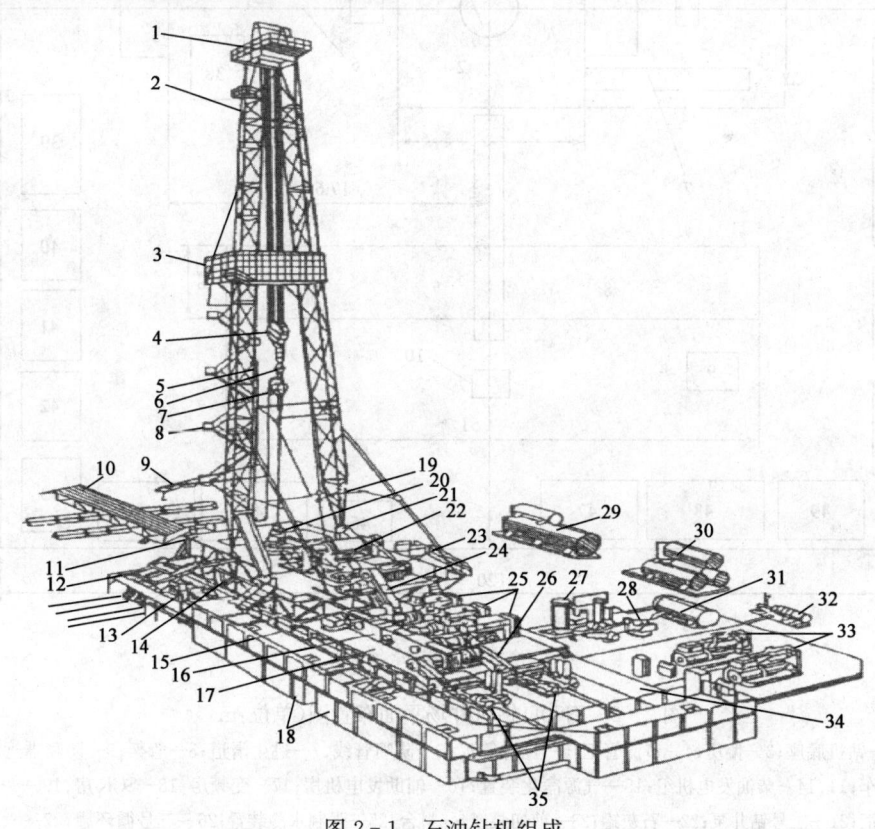

图 2-1 石油钻机组成

1—天车;2—井架;3—二层台;4—游车;5—立管与水龙带;6—大钩;7—水龙头;8—梯子;9—吊杆;10—钻杆组;11—钻台;12—振动筛;13—旋流器;14—钻台底座;15—后台底座;16—并车传动箱;17—后台;18—钻井液池;19—快绳稳定器;20—转盘;21—控制台;22—绞车;23—变速箱;24—爬坡链;25—柴油机组;26—泵胶带传动副;27—空气清洁系统;28—空气压缩机;29—燃料油罐;30—润滑油罐;31—压气罐;32—离心泵;33—发电机;34—泵房平台;35—钻井泵组

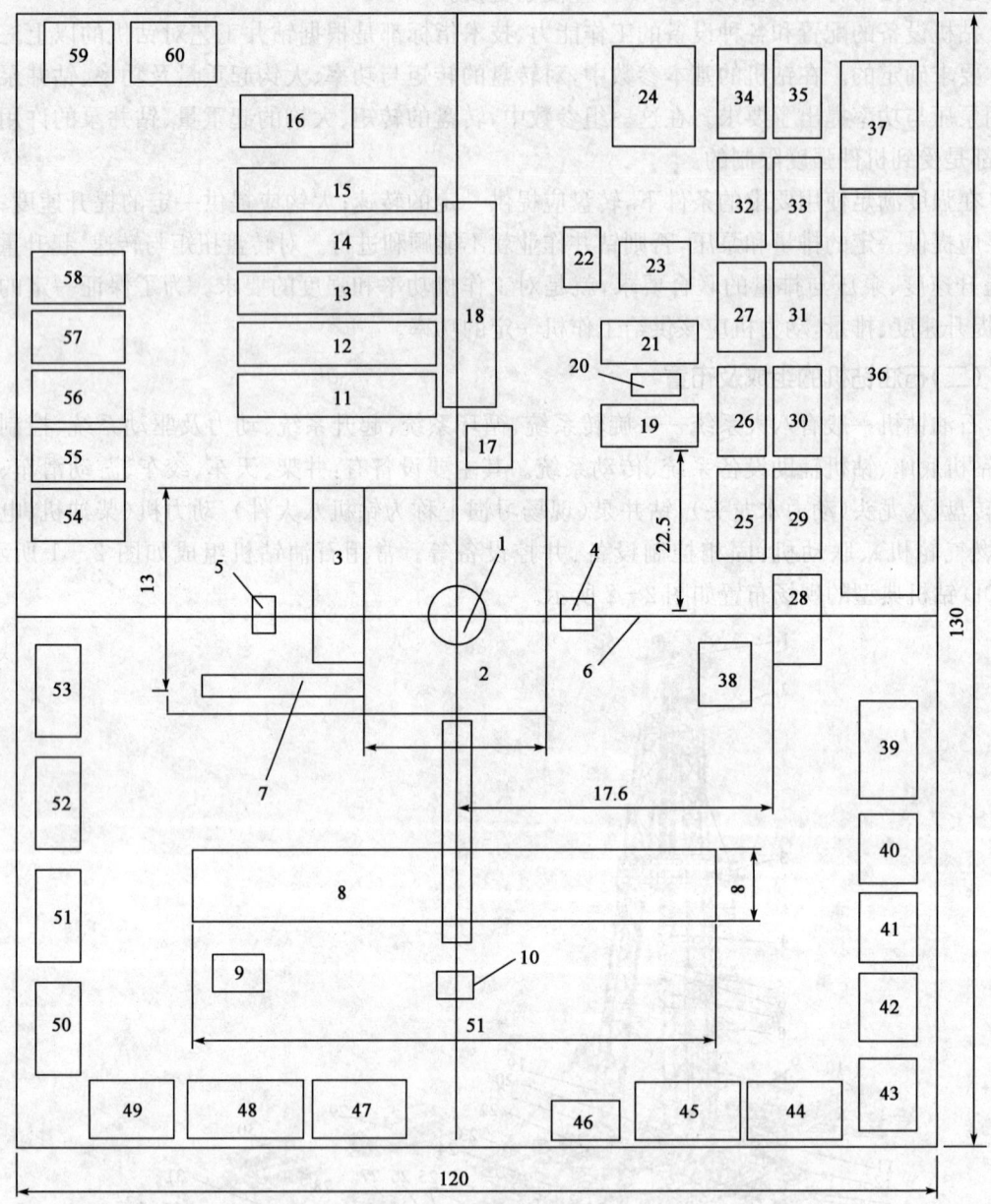

图 2-2 ZJ70D 钻机井场平面布置图（单位：m）

1—井口；2—钻机底座；3—偏房；4—节流管汇；5—压井管汇；6—防喷管线；7—逃生滑道；8—管架；9—防喷器远程控制台；10—测斜绞车；11、14—柴油发电机组；15—气源净化装置；16—辅助发电机房；17—变频房；18—SCR房；19——号钻井泵；20—高压管汇；21—二号钻井泵；22—石灰罐；23—剪切泵；24—料台；25—强制水冷装置；26—五号循环罐；27—六号循环罐；28——号循环罐；29—二号循环罐；30—三号循环罐；31—四号循环罐；32、33—钻井液储备罐；34、35—水罐；36—沉砂池；37—清水池；38—药品罐；39、40—药品房；41、43—地质房；44、45—甲方监督房；46—消防工具房；47、49—值班房；50—机修房；51、52—材料房；53—爬犁；54—高架柴油罐；55、57—柴油罐；58—三油品罐；59—厕所；60—锅炉房

二、石油钻机的八大系统

钻机的工作系统比较庞大,各机组的工作状况和工作特点各不相同。因而人们按照钻机工作机组的工作特点,把钻机的工作系统分成八大系统。

(一)旋转系统

1. 旋转系统的作用及组成

旋转系统是转盘钻机的典型系统,其作用是驱动钻具旋转以破碎岩层,旋转系统由转盘、水龙头、钻具等组成。

根据所钻井的不同,钻具的组成也有所差异,一般包括方钻杆、钻杆、钻铤和钻头,此外还有稳定器、减振器以及配合接头等。其中,钻头是直接破碎岩石的工具;钻铤的重量和壁厚都很大,用来向钻头施加钻压,钻杆将地面设备和井底设备联系起来,并传递扭矩;方钻杆的截面一般为正方形,转盘通过方钻杆带动整个钻柱和钻头旋转;水龙头是旋转钻机的典型部件,它既要承受钻具的重量,又要实现旋转运动,同时还提供高压钻井液的通道。

现代钻机中部分配备了顶部驱动钻井装置,它代替了转盘驱动钻杆柱和钻头旋转。转盘或顶驱是旋转系统的核心,是钻机的三大工作机之一。

2. 转盘

转盘实质上是一个大功率的圆锥齿轮减速器,主要作用是把发动机的动力通过方瓦传给方钻杆、钻杆、钻铤和钻头,驱动钻头旋转,钻出井眼。转盘是旋转钻机的关键设备,也是钻机的三大工作机之一。

1)转盘的性能要求

转盘必须具有足够大的扭矩和一定的转速,以转动钻柱带动钻头破碎岩石,并能满足打捞、对扣、倒扣、造扣或磨铣等特殊作业的要求;具有抗震、抗冲击和抗腐蚀的能力,尤其是主轴承应有足够的强度和使用寿命,并要求其承载能力不小于钻机的最大钩载;能正反转,且具有可靠的制动机构;具有良好的密封、润滑性能,以防止外界的泥浆、污物进入转盘内部损坏主辅轴承。

2)转盘的结构

图2-3是中国深井钻机中广泛使用的ZP-700型转盘,主要由水平轴总成、转台体总成、主辅轴承、密封及壳体等部分组成。

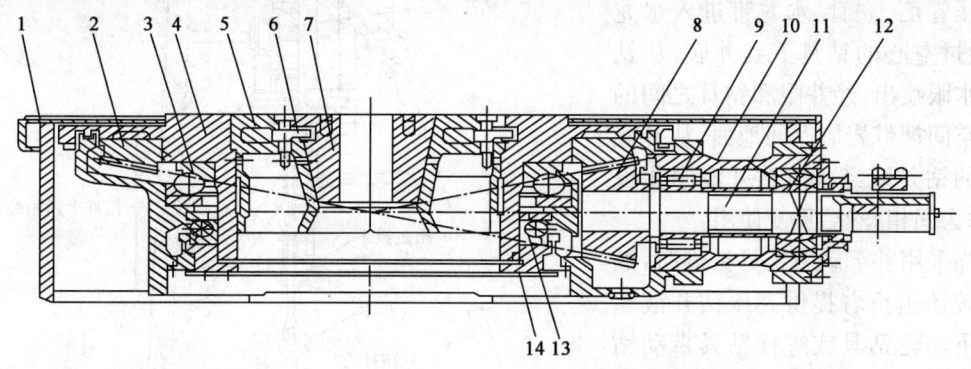

图2-3 ZP-700型转盘

1—壳体;2—大圆锥齿轮;3—主轴承;4—转台;5—方瓦;6—方瓦与方补心锁紧机构;7—方补心;8—小圆锥齿轮;9—圆柱滚动轴承;10—套筒;11—快速轴(水平轴);12—双列向心球面滚子轴承;13—辅助轴承;14—调节螺母

3. 顶部驱动系统

顶部驱动钻井系统（Top Drive Drilling System）简称顶驱系统（TDS），是一套安装于井架内部空间、由游车悬持的顶部驱动钻井装置，常规水龙头与钻井马达相结合，并配备一种结构新颖的钻杆上卸扣装置（或称管柱处理装置），从井架空间上部直接旋转钻柱，并沿井架内专用导轨向下送进，可完成旋转钻进、倒划眼、循环钻井液、接钻杆（单根、立根）、下套管和上卸管柱丝扣等各种钻井操作。

顶驱系统是20世纪80年代以来钻井设备发展的四大新技术（顶驱、盘式刹车、液压钻井泵和AC变频驱动）之一。钻井实践表明，顶驱系统突出的优点是可节省20%～25%的钻井时间，可大大减少卡钻事故，可控制井涌，避免井喷，用于深井、超深井、斜井及各种高难度的定向井钻井时，其综合经济效益尤为显著。

顶驱系统一般由钻井马达—水龙头总成、钻杆上卸扣装置和导轨—导向滑车总成、平衡系统、冷却系统、控制系统和附属设备组成。

液马达顶驱、AC-SCR-DC顶驱和AC变频顶驱系统的区别仅在于驱动马达是液马达，或是直流电动机，或是交流电动机，因此这三种顶驱系统的结构组成没有根本性区别。图2-4为Varco公司一种顶驱系统结构组成示意图。

（二）循环系统

1. 循环系统的作用及组成

为了将井底钻头破碎的岩屑及时携带到地面上来以便继续钻进，同时为了冷却钻头，保护井壁，防止井塌等钻井事故的发生，旋转钻机配备有循环系统。

循环系统包括钻井泵、地面管汇、钻井液罐、钻井液净化设备等。其中，地面管汇包括高压管汇、立管、水龙带；钻井液净化设备包括振动筛、除砂器、除泥器、离心机等。

钻井泵将钻井液从钻井液罐中吸入，经钻井泵加压后的钻井液，经过高压管汇、立管、水龙带进入水龙头，通过空心的钻具下到井底，从钻头的水眼喷出，经井眼和钻具之间的环形空间携带岩屑返回地面，从井底返回的钻井液经各级钻井液净化设备，除去固相，然后重复使用。

当采用井下动力钻具钻进时，循环系统还担负着提供高压钻井液驱动井下涡轮钻具或螺杆钻具带动钻头破碎岩石的任务。钻井泵是循环系统的核心，是钻机的三大工作机之一。

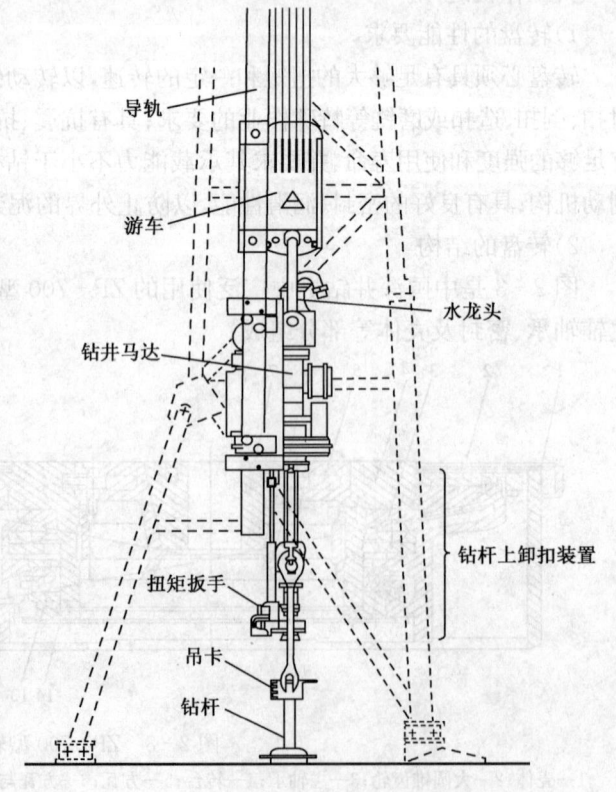

图 2-4 顶驱钻井系统结构组成示意图

2. 钻井泵

钻井泵在石油矿场上应用非常广泛，常用于高压下输送高黏度、大密度、高含砂量和高腐蚀性的液体，流量相对较小。

1）钻井泵的工作原理

图2-5为卧式单缸单作用往复式活塞泵工作示意图。该钻井泵主要由液缸、活塞、吸入阀、排出阀、阀室、曲柄或曲轴、连杆、十字头、活塞杆，以及齿轮、皮带轮和传动轴等零部件组成。当动力机通过皮带、齿轮等传动件，带动曲轴或曲柄以一定的角速度按图示方向从左边水平位置开始旋转时，活塞向右边即泵的动力端移动，液缸内形成一定的真空度，吸入池中的液体在液面压力的作用下，推开吸入阀，进入液缸，直到活塞移到右死点为止，为液缸的吸入过程。曲柄继续转动，活塞开始向左即液力端移动，缸套内液体受挤压，压力升高，吸入阀关闭，排出阀被推开，液体经排出阀和排出管进入排出池，直到活塞移到左死点时为止，为液缸的排出过程。曲柄连续旋转，每一周内活塞往复运动一次，单作用泵的液缸完成一次吸入和排出过程。

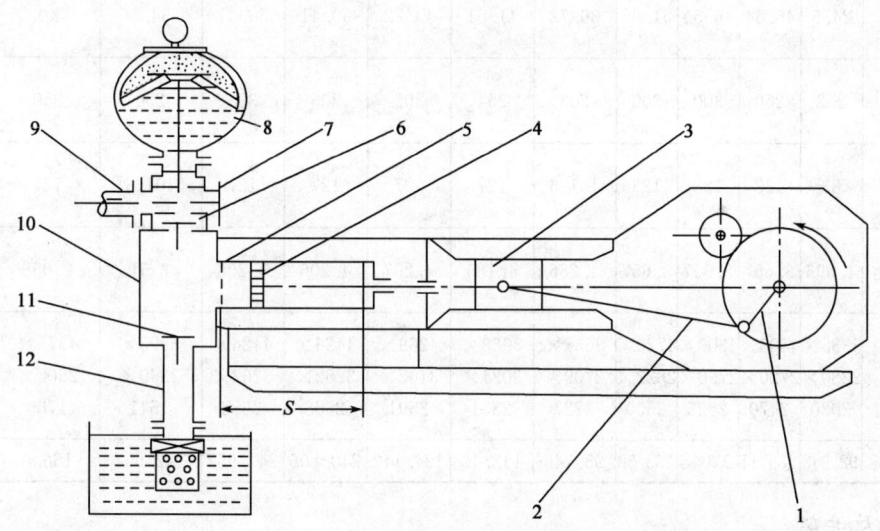

图2-5 钻井泵工作示意图

1—曲柄；2—连杆；3—十字头；4—活塞；5—缸套；6—排出阀；7—排出四通；8—预压排出空气包；9—排出管；10—液缸(阀箱)；11—吸入阀；12—吸入管；S—冲程

2）钻井泵的技术规范

我国用于石油和天然气钻井的国产钻井泵已实现了标准化。目前所用的钻井泵都是三缸单作用卧式活塞泵，常用国产钻井泵技术规范参数见表2-1。

(三) 起升系统

1. 起升系统的作用及组成

为了起下钻具、下套管、控制钻压及送进钻头等，钻机配备了起升系统，以实现钻井与完井作业的相关操作。这套设备主要由钻井绞车、辅助刹车、游动系统(如钢丝绳、天车、游动滑车)、大钩和井架组成。另外，还有用于起下操作的井口工具及机械化设备(如吊环、吊卡、卡瓦、动力大钳、立根移运机构等)。绞车是起升系统的核心，是钻机的三大工作机之一。

表 2－1 常用国产钻井泵技术规范

名称	青州泵 SL3NB—				宝石泵					兰石泵		
设备型号	500	1000A	1300A	1600A	F-500	F-800	F-1000	F-1300	F-1600	3NB-800	3NB-1000	3NB-1300
输入功率 kW	368	735	956	1176	368	588	735	956	1176	588	735	956
冲程长度 mm	180	305	305	305	191	229	254	305	305	216	235	254
额定冲次 min^{-1}	110	120	120	120	165	150	140	120	120	160	150	140
最大缸套直径,mm	170	180	180	190	170	170	170	180	180	160	170	170
最大工作压力,MPa	35	35	35	35	26.77	27.26	32.85	30.60	37.65	33	35	35
最大排量 L/s	24.5	46.54	46.54	51.85	36.72	41.51	43.22	50.41	50.41	34.5	40	40.4
吸入管直径,mm	203	250	300	300	203	254	305	305	305	250	250	305
排出管直径,mm	83	123	123	123	101.6	127	127	127	127	101.3	127	127
齿轮传动比	4.696	3.657	3.957	3.657	4.286	4.185	4.207	4.206	4.206	2.51	2.658	2.868
外形尺寸（长×宽×高）,mm	3385×2280×2080	4600×2720×2470	4300×2750×2525	4720×2822×2600	3658×2709×2227	3963×3024×2351	4269×3162×2591	4426×3262×2688	4426×3262×2688	3995×2360×1541	4575×2600×1700	4900×2690×1800
重量,kN	92.943	189.14	203.84	265.58	95.746	142.10	184.142	240.806	242.952	132.692	166.6	201.439

2.钻机井架

1)概述

井架是石油钻机的重要组成部分，它是一种具有一定高度和空间的金属桁架结构。井架主要用来安放天车，悬挂游车、大钩及专用工具(如吊钳等)，在钻井过程中进行起下钻具操作、下套管，起下钻过程中，用以存放立根。

井架应该具备足够的承载能力，保证起下一定深度的钻杆柱和下放一定深度的套管柱。所谓足够，即要与该井架所配用的钻机大钩公称起重量(最大钻杆柱重量)及大钩最大起重量相适应。

井架应该有足够的尺寸空间，井架高度越高，起下的立根长度越长，可节省的时间越多；井架上、下底应有必要的尺寸，以安装天车并保证起下操作时游动系统设备畅行无阻；应保证钻台有足够的面积，以便于布置设备、安放工具，方便工人安全操作，使司钻有良好的视野。井架还应保证拆装方便，移运迅速。

2)结构组成

(1)井架主体：多为型材组成的空间桁架结构。

(2)天车台：安置天车和天车架。

(3)天车架：安装、维修天车之用。

(4)二层台：包括井架工进行起下钻操作的工作台和存靠立根的指梁。

(5)立管平台：装拆水龙带操作台。

(6)工作梯。

3.钻井绞车

钻井绞车不仅是起升系统设备，也是整个钻机的核心部件，是钻机的三大工作机组之一。

1)钻井绞车的功用

(1)用以起下钻具、下套管。

(2)钻进过程中，控制钻压，送进钻具。

(3)借助猫头上、卸钻具螺纹，起吊重物及其他辅助工作。

(4)充当转盘的变速机构或中间传动机构。

(5)整体起放井架。

2)钻井绞车的结构组成

钻井绞车是一台多职能的起重工作机，尽管各型绞车结构差异不小，但究其实质，都具有类似的功能机构或部件。如图2-6所示，绞车一般由以下7部分组成。

(1)滚筒、滚筒轴总成：这是绞车的核心部件。

(2)制动机构：包括机械刹车和水刹车(或电磁刹车)。

(3)猫头和猫头轴总成：用以上卸丝扣、起吊重物，有的重型钻机绞车上还包括捞砂滚筒，用以提取岩心筒。

(4)传动系统：引入并分配动力和传递运动，内变速绞车除传动轴、滚筒轴及猫头轴外，还包括链条、齿轮、轴系零件及转盘中间传动轴等。

(5)控制系统：包括牙嵌式、齿式、气动离合器、司钻控制台、控制阀件等。

(6)润滑系统：包括黄油润滑、滴油润滑和密封传动时的飞溅或强制润滑。

(7)支撑系统：有焊接的框架式支架或密闭箱壳式座架。

(四)动力及驱动系统

1.动力及驱动系统的作用及组成

1)动力系统

动力系统是指为整套机组(三大工作机组及其他辅助机组)提供能量的设备。钻机的动力系统设备有柴油机、交流电动机、直流电动机。

柴油机适用于在没有电网的偏远地区打井，交流电机依赖于工业电网或者是需要柴油机发出交流电，直流电动机需要柴油机带动直流发电机发出直流电。目前常用的情况是柴油机带动交流发电机发出交流电，再经可控硅整流，将交流电变成直流电。

2)驱动系统

驱动系统是指连接动力机与工作机，实现从驱动设备到工作机组的能量传递、分配及运动方式转换的设备。它包括减速、并车、倒车及变速机构等。

钻机中常用的机械传动副主要是链条、三角胶带、齿轮和万向轴。此外，不少钻机还采用了液力传动、液压传动、电传动等传动形式。

由柴油机直接驱动的钻井多采用统一驱动的形式，传动系统相对复杂；由电动机驱动的钻

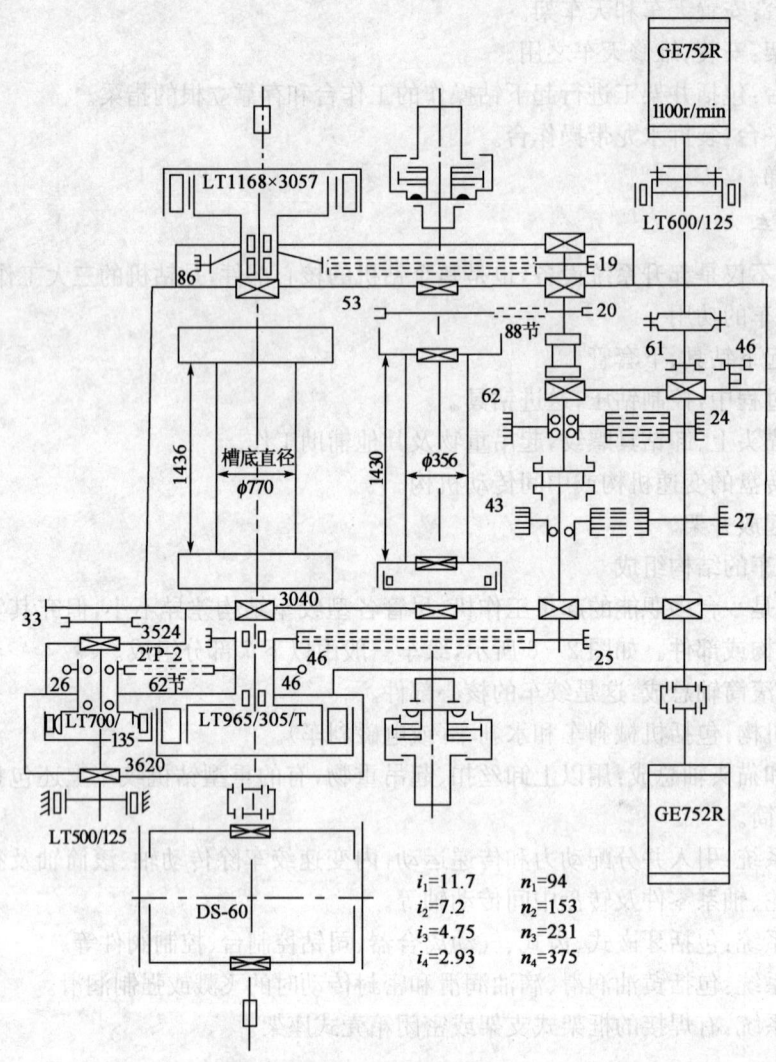

图 2-6 ZJ60D 型绞车

i—传动比;n—转速,r/min

机多采用各机组单独或分组驱动的形式,传动系统相对简单。

2. 石油钻井的动力驱动方式

现代石油钻机具有绞车、转盘(顶驱)、钻井泵三大工作机组。为适应石油钻井工艺过程的要求,工作机组具有不同的负载特点和运动特性。动力驱动系统是为三大工作机组服务的。

钻机按照采用动力设备的不同,分为机械驱动、电驱动和复合驱动三大类。

1)机械驱动

机械驱动依据驱动机组驱动特性的不同,分为柴油机驱动—机械传动和柴油机驱动—液力传动两种。

(1)柴油机驱动—机械传动:以 2~4 台柴油机为动力,经 V 形皮带、齿轮、链条、万向轴等机械传动元件的多种形式的组合,实现并车、减速增距、换向、倒车,以驱动绞车、转盘和钻井泵。由于柴油机本身及机械传动的硬特性,工作机只能得到有限挡的有效调速。

(2)柴油机—液力驱动机械传动：以柴油机为动力，柴油机首先与液力变矩器（或耦合器）组合，组成柴油机—液力驱动机组，再经V形皮带、齿轮、链条、万向轴等机械传动元件的多种形式的组合，实现并车、减速增距、换向、倒车，以驱动绞车、转盘和钻井泵。液力变矩器能变速、变矩，属柔性传动。

2）电驱动

与传统的机械驱动相比，电驱动具有传动效率高，对负荷的适应能力强，安装运移性好，处理事故能力及对机具的保护能力强，易于实现对转矩、速度、加减速及位置的控制，易于实现钻井的自动化和智能化等诸多优越性。

电驱动钻机按其发展历程可分为：

(1)交流电驱动钻机，即交流发电机（或工业电网）—交流电动机驱动（AC—AC）；

(2)直流电驱动钻机，即直流发电机—直流电动机驱动（DC—DC）；

(3)可控硅整流直流电驱动钻机，即交流发电机—可控硅整流—直流电动机驱动（AC—SCR—DC）；

(4)交流变频电驱动钻机，即交流发电机—变频调速器—交流电动机驱动（AC—VFD—AC）。

3）复合驱动

复合驱动可根据转盘、绞车、钻井泵三大工作机组的工作特点和性能要求，灵活选用相适应的驱动方式，以最经济的动力配置，获得最佳的工作性能。

复合驱动主要有两种形式：机电复合驱动和交直流电复合驱动。

(1)机电复合驱动。机电复合驱动主要有两种形式，一种是采用柴油机加耦合器驱动钻井泵和绞车，同时带动一台交流发电机，交流发电机发出的交流电通过变频器，控制交流变频电动机驱动转盘；另一种是采用柴油机驱动交流发电机，发电机发出的交流电通过变频器，控制交流变频电动机驱动绞车和转盘。钻井泵为独立机泵组，采用机械驱动。

(2)交直流电复合驱动。交直流电复合驱动是采用柴油机驱动交流发电机，发电机发出的交流电一路通过变频器，控制交流变频电动机驱动绞车和转盘，另一路通过可控硅整流器，将交流电变换为可控的直流电，控制直流电动机，由直流电动机驱动钻井泵。

(五)其他系统

1. 控制系统

为了保证钻机的三大工作机组协调地工作，以满足钻井工艺的要求，钻机配备有控制系统，其常用的控制方式有机械控制、气控制、电控制和液控制等。目前，钻机上常用的控制方式是集中控制。司钻通过钻机上的司钻控制台可以完成几乎所有的钻机控制，如总离合器的离合，各动力机的并车，绞车、转盘和钻井泵的启停，绞车的高低速控制等。

2. 钻机底座

钻机底座包括钻台底座和机房底座，用于安装钻井设备，方便钻井设备的移运。钻台底座用于安装井架、转盘，放置立根盒及必要的井口工具和司钻控制台，多数还要安装绞车。钻台底座应能容纳必要的井口装置，因此必须有足够的高度、面积和刚性。机房底座主要用于安装动力机组及传动系统设备，因此也要有足够的面积和刚性，以保证机房设备能够迅速安装找正、平稳工作且移运方便。丛式井钻机底座必须满足丛式钻井的特殊要求。

3. 钻机辅助设备系统

成套钻机还必须具有供气设备、辅助发电设备、井口防喷设备、钻鼠洞设备及辅助起重设备。在寒冷地带钻井时还必须配备保温设备。

三、石油钻机的分类及系列

(一)石油钻机的分类

各钻机制造厂家按照各自的特点,对石油钻机的分类不尽相同。一般来说,可按以下方法对石油钻机进行分类。

1. 按钻井方法

按钻井方法的不同,可把钻机分为:(1)冲击钻机,也称为顿钻钻机,最初用来打水井,1859年,美国人德雷克把它引入石油钻井;(2)旋转钻机,其代表是转盘旋转钻机,也称为常规钻机,是目前世界各国通用的钻机。

2. 按驱动钻头旋转的动力来源

按驱动钻头旋转动力来源的不同,可把钻机分为转盘驱动旋转钻机、井底驱动旋转钻机(转盘旋转钻机加井底动力钻具)、顶部驱动旋转钻机(转盘旋转钻机加顶部驱动钻井装置)。

3. 按驱动设备类型

按驱动设备类型的不同,可把钻机分为:(1)柴油机驱动钻机,柴油机驱动钻机又可分为柴油机驱动—机械传动钻机和柴油机驱动—液力传动钻机;(2)电驱动钻机,电驱动钻机又可分为直流电驱动钻机和交流电驱动钻机。

4. 按工作机分组

按工作机分组的不同,可把钻机分为统一驱动钻机、单独驱动钻机、分组驱动钻机。

5. 按主传动副类型

按主传动副类型的不同,可把钻机分为胶带钻机、链条钻机、齿轮钻机。

6. 按钻井深度

按钻井深度的不同,可把钻机分为浅井钻机(钻井深度不大于1500m)、中深井钻机(钻井深度为1500~3000m)、深井钻机(钻井深度为3000~5000m)、超深井钻机(钻井深度大于5000m)。

7. 按使用地区和用途

按使用地区和用途的不同,可把钻机分为海洋钻机、浅海钻机(适用于0~5m水深或沼泽地区)、常规钻机、丛式井钻机、沙漠钻机、直升机吊运钻机、小井眼钻机、连续柔管钻机等。

(二)钻机系列

1. 钻机的基本参数

钻机的基本参数是指反映钻机基本工作性能的技术指标,也称为特性参数。基本参数是设计、制造、选择、使用、维修和改造钻机的主要技术依据。

钻机的基本参数按系统分类,主要由主参数、起升系统参数、旋转系统参数、循环系统参数、驱动系统参数等构成。

1)主参数

在基本参数中,选定一个最主要的参数作为主参数。主参数应具备以下特征:能最直接地反映钻机的钻井能力和主要性能;对其他参数具有影响和决定作用;可用来标定钻机型号,并作为设计、选用钻机的主要技术依据。

我国钻机标准采用名义钻井深度 L(名义钻深范围上限)作为主参数。因为钻机的最大钻井深度影响和决定着其他参数的大小。

(1)名义钻井深度:是钻机在标准规定的钻井绳数下,使用127mm(5in)钻杆柱可钻达的最大井深。

(2)名义钻深范围:是钻机可经济利用的最小钻井深度与最大钻井深度之间的范围。名义钻井深度范围下限与前一级的有重叠,其上限即该级钻机的名义钻井深度。

2)起升系统参数

(1)最大钩载:是钻机在标准规定的最大绳数下,下套管或进行解卡等特殊作业时,大钩上不允许超过的最大载荷。最大钩载决定了钻机下套管和处理事故的能力,是核算起升系统零部件静强度及计算转盘、水龙头主轴承静载荷的主要技术依据。

(2)最大钻柱质量:是钻机在标准规定的钻井绳数下,正常钻进或进行起下作业时,大钩所允许承受的最大钻柱在空气中的质量。

(3)起升系统钻井绳数和最大绳数:起升系统钻井绳数是指正常钻井时游动系统采用的有效提升绳数;最大绳数是指钻机配备的游动系统轮系所能提供的最大有效绳数,用于下套管或解卡等重载作业。

另外,起升系统参数还包括绞车各挡起升速度、绞车挡数、绞车最大快绳拉力、钢丝绳直径、绞车额定输入功率、井架有效高度、钻台高度等。

3)旋转系统参数

旋转系统参数包括转盘开口直径、转盘各挡转速、转盘挡数、转盘额定输入功率等。

4)循环系统参数

循环系统参数包括钻井泵额定压力、钻井泵额定流量、钻井泵额定输入功率等。

5)驱动系统参数

驱动系统参数包括单机额定功率和总装机功率等。

2.国产石油钻机标准系列

根据 GB/T 23505—2009《石油钻机和修井机》,我国石油钻机型号表示方法如图 2-7 所示;石油钻机按名义最大钻井深度和最大钩载分为 10 个级别,各级别钻机的主要基本参数应符合表 2-2 的规定。

(三)石油钻机的选用

钻机是由动力机组(柴油机或电动机)、传动箱、绞车、转盘、钻井泵等部件组合而成。当制定一口井的钻探任务时,首要任务是选择钻机。选择钻机时,设计人员应遵循以下原则:

(1)确保钻机有足够的安全性、可靠性;

(2)确保成本低。

1.钻机选择时考虑的因素

选择钻机的主要技术依据是钻机的技术特性和所钻井的井身结构、钻具组合、设计井地区的地质条件和钻井工艺技术要求。

表 2-2　石油钻机基本参数

钻机级别		ZJ10/600	ZJ15/900	ZJ20/1350	ZJ30/1800	ZJ40/2250	ZJ50/3150	ZJ70/4500	ZJ90/6750	ZJ120/9000	ZJ150/11250
最大钩载,kN		600	900	1350	1800	2250	3150	4500	6750	9000	11250
名义钻深范围 m	127mm 钻杆	500～800	700～1400	1100～1800	1500～2500	2000～3200	2800～4500	4000～6000	5000～8000	7000～10000	8500～12500
	114mm 钻杆	500～1000	800～1500	1200～2000	1600～3000	2500～4000	3500～5000	4500～7000	6000～9000	7500～12000	10000～15000
绞车额定功率,kW(hp)		110～200 (150～270)	257～330 (350～450)	330～500 (450～680)	400～700 (550～950)	735,1100 (1000,1500)	1100,1470 (1500,2000)	1470,2210 (2000,3000)	2210,2940 (3000,4000)	2940,4400 (4000,6000)	4400,5880 (6000,8000)
游动系统绳数	钻井绳数	6	8	8	8	8	10	12	14	14	16
	最多绳数	6	8	8	10	10	12	14	16	16	18
钻井钢丝绳公称直径,mm(in)		19,22 ($\frac{3}{4}$,$\frac{7}{8}$)	22,26 ($\frac{7}{8}$,1)	26,29 (1,$1\frac{1}{8}$)	29,32 ($1\frac{1}{8}$,$1\frac{1}{4}$)		32,35 ($1\frac{1}{4}$,$1\frac{3}{8}$)	35,38 ($1\frac{3}{8}$,$1\frac{1}{2}$)	42,45 ($1\frac{5}{8}$,$1\frac{3}{4}$)	48,52 ($1\frac{7}{8}$,2)	
钻井泵单台功率(不小于),kW(hp)		368 (500)	588 (800)		735 (1000)		956 (1300)	1176 (1600)		1617 (2200)	1617,2205 (2200,3000)
转盘开口直径,mm(in)		381,444.5 (15,$17\frac{1}{2}$)		444.5,520.7,698.5 ($17\frac{1}{2}$,$20\frac{1}{2}$,$27\frac{1}{2}$)			698.5,952.5 ($27\frac{1}{2}$,$37\frac{1}{2}$)		952.5,1257.3,1536.7 ($37\frac{1}{2}$,$49\frac{1}{2}$,$60\frac{1}{2}$)		1257.3,1536.7 ($49\frac{1}{2}$,$60\frac{1}{2}$)
钻台高度,m		3,4	4,5		5,6,7.5		7.5,9,10.5		10.5,12		12,16

注:绞车额定功率参数后面括号中的数值为非优选值。

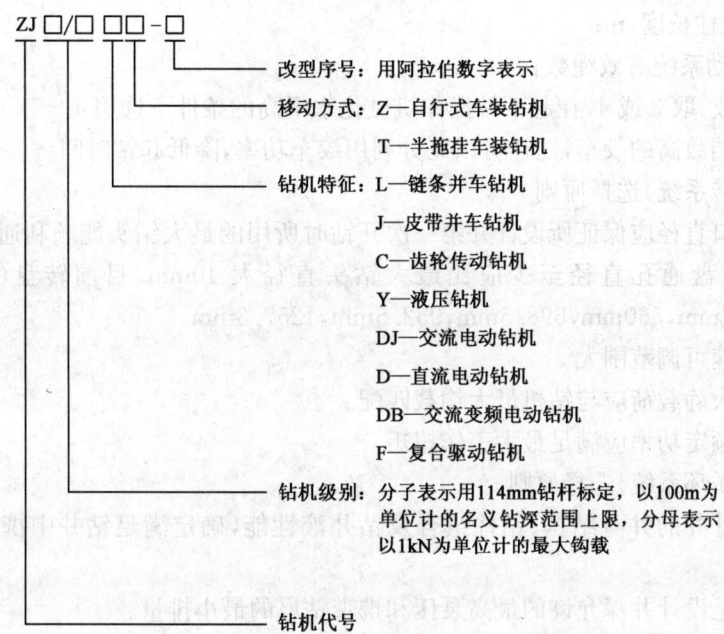

图 2-7 石油钻机的型号表示方法

1) 井身结构

同样的设计井深由于井身结构(套管层次、尺寸)的差异,按名义钻深为主参数选择钻机型号时,必须同时考虑钻机的最大允许钩载。

2) 钻井工艺技术

不同的钻井工艺技术对钻机选择有不同的要求,如在优化钻井中,要实现机械破碎参数的优选,理想的转盘选型便是可无级调速的转盘。在优选水力参数中,理想的钻井泵是功率大、泵压高、流量大且调速范围也较大的泵。

3) 地质条件

钻机选型还应了解设计井区域井下复杂情况,若设计井区域钻井中有严重垮塌、缩径等复杂情况,那么在钻机选择时应增大钻机安全系数(如选用钩载储备系数大的钻机)。

2. 钻机选择时考虑的技术参数

国内外油田选择钻机一般以钻机公称钻深或最大钩载作为选择钻机的主参数。所选择钻机的最大钩载能完成下套管和解除卡钻的任务,并保证有一定的超深能力。API 建议钻机选择可用 80% 的套管破断强度或钻杆 100% 的破断强度来确定最大钩载。

1) 绞车(或起升系统)选择原则

(1) 钩载储备系数应尽量选大一些(一般 ≥1.80)。

(2) 井架高度 h_A,一般应满足 $h_A \geqslant 1.7 L_S$,(L_S 为立柱长度,m)。

(3) 大钩的起升速度直接影响起下钻速度,速度过高受立柱长度、快绳速度及操作安全的限制,速度过低,则起钻速度太慢,影响起下钻效率。一般要求将最低速度选在 0.45~0.5m/s,最高速度可按经验公式(2-1)选取:

$$V_F = \frac{b}{Z}\sqrt{L_Z} \tag{2-1}$$

式中 V_F——大钩最高速度,m/s;

L_Z——立柱长度,m;

Z——游动系统有效绳数;

b——系数,取 3 或 4,在起下钻操作机械化水平高的条件下选用 4。

(4)选择排挡数高的绞车,这样可以充分利用绞车功率,降低起钻时间。

2)转盘(旋转系统)选择原则

(1)转盘开口直径应保证所设计井第一次开钻时所用的最大钻头能顺利通过转盘中心通孔,一般情况转盘通孔直径至少应比最大钻头直径大 10mm,目前转盘的通用尺寸有 444.5mm,520.7mm,560mm,698.5mm,952.5mm,1257.3mm。

(2)转盘转速可调范围大。

(3)转盘最大静载荷应与钻机最大钩载匹配。

(4)转盘的额定功率应满足最大工作扭矩。

3)钻井泵(循环系统)选择原则

(1)根据设计井的井身结构、钻柱组合及钻井液性能,确定满足钻井中携带钻屑的最小排量。

(2)满足钻至设计井深允许的最高泵压和携带钻屑的最小排量。

(3)满足钻井水力参数优选中,最高泵压和最优排量的选择。

(4)能承受高泵压且流量可调范围大。

第二节 钻 头

钻头是破碎岩石的主要工具。钻头质量的优劣、它与岩性及其他钻井工艺条件是否适应,将直接影响钻井速度、钻井质量和钻井成本。随着钻井工艺的要求及钻井技术的发展、材料和机械制造工业的发展,钻头的设计、制造和使用有了很大的发展,而且仍在发展之中。这种发展体现在新技术在钻头上充分而及时的应用、钻头的品种和使用范围不断扩大、钻头的技术及经济指标不断提高等方面。

油气钻井中所使用的钻头类型有三类:刮刀钻头、牙轮钻头、金刚石钻头。随着钻井对象的变化以及钻井技术的发展,目前使用较多的钻头为牙轮钻头和金刚石钻头。

牙轮钻头可能有一个、两个或三个牙轮结构,每个牙轮上都带有牙齿。当钻头在井底旋转时,钻头的牙轮随着钻头在井底转动,其上面的牙齿与地层接触,在钻压和旋转力的作用下,牙齿破碎地层岩石。

金刚石钻头按破碎岩石的材料分为天然金刚石钻头、聚晶金刚石复合片钻头(简称 PDC 钻头)以及热稳定聚晶金刚石钻头(简称 TSP 钻头)。

在实际工程中,评价一个钻头的经济技术指标有:

(1)钻头进尺,指一个钻头钻进的井眼总长度,m。

(2)钻头工作寿命,指一个钻头的累积使用总时间,h。

(3)钻头平均机械钻速,指一个钻头的进尺与工作寿命之比,m/h。

(4)钻头的单位进尺成本,指钻头每钻进 1m 所需要的费用,元/h。

$$C_{pm} = \frac{C_b + C_r(t+t_t)}{H} \tag{2-2}$$

式中 C_{pm}——单位进尺成本,元/m;
C_b——钻头成本,元;
C_r——钻机作业费,元/h;
t——钻头钻进时间,h;
t_t——起下钻及接单根时间,h;
H——钻头进尺,m。

一、牙轮钻头

牙轮钻头是使用最广泛的钻头之一,适用于从软到硬的各种地层。牙轮钻头破岩时扭矩小,转动平稳,对钻具及地面设备的危害小,但结构较复杂,制造困难,成本较高。牙轮钻头有单牙轮钻头、双牙轮钻头、三牙轮钻头、多牙轮钻头等。其中使用最多的是三牙轮钻头(图2-8),它的三个牙轮锥体按120°夹角对称分布。牙轮钻头还可分为全面钻进牙轮钻头、取心牙轮钻头;自洗式牙轮钻头、非自洗式牙轮钻头;铣齿牙轮钻头、镶齿牙轮钻头;滚动轴承牙轮钻头、滑动轴承牙轮钻头等。

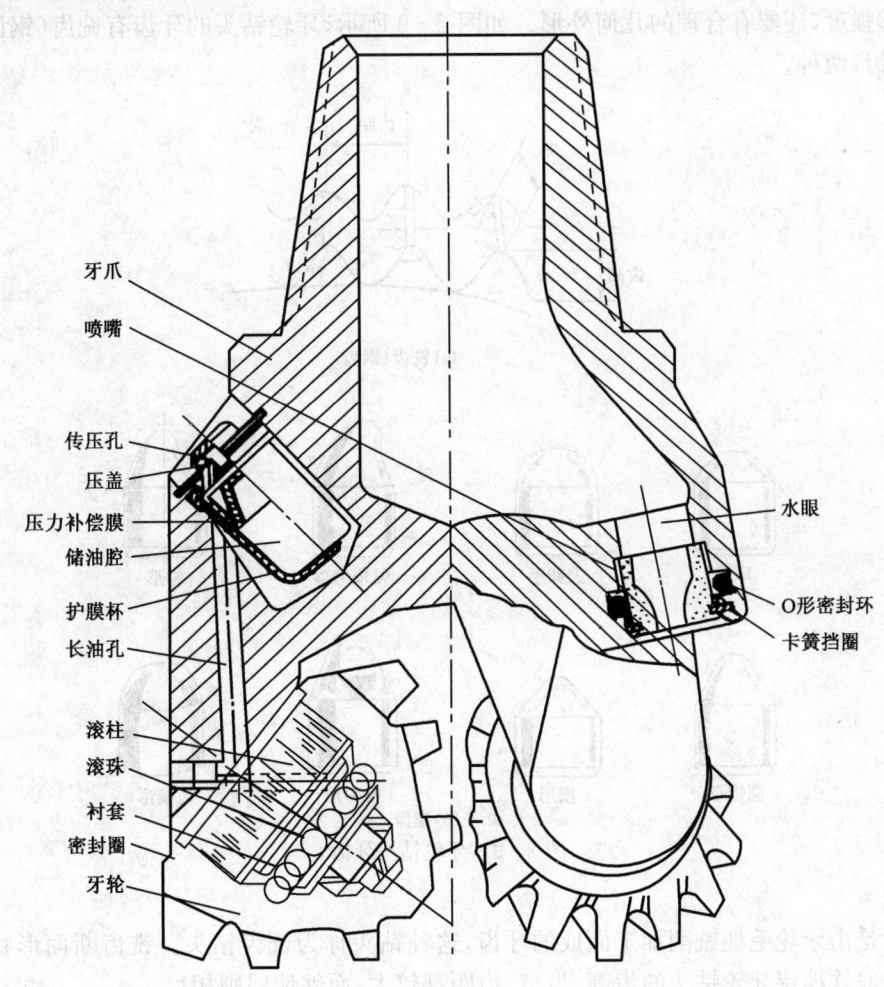

图 2-8 三牙轮钻头示意图

(一)牙轮钻头的结构

1. 钻头体与巴掌

钻头体上部车有螺纹与钻具相连,下部带有三个巴掌与牙轮的轴颈相连,起支撑牙轮的作用。钻头体的底端中部镶焊水眼板或安装喷嘴。

牙轮在牙爪轴颈上的固定是在牙轮与轴颈组装好后,通过牙爪下侧背部的斜孔投入滚珠来完成的,最后插入销子并焊死。

2. 牙轮

牙轮是一个外面带有牙齿,内腔加工成与轴颈相对应的滚动体跑道或滑动摩擦面的锥体,分单锥与多锥两种结构。单锥牙轮是指仅有主锥和背锥两个不同锥度的牙轮,该牙轮适用于硬或研磨性较高的地层。复锥牙轮是指除主、背锥外,还有1~2个副锥的牙轮,该牙轮适用于软或中硬地层。

3. 牙齿

牙齿是钻头破岩的主要元件,要求其破岩效率高和工作寿命长。为此,牙齿既要耐磨,又要有足够强度,还要有合理的几何外形。如图2-9所示,牙轮钻头的牙齿有铣齿(钢齿)、镶齿(硬合金齿)两种。

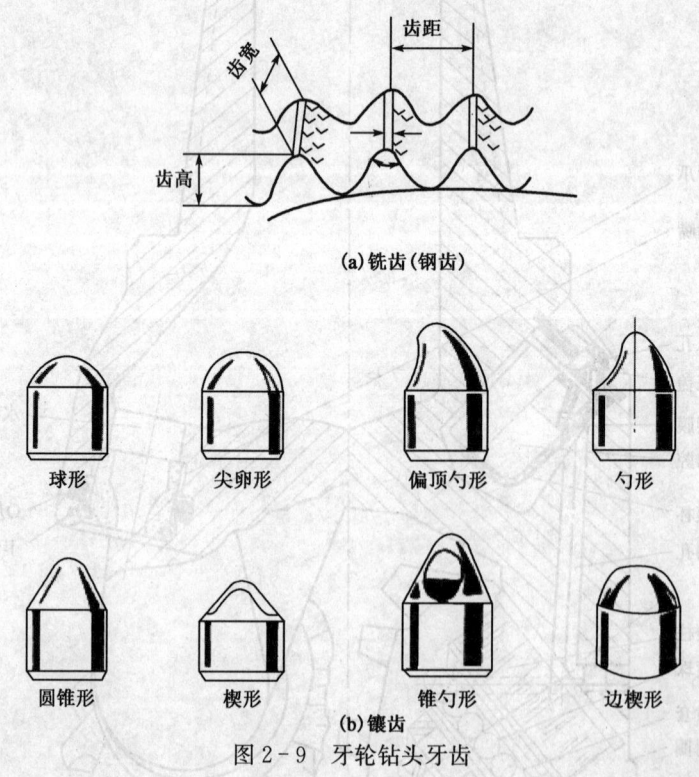

图2-9 牙轮钻头牙齿

1)铣齿

铣齿是由牙轮毛坯铣削加工而成的牙齿,这种钻头称为铣齿钻头。铣齿断面形状主要是楔形。一般软地层牙轮钻头的齿高、齿宽、齿距都较大,而硬地层则相反。

牙齿在轮壳上的排列布置方式是影响钻进效率的重要因素。布齿时,首先保证钻头每转一圈牙齿全部破碎井底，不留下未被破碎的凸起部分。根据岩性不同，牙轮上齿圈的排列分为自洁式和非自洁式。

自洁式又称自洗式，其特点是相邻两个牙轮的齿圈相互交错排列。钻头工作时，相邻牙轮相互铣掉齿圈间的岩屑，防止钻头泥包，但其牙齿排列较稀，不宜在硬地层中使用。非自洁式又称重叠式，其特点是各牙轮上可任意布置齿圈，不受相邻牙齿的影响，因此可加密齿圈。重叠式牙轮钻头适应于硬及研磨性较高的地层。

钻进中，在钻头破碎岩石的同时牙齿逐渐被磨损。影响牙齿磨损的主要因素是地层岩石的研磨性、钻井技术参数、牙齿材料与齿形、加工工艺技术等。为了提高铣齿钻头的工作寿命，通常要对铣齿进行加硬，即在钻头牙齿的工作面上加焊一层硬合金粉。两侧堆焊牙齿抗磨力强，适用于研磨性较高的地层；一侧堆焊牙齿则能在不断磨损中保持自锐。

钻头在研磨性较高的地层中钻进时，钻头直径容易磨小，钻出的井眼直径则小于规定的尺寸，下一个钻头由于井径缩小则下不到井底，因而下钻过程中必须划眼，这是极不利于钻井的做法。因而，对于用在研磨性较强的地层的钻头都要增大钻头外径部位的耐磨性，这种做法称作保径。

2) 镶齿（硬合金齿）

铣齿牙轮钻头的牙齿，其齿形受到加工的限制，基本都是楔形的。牙齿材料受到牙轮材料的限制，虽经敷焊硬质合金层，但其耐磨性仍不能完全满足要求。特别是在坚硬、研磨性强的地层中，使用寿命很低。1951年，在石油钻井中第一次使用了镶硬质合金齿的牙轮钻头，在硬地层中取得了较好的效果，以后镶齿钻头发展很快，扩大了使用范围。目前镶齿牙轮钻头在软地层、中硬地层及坚硬地层中都得到了广泛应用。

镶齿牙轮钻头是在牙轮上钻出孔后，将硬质合金材料制成的齿镶入孔中。

牙轮钻头上使用的硬质合金是碳化钨（WC）—钴（Co）系列硬质合金。它是以碳化钨粉末为骨架，金属、钴粉末为黏结剂，有时加入少量的钽或铌的碳化物用粉末冶金方法压制、烧结而成的。合金中随着钴的含量的增加，密度有所下降，硬度逐渐降低，即耐磨性能降低，但抗弯强度逐渐增大，且冲击韧性也提高。在不改变碳化钨和钴含量的情况下，增大碳化钨的粒度，可以提高硬质合金的韧性，而其硬度和耐磨性不变。

4. 牙轮钻头的轴承

决定钻头工作寿命最关键的因素是牙齿和轴承。通常轴承先于钻头牙齿及其他部分而报损（称为轴承的先期损坏），密封润滑的滑动轴承钻头大大提高了牙轮钻头的使用寿命。目前普遍使用的是硬质合金齿喷射式密封滑动轴承牙轮钻头。

1) 轴承的类型

牙轮钻头的轴承由牙轮内腔、轴承跑道、牙掌轴颈、锁紧元件等组成。轴承副有大、中、小和止推轴承四个。根据轴承的密封与否，可分为密封和非密封两类。根据轴承副的结构，钻头轴承分为滚动轴承和滑动轴承（指主要承载轴承即大轴承）两大类。滚动轴承的结构形式有"滚柱—滚柱—止推"和"滚柱—滚珠—滑动—止推"两类；滑动轴承的结构有"滑动—滚动—滑动—止推"及"滑动—滑动—滑动—止推"两种。各种轴承的结构特点如图2-10所示。

对于滚珠轴承、滚柱轴承及滑动轴承，轴承副之间的接触方式分别为点接触、线接触与面接触。后两种的承压面积大、载荷分布均匀、吸收震动较好，对于承受载荷较大的牙轮钻头，显然更为有利，因而牙轮钻头的大轴承及小轴承都采用滚柱轴承或滑动轴承。应指出，如果钻头的轴承得不到良好的润滑，则滑动轴承将很快失效。

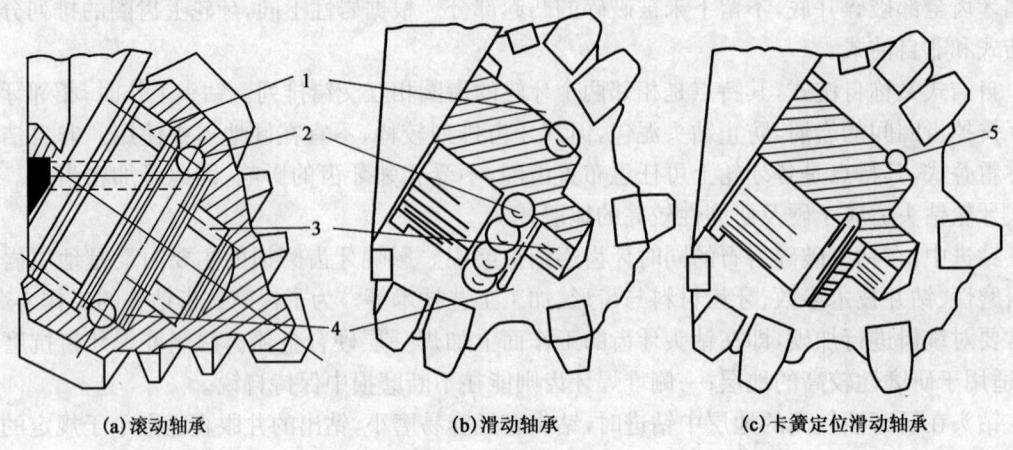

(a)滚动轴承　　　　　(b)滑动轴承　　　　　(c)卡簧定位滑动轴承

图 2-10　各种轴承的结构
1—大轴承；2—中轴承；3—小轴承；4—止推轴承；5—卡簧

中轴承的作用是锁紧牙轮,中轴承如果磨损,则牙轮会从轴颈上分离,因而中轴承非常重要。即使中轴承磨损后没有达到牙轮从轴颈上分离的程度,也会失去定位作用,牙轮和轴颈之间松动,会加剧轴承磨损。一般用滚珠轴承作为中轴承是由于工艺原因。有些钻头用卡簧代替滚珠轴承,这样可进一步增加大轴承的面积,同时简化了轴承结构及加工工艺。

2)轴承的储油密封润滑

牙轮钻头轴承的储油密封润滑结构,是在巴掌的组合体上增加一套储油密封系统。它由轴承腔的压力补偿系统和密封元件等组成。其作用是将牙轮内腔与外界的洗井液分开,并在钻头工作时,随时向轴承腔内补充润滑脂,从而改善轴承的工作条件。

5. 牙轮钻头的水眼(喷嘴)

非喷射式钻头的水眼只起洗井液循环通道的作用,而喷嘴不仅循环洗井液,还能把洗井液转化为高速射流。普通钻头在软地层钻进时,为了防止钻头泥包,从水眼流出的洗井液均直接冲在牙轮上。喷射式钻头的水眼方向是使洗井液直射两牙轮间的井底。

喷嘴主要有普通喷嘴、中长喷嘴、长喷嘴、斜喷嘴、振荡脉冲射流喷嘴、中心喷嘴等。普通喷嘴一般有椭圆型、圆弧型、双圆弧型、锥型、流线型、等变速型等,其结构形状决定了射流的扩散角大小、等速核长短和流量系数的大小。

(二)牙轮钻头的工作原理

钻进中,牙轮钻头在井底的运动及破岩机理取决于钻头的结构、钻进参数配合、井底状态等多方面的因素。为了能够根据不同地层岩性,合理选择与使用钻头,就必须了解牙轮钻头的在井底的运动及破岩机理。

1. 牙轮钻头在井底的运动

牙轮钻头在井底的运动决定着牙轮与牙齿的运动,从而直接决定了牙齿对地层岩石的破岩作用。钻头在井底的运动有公转、自转、纵振和滑动。钻头在井底运动的同时,牙轮在井底的运动也有公转、自转、纵振和滑动。

1)公转

钻头绕井眼轴线的旋转运动称为钻头的公转,其转速等于转盘或井下动力钻具的旋转速度;钻头公转时,牙轮绕钻头轴线所作的旋转运动称为牙轮的公转。牙轮上各外排牙齿绕钻头轴线旋转的线速度不同,轮壳上最外排牙齿的线速度最大。

2)自转

钻头绕其自身轴线所作的旋转运动称为钻头的自转,其转速取决于钻具的转速;钻头旋转时,牙轮绕巴掌轴所作的与钻头旋转方向相反的旋转运动称为牙轮的自转,其转速取决于公转速度,并与牙齿对井底的作用有关。牙轮的自转速度要比公转速度快得多。牙轮的转动是岩石对牙齿产生阻力作用的结果。

3)纵振

钻进中旋转钻头时,轮齿与井底的接触是单双齿交替进行,单齿着地时,牙轮的轮心处于高位置,双齿着地则处于低位置,这样就导致轮心不停地上升下降,即牙轮的纵振。牙轮的纵振使整个钻头沿轴向做上下往复运动,即钻头的纵振,其振幅就是轮心的垂直位移。振幅的大小与齿高、齿距等钻头结构及岩性有关。在硬地层振幅较大,振动严重,危害较大。除牙轮的单双齿交替与井底接触导致的纵振外,还会因井底不平造成振幅较大的振动。

4)滑动

为了适应破碎不同岩石的需要,在钻头工作时,使其产生一定的滑动,钻头的滑动就是牙轮的滑动。通常情况下,在软地层钻进时钻头具有较大的滑动量;在硬地层及高研磨性地层钻进时,所用钻头其滑动量要尽量减小,以避免牙齿的迅速磨损。

2. 牙轮钻头的破岩作用

牙轮钻头是依靠牙轮绕钻头轴线的公转与牙轮绕自身轴线的自转所产生的冲击压碎作用和滑动剪切作用来破碎岩石的。

1)冲击压碎作用

牙轮钻头在井底工作时,由钻头纵振所产生的轮齿对岩石的冲击压碎作用,是牙轮钻头破碎岩石的主要方式。旋转钻头时,牙齿以一定速度冲击压入岩石,这一破碎方式与静压入破碎试验特点相似,牙齿压入岩石需要足够的比压与接触时间。因此,牙轮钻头的牙齿作用在岩石上的轴向载荷包括静压及冲击载荷两部分。加给钻头的钻压为静压部分;冲击载荷是由钻头在井底旋转时产生纵振,使钻头—钻柱系统不断地压缩与伸张,下部钻柱把这种周期的弹性变形能传递给牙轮而产生的,这就是钻头破碎岩石时牙齿冲击压力的来源。加大钻头牙齿对地层的冲击压力,就能提高破碎岩石的效率。

2)滑动剪切作用

在塑性较高的岩石中,除了要求牙齿对井底岩石有冲击压碎作用外,还要求牙齿对地层有一定的滑动作用,使牙齿对岩石进行剪切,以扩大岩石的破碎效果,这一点在软地层钻进时显得很重要。使牙轮在井底滚动时产生滑移的措施有超顶、复锥和移轴。

(1)超顶是指牙轮的锥顶超过钻头的中心线。锥顶超过中心线的距离称为超顶距。超顶距越大滑动量就越大,超顶在切线方向上产生了滑动,剪去了牙轮每个齿圈上齿与齿之间的岩石。

(2)复锥是指牙轮的副锥顶(延伸线)是超顶的。主副锥顶间的距离称为锥顶距。锥顶距越大或两个锥顶角的差值越大,钻头工作时牙轮在井底产生的滑动量也越大。复锥导致牙轮在切线方向产生滑动,同超顶一样也剪去了牙轮每个齿圈上齿与齿之间的岩石。

(3)移轴是指牙轮轴线相对于钻头轴线平移了一段距离,这段距离称为移轴距。移轴距越大,牙轮的滑动量就越大,剪切作用也就越大,移轴使牙齿产生了轴向滑动,剪去了牙轮上齿圈之间的岩石。

3) 牙齿本身的剪切作用

牙齿在轴向压力(钻压)的作用下吃入岩石时,牙齿的楔形面对与其接触的岩石产生了一个水平剪切力,岩石沿剪切面发生了剪切破碎,随着牙齿的移动将已破碎的岩石剔出,这就是牙齿本身对岩石的剪切作用。

(三)牙轮钻头的合理选用

在对钻头的结构特点、工作原理以及地层岩石的物理机械性能充分了解以后,就能根据邻井相同地层已钻过的钻头资料,结合本井的具体情况选择钻头,并配合以恰当的钻井参数,使之获得最好的技术经济效果。

1. 牙轮钻头的选型

牙轮钻头是应用范围最广的钻头,主要原因是改变不同的钻头设计参数(包括齿高、齿距、齿宽、移轴距、牙轮布置等),即可适应不同地层的需要。牙轮钻头选型应考虑以下问题:

(1)地层的软硬程度和研磨性。地层的岩性和软硬不同,对钻头的要求及破碎机理也不同。软地层应选择兼有移轴、超顶、复锥三种结构,牙轮齿形较大、较尖、齿数较少的铣齿或镶齿钻头,以充分发挥钻头的剪切破岩作用。随着岩石硬度增大,选择钻头的上述三种结构值应相应减小,牙齿也要减短、加密。研磨性地层会使牙齿过快磨损,机械钻速迅速降低,钻头进尺少,特别容易磨损钻头的保径齿、背锥以及巴掌的掌尖,使钻头直径磨小,更严重的是会使轴承外露、轴承密封失效,加速钻头损坏。因此,钻研磨性地层,应该选用有保径齿的镶齿钻头。

(2)钻进井段的深浅。浅井段岩石一般较软,同时起下钻所需时间较短,应选用能获得较高机械钻速的钻头;深井段地层一般较硬,起下钻时间较长,应选用有较高总进尺的钻头。

(3)易斜地层。在易斜地层钻进时,地层因素是造成井斜的客观因素,而下部钻柱的弯曲以及钻头的选型不当则是造成井斜的技术因素。在易斜地层钻进,应选用不移轴或移轴量小的钻头;同时,在保证移轴小的前提下,所选钻头适应地层应比所钻地层稍软一些,这样可以在较低的钻压下提高机械钻速。

(4)软硬交错地层。在软硬交错地层钻进时,一般应按其中较硬的岩石选择钻头类型,这样既在软地层中有较高的机械钻速,也能顺利地钻穿硬地层。在钻进过程中,钻井参数要及时调整。在软地层钻进时,可适当降低钻压并提高转速;在硬地层钻进时可适当提高钻压并降低转速。

选用的钻头对所要钻的地层是否适合,要通过实践的检验才能下结论。对于同一地层使用过的几种类型的钻头,在保证井身质量的前提下,一般以"每米成本"作为评价钻头选型是否合理的标准。

2. 牙轮钻头的合理使用

(1)根据地层可钻性级值并参考邻井地层,选择进尺多、速度快、成本低、磨损正常的钻头。在上部松软地层(可钻性级值小于5级),可选用机械钻速高的铣齿钻头,在深井段地层(可钻性级值大于5级),可选用进尺多的镶齿钻头。

(2)在易斜地层,多选用牙轮偏移量小、无保径齿及齿多而短的牙轮钻头。

(3)井底应清洁,无落物。

(4)下钻速度要慢,防止顿钻。在钻头距井底1个单根时,要开泵和旋转钻头,充分洗井,清除井底岩屑,避免下入过快岩屑堵塞喷嘴或开泵过猛憋漏地层。

(5)钻头接触井底后,在低钻压、低转速下(钻压10～30kN,转速60r/min)跑合0.5h以上,造好井底形状后,方可将钻压和转速逐步提高到设计值。

(6)作好钻速试验,即固定钻压、改变转速,或固定转速、改变钻压,使钻压和转速合理匹配,达到高钻速钻进。

(7)钻进中,应尽量提高泵压,增大钻头水功率,充分发挥水力参数和机械破岩参数的交互作用,提高破岩效率。

(8)使用组合喷嘴,提高清岩效率。

(9)应以厂家推荐的钻压与转速的乘积为约束条件,不能同时使用最高钻压和最高转速。

(10)钻进中,操作要平稳,送钻要均匀,严禁猛提猛放、溜钻和顿钻。

(11)连续产生憋跳钻时,若不是地面设备的问题,应立即起钻,避免牙轮脱落。

(12)从钻头下入钻进开始,必须作随钻成本计算,只要发现连续几个点成本上升时,应起钻。

(13)如发现钻头无进尺、泵压明显升高或降低、机械钻速突然下降、扭矩增大等现象时,若地面设备没有问题,应起钻检查。

二、金刚石钻头

金刚石钻头是指用金刚石颗粒作切削元件的钻头。起初,它仅在坚硬、高研磨性地层中使用,经改进后,它在中硬及软地层中也取得了良好的工作指标。

(一)金刚石钻头的结构

1. 总体结构

金刚石钻头属一体式钻头,整个钻头无活动部件,主要有钻头体、冠部、水力结构(包括水眼或喷嘴、水槽又称流道、排屑槽)、保径、切削刃(齿)五部分,如图2-11所示。

钻头的冠部是钻头切削岩石的工作部分,其表面(工作面)镶装有金刚石材料切削齿,并布置有水力结构,其侧面为保径部分(镶装保径齿),它和钻头体相连,由碳化钨胎体或钢质材料制成。

钻头体是钢质材料体,上部是螺纹,和钻柱相连接;其下部与冠部胎体烧结在一起(钢质的冠部则与钻头体成为一个整体)。

金刚石钻头的水力结构分为两类。一类是天然金刚石钻头和热稳定聚晶金刚石(简称TSP)钻头。这类钻头的钻井液从中心水孔流出,经钻头表面水槽分散到钻头工作面各处冷却、清洗、润滑切削齿,最后携带岩屑从侧面水槽及排屑槽流入环形空间。另一类是聚晶金刚石复合片(简称PDC)钻头,这类钻头的钻井液从水眼中流出,经过各种分流元件分散到钻头工作面各处冷却、清洗、润滑切削齿。PDC钻头的水眼位置和数量根据钻头结构而定。

金刚石钻头的保径部分在钻进时起到扶正钻头、保证井径不致缩小的作用。采用在钻头侧面镶装金刚石的方法达到保径目的时,金刚石的密度和质量可根据钻头所钻岩石的研磨性和硬度而定。对于硬而研磨性高的地层,保径部位的金刚石的质量应较高,密度也应较大。

2. 金刚石钻头的切削齿材料

金刚石钻头切削齿材料分为天然金刚石和人造金刚石两大类。天然金刚石使用最早并一直使用,人造金刚石材料主要有聚晶金刚石复合片(简称PDC)及热稳定聚晶金刚石(简称TSP)。它们制成的钻头分别称作天然金刚石钻头、PDC钻头及TSP钻头。

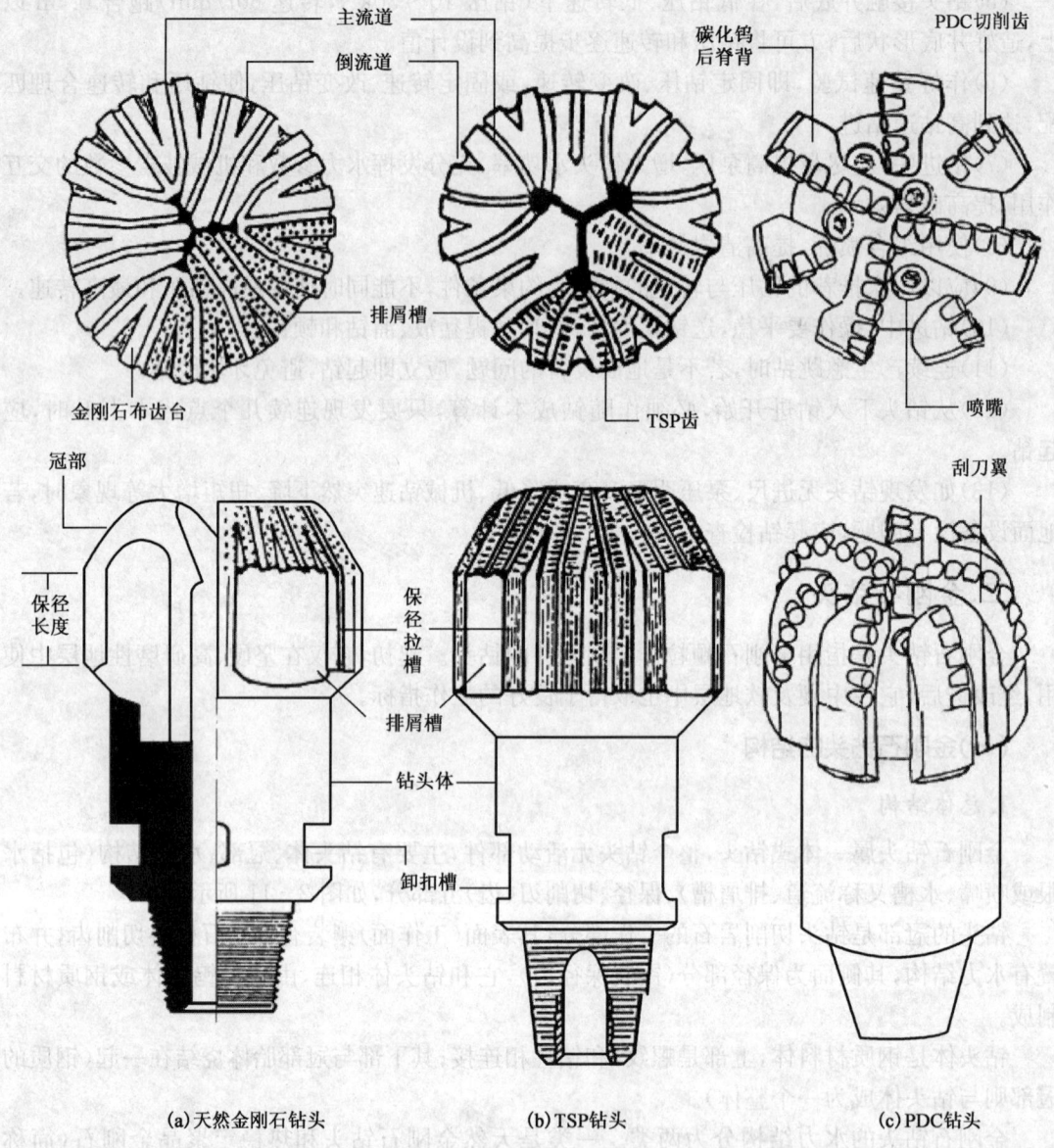

(a)天然金刚石钻头　　　　(b)TSP钻头　　　　(c)PDC钻头

图 2-11　金刚石钻头结构

金刚石为碳的结晶体,晶体结构为正四面体,碳原子之间以共价键相连,结构非常稳定,典型的晶形有立方体、八面体和十二面体等。

金刚石是人类目前所知材料中最硬、抗压强度最强、抗磨损能力最高的材料,因此它是作为钻头切削刃最理想的材料。

但是,金刚石作为钻头切削刃的材料也存在着较大的弱点。第一,它的脆性较大,遇到冲击载荷会引起破裂。第二,它的热稳定性较差,在高温下金刚石会燃烧变为二氧化碳和一氧化碳;在空气中,在 455~860℃时,金刚石就要出现石墨化燃烧;其在惰性或还原性气体中不会氧化燃烧,但在约 1430℃时,金刚石晶体会突然爆裂而变成石墨。因而,在金刚石钻头的设计、制造和使用中,必须避免金刚石材料经受高的冲击载荷并保证金刚石切削齿的及时冷却。

天然金刚石钻头用天然生成的金刚石颗粒作为切削刃。按品种大致可分为卡邦(Carbon,又名黑金刚石)、伯拉斯(Ballas)、伯尔兹(Boarz)及刚果金刚石四类。金刚石以重量计算,国际通用单位是克拉,一克拉相当于 0.2g。石油钻井用的金刚石粒度范围一般为 0.5~15 粒/克拉。钻头用金刚石必须质地坚固,形状规则,如十二面体、八面体、立方体或其他接近球体的形状。

由于天然金刚石来源有限且成本昂贵,国外在人造金刚石研制上发展很快。钻头用人造金刚石的第一步是用石墨在某些金属触媒的作用下,在 5~10MPa 压力及 1000~2000℃高温条件下制成单晶金刚石。目前已能合成直径 3~6mm 或更大的大颗粒单晶金刚石,但成本较高。直径小于 0.5mm 的金刚石已能批量生产,晶形和强度经分选后已接近或达到天然金刚石标准。但是由于人造金刚石粒度较小,很难用在钻头上,所以还要将人造单晶金刚石再次合成为大块的聚晶金刚石。聚晶金刚石是将直径约 1~100μm 之间的人造金刚石单晶微粉,加入一定配比的黏结金属或其他材料,在高温高压下聚合而成的大颗粒的多晶金刚石材料。钻头上常用的聚晶金刚石包括 PDC 和 TSP 两类。

PDC 的结构如图 2-12 所示。它是以金刚石粉为原料加入黏结剂在高温高压下烧结而成。复合片为圆片状,金刚石层厚度一般小于 1mm,切削岩石时作为工作层,碳化钨基体对聚晶金刚石薄层起支撑作用。两者之间的有机结合,使 PDC 既具有金刚石的硬度和耐磨性,又具有碳化钨的结构强度和抗冲击能力。由于聚晶金刚石内晶体间的取向不规则,不存在单晶金刚石所固有的解理面,所以,PDC 的抗磨性及强度高于天然金刚石,且不易破碎。PDC 由于多种材料的存在,热稳定性较差,同时脆性较强,不能经受冲击载荷。常用的 PDC 直径为 13.4mm、19mm 和 8mm。目前,PDC 正朝着大直径方向发展,最大直径可达 50.8mm,而且金刚石层也有加厚的趋势,已有厚度达 2mm 的 PDC 齿。

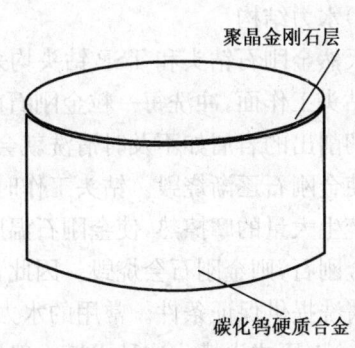

图 2-12 PDC 的结构

TSP 也是用金刚石单晶微粉在高温高压下制成的,它没有碳化钨基层,而是采用了特殊工艺,将触媒剂从齿中排出,因此 TSP 中没有游离钴存在,使得 TSP 具有良好的热稳定性,耐热温度达 1200℃以上。TSP 齿可根据需要制造出圆片状、立方体状、圆柱状、三角状等各种形状;尺寸也可根据要求而定。TSP 的耐磨性高于 PDC,抗冲击能力强,具有天然金刚石材料的优点,但它的尺寸大于天然金刚石,同时形状可根据要求而定。

3.天然金刚石钻头和 TSP 钻头的结构

天然金刚石钻头与 TSP 钻头结构基本相同,需要加以说明的内容包括以下几个方面。

1)冠部的几何形状

根据岩石特性及钻井条件选择钻头的冠部形状,是提高天然金刚石钻头及 TSP 钻头使用效率的最基本、最重要的工作,常用冠部形状如图 2-13 所示。

(1)双锥阶梯形。这种冠部形状除两个锥面外,还有阶梯或螺旋阶梯,这种形状的钻头适用于钻软到中硬的地层,如硬石膏、泥岩、砂岩、石灰岩等。

(2)双锥形。双锥形钻头适用于较硬和致密的岩石,如较硬的砂岩、石灰岩、白云岩等。

(3)B 形。为使钻进时钻头上各部位金刚石受力尽可能均匀,防止局部早期损坏,因而采用 B 形工作面,其结构特点是顶部较宽也较平缓,适用于硬地层,如硬砂岩及致密的白云岩等。

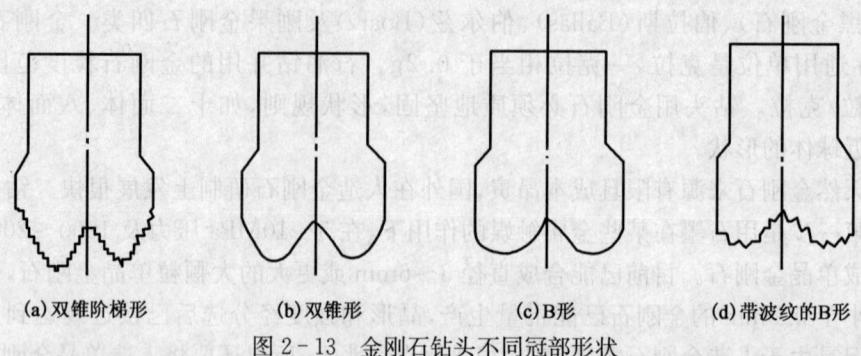

(a) 双锥阶梯形　　(b) 双锥形　　(c) B形　　(d) 带波纹的B形

图 2-13　金刚石钻头不同冠部形状

(4) 带波纹（或称脊圈式）的 B 形。外形和 B 形相同，不同的是内锥和圆弧面上带有螺旋形波纹槽，金刚石就镶在波纹的波峰上，这种钻头适用于石英岩、燧石、火山岩和硬砂岩等坚硬地层。

2) 水力结构

天然金刚石钻头和 TSP 钻头均采用水孔—水槽式水力结构，钻井液由水孔中流出经水槽流过钻头工作面，冲洗每一粒金刚石前的岩屑并冷却、润滑每一粒金刚石。钻头工作时，金刚石前切削出的岩屑如不及时清洗就会导致钻头工作面的堵塞而使金刚石端部产生局部高温，进而使金刚石逐渐烧毁。钻头工作时，金刚石压在地层岩石上并相对地层表面产生高速运动，因而产生大量的摩擦热，使金刚石温度升高。由于金刚石的热稳定性差，如果钻井液不能及时冷却金刚石，则金刚石会烧毁。因此，金刚石钻头的水力结构必须为每一粒金刚石的冷却、润滑及清洗提供保证条件。常用的水力结构有四类，如图 2-14 所示。

(1) 逼压式水槽。这种水槽一般用于软地层钻头。

(2) 辐射形水槽。这种水槽一般用于软到中硬地层中。

(3) 辐射形逼压式水槽。这种水槽常用于中硬到硬地层钻头和涡轮钻金刚石钻头。

(4) 螺旋形水槽。水槽为反螺旋流道，在钻头高转速条件下强迫钻井液流过金刚石工作面，有时结合逼压式水槽原理。这种水槽常用在高转速条件下。

以上四种水槽结构中，辐射形逼压式水槽效果最好。

3) 金刚石粒度和排列

钻头用金刚石的粒度根据地层而定。较软地层，粒度较大；较硬地层，粒度较小。

4. PDC 钻头的结构

按钻头体材料及切削齿结构划分，PDC 钻头分为胎体和钢体两大类，如图 2-15 所示。胎体钻头的钻头体由铸造碳化钨粉烧结而成，烧结时在钻头工作面上留下窝槽，再将复合片直接焊接在窝槽上。钢体钻头的钻头体用整块合金钢通过机械加工而成，这种钻头将复合片焊接在碳化钨材料齿柱上制成切削齿，再将切削齿镶嵌在钻头体上，保径部位也是将金刚石块或其他耐磨材料镶嵌在钻头体上，为防止冲蚀，可在钻头工作面上喷涂一层耐磨材料。

PDC 钻头采用水眼或喷嘴供给钻井液，通过切削齿的排列分配钻井液的方式保证切削齿的清洗、冷却和润滑。PDC 钻头有刮刀式、单齿式及组合式，三种排列及分布方式如图 2-16 所示。

(二) 金刚石钻头的工作原理

PDC 钻头的破岩机理对软地层主要是犁式切削作用，对硬地层主要是剪切作用。

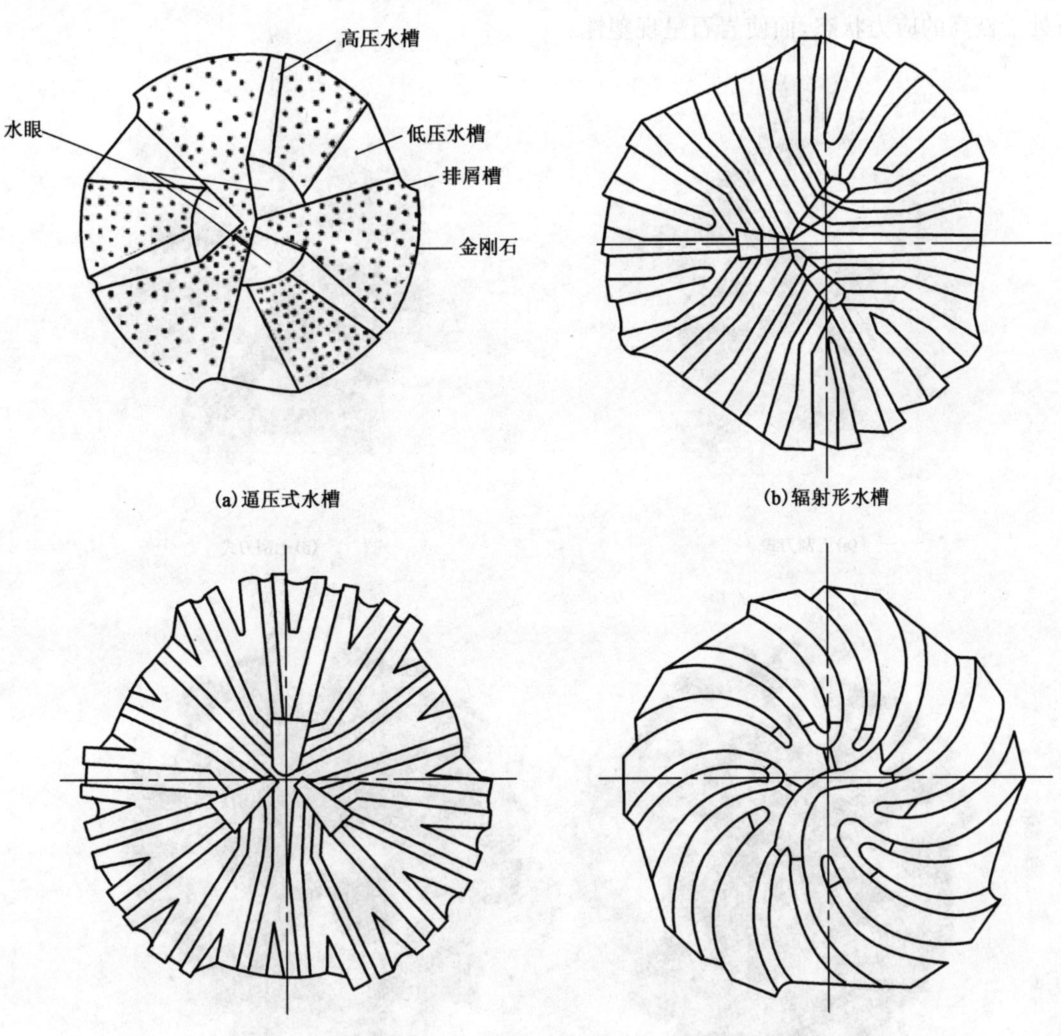

(a) 逼压式水槽

(b) 辐射形水槽

(c) 辐射形逼压式水槽

(d) 螺旋形水槽

图 2-14 天然金刚石钻头和 TSP 钻头水力结构的水槽类型

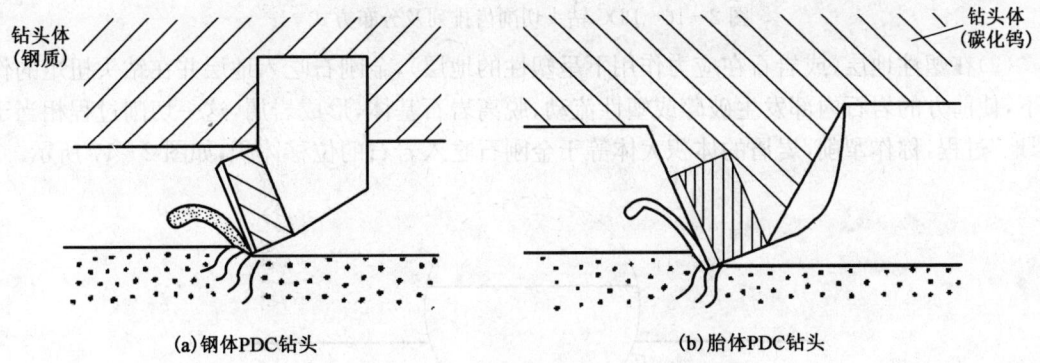

(a) 钢体PDC钻头

(b) 胎体PDC钻头

图 2-15 PDC 钻头牙齿示意图

天然金刚石钻头由于岩石性能及工作条件的复杂性，国内外对其破岩机理存在不同的观点，如研磨、剪切、压碎、犁削、切削等，至今没有统一结论，但可以归纳出以下要点：

(1)天然金刚石钻头在钻进某些硬地层时，在钻压作用下压入岩石，使与金刚石接触的岩石处于极高的应力状态,而使岩石呈现塑性。

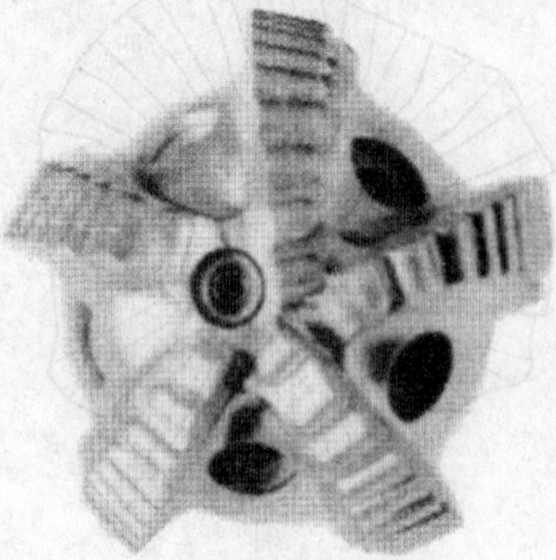

(a) 五刮刀式

(b) 七刮刀式

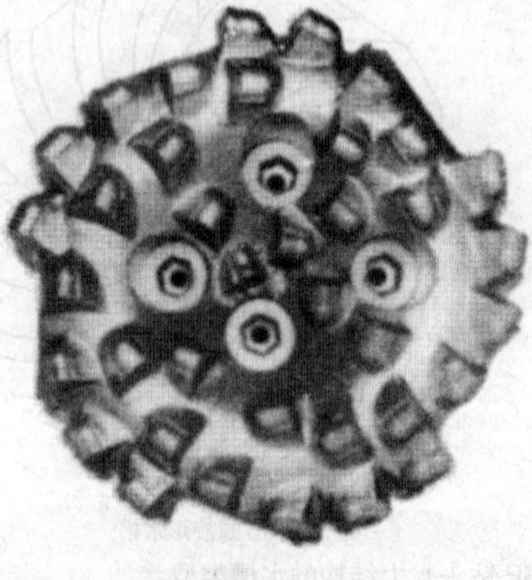

(c) 单齿式

(d) 组合式

图 2-16 PDC 钻头切削齿排列及分布方式

(2)在塑性地层(或岩石在应力作用下呈塑性的地层),金刚石吃入地层并在钻头扭矩的作用下,使前方的岩石内部发生破碎或塑性流动,脱离岩石基体,形成岩屑,这一切削过程相当于"犁地"过程,称作犁削,岩屑的体积大体等于金刚石吃入岩石的位移体积,如图 2-17 所示。

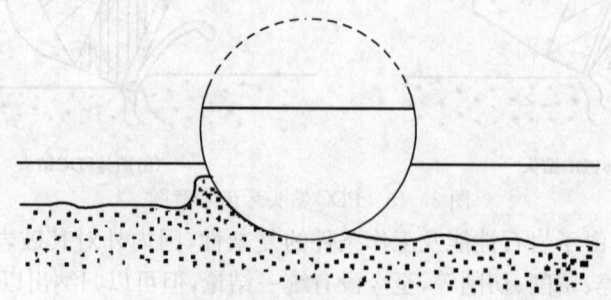

图 2-17 天然金刚石钻头的犁削作用

(3)在脆性较大的岩石中,在钻压和扭矩作用下所产生的应力使岩石表现为脆性破碎,即属于以剪力和张力破坏岩石。在这种情况下,金刚石钻头的破岩速度较高,岩石破碎的体积远大于金刚石吃入后位移的体积。

(4)在坚硬岩石(如燧石、硅质白云岩、硅质石灰岩等)中,由于金刚石本身强度的限制,较大粒度金刚石上的钻压不足,使岩石内部产生塑性变形,所以一般均采用细颗粒的金刚石制成孕镶式金刚石钻头来钻进。其特点是要靠金刚石的棱角实现微切削、刻划等方式来破碎岩石,这时分离出来的岩屑基本上是很细的粉末,钻头的工作效率和寿命均很低。

(三)金刚石钻头的选用

虽然金刚石钻头对地层的适应性较差,但地层及其他条件适合于金刚石钻头时,可以取得高的使用效益;反之,则不行。因此,金刚石材料钻头的选型特别重要。

1. 金刚石钻头的特点

与牙轮钻头相比,金刚石钻头具有以下特点:

(1)金刚石钻头是一体性钻头,它没有牙轮钻头那样的活动部件,也无结构薄弱环节,因而它可以使用高的转速,适合与高转速的井下动力钻具一起使用,能够取得高的效益;在定向钻井过程中,它可以承受较大的侧向载荷而不发生井下事故,适合于定向钻井。

(2)金刚石钻头使用正确时,耐磨且寿命长,适合于深井及研磨性地层使用。

(3)在地温较高的情况下,牙轮钻头的轴承密封易失效,使用金刚石钻头则不会出现此问题。

(4)在小于165.1mm的井眼钻井中,牙轮钻头的轴承由于空间尺寸的限制,强度受到影响,性能不能保证,而金刚石钻头则不会出现问题,因而小井眼钻井宜使用金刚石钻头。

(5)金刚石钻头的钻压低于牙轮钻头,因而在钻压受到限制(如防斜钻进)的情况下应使用金刚石钻头。

(6)金刚石钻头结构设计、制造比较灵活,生产设备简单,因而能满足非标准的异形尺寸井眼的钻井需要。

(7)金刚石钻头中的PDC钻头是一种切削型钻头,切削齿具有自锐的优点,破碎岩石时无牙轮钻头的压持作用,切削齿切削面积较大,是一种高效钻头。实践表明,这种钻头在适应地层时可以取得很高的效益。

(8)金刚石钻头由于热稳定性的限制,工作时必须保证充分的清洗与冷却。

(9)金刚石钻头抗冲击性载荷性能较差,使用时必须严格遵照规程。

(10)金刚石钻头价格较高。

2. 金刚石钻头适用的地层

金刚石钻头通过选用不同粒度的金刚石、采用不同的布齿密度和布齿方式,能满足在中至坚硬地层钻井的需要。TSP钻头适合在具有研磨性的中等至硬地层钻井。PDC钻头适用于软到中等硬度地层,但是PDC钻头钻进的地层必须是均质地层,以避免冲击载荷,含砾石的地层不能使用PDC钻头。

随着人造金刚石材料技术以及钻头技术的发展,金刚石钻头的应用范围将会扩大。

3. 金刚石钻头的合理使用

(1)根据地层可钻性级值选择金刚石钻头类型。一般情况下,地层可钻性级值小于5,即极软到中硬地层选用 PDC 钻头;地层可钻性级值大于 5、小于 8,即中硬到硬地层选用 TSP 钻头;地层可钻性级值大于 8,即硬到坚硬地层选用天然金刚石钻头。

(2)井底清洁,无落物。

(3)用专用工具紧扣,紧扣扭矩符合规定要求。

(4)下钻要慢,安全通过转盘、防喷器、井眼中不规则的台阶、"狗腿"、缩径段,保护好切削齿。下到最后一个单根时,应开泵并旋转循环,清除岩屑及沉砂。

(5)钻头接触井底后,应以低转速(50~60r/min)和低钻压(10~20kN)钻进 0.5m 左右,完成新井底造形。

(6)作好钻速试验,即固定钻压,改变转速,或固定转速,改变钻压,使钻压和转速合理匹配,以获得最高机械钻速钻进。

(7)使用组合喷嘴钻进,提高清岩效率。

(8)应以厂家推荐的钻压与转速的乘积为约束条件,不能同时使用最高钻压和最高转速。钻进中,操作要平稳,送钻要均匀,严禁猛提猛放、溜钻和顿钻。

(9)作好随钻成本计算,只要发现连续几个点成本上升时,应起钻。

(10)如发现钻头无进尺、泵压明显升高或降低、机械钻速突然下降、扭矩增大等现象时,若地面设备没有问题,应起钻检查。

三、取心钻头

取心钻头的功用是环形破碎地层岩石,形成岩心。

(一)取心钻头分类及其特点

目前取心钻头根据破眼方式可分为切削型、微切削型和研磨型三类。

1. 切削型取心钻头

切削型取心钻头是以切削方式破碎地层,适用于软至中等硬度地层取心,钻进速度快,目前主要包括刮刀取心钻头和 PDC 取心钻头。

2. 微切削型取心钻头

微切削型取心钻头是以切削和研磨两种方式同时破碎地层,适用于中硬、硬地层取心。该类钻头多为各种聚晶金刚石烧结成胎体结构。

3. 研磨型取心钻头

研磨型取心钻头主要以研磨方式破碎地层,主要有表镶或孕镶天然金刚石与聚晶金刚石两种取心钻头,适用于各种高研磨性的硬地层。该钻头钻进平稳,岩心收获率高,钻速慢。

(二)取心钻头的选用

当取心方式、工具确定之后,通常根据取心钻头型号与技术规范及所对应的地层类别确定取心钻头类型,然后参考地层可钻性级值与钻头类型的对应关系,进一步确定具体的取心钻头型号。

1. 从岩心成形出发选择钻头

从岩心成形来看,在软而松散的非胶结地层取心,不宜选用多次成形的取心钻头。多次成形的取心钻头,当钻头接触井底平面,开始钻进的时候,会在井底先形成直径较大(大于钻头体内径)的岩心。它不能立即进入钻头体或内岩心筒,只是在钻压的继续作用下,连续切削较大直径的岩心,最终形成所需直径的岩心柱并进入钻头体或内岩心筒。如果选用这类钻头,在多次成形的过程中,岩心必然受到钻压、钻具摆动等外力的多次作用,极易发生岩心破碎,阻碍岩心入筒或造成岩心入口堵塞卡死。但是,在充分扶正钻头和取心工具以后,由于这类钻头的切削部分可以产生锥形井底,有助于保持井眼垂直;同时,在需要更大钻压的较硬地层中钻进,钻头工作面逐渐过渡成圆形(或者有一个较大的顶部半径),能保证有足够的切削刃分担负荷,以防止不正常的磨损和过热。

近似于一次成形的取心钻头,由于其顶部圆半径较大,可以将钻进硬透镜体夹层的影响减弱到最低限度。一次成形就是当取心钻头接触井底平面,开始钻进的时候,岩心立即形成与钻头体内径相等或略小的岩心柱而进入内岩心筒而受到保护的成形过程。

2. 根据岩石性质选择钻头

松软地层,由于岩石可钻性好,机械钻速高,一般可选用切削型取心钻头,包括切削刃较长、较稀的PDC取心钻头。中硬地层,由于岩心成柱性好,钻速中等,是进行中长筒取心的有利地层,一般选用微切削型取心钻头,包括布齿较密的PDC取心钻头,圆柱形、三角形及片状等热稳定聚晶人造金刚石取心钻头,以及各种天然金刚石取心钻头。这类钻头多为胎体结构,工作面呈单锥曲面、双锥曲面,还有平顶、圆弧形、浅抛物面等形状。硬地层取心,由于地层岩石硬度高,研磨性强,可选用胎体结构、工作面多为半圆曲面、低出刃或孕镶的研磨型取心钻头。根据地层硬度,布齿方式有格状布齿、同心圆布齿及背镶布齿三种方式,高低压水道、辐射状水道以及内规径处的水道均有利于钻头的清洗和冷却。

取心钻头选型见表2-3,取心钻头推荐钻井参数见表2-4。

表2-3 取心钻头选型

地层	岩性	推荐取心钻头
软地层带面黏性夹层	黏土、泥岩、泥灰岩	EMC1306
软地层、高可钻性	泥灰岩、砂岩、盐岩、石膏	EMC1306、EMC13012
软—中硬地层、有硬夹层	页岩、砂岩、白垩岩	EMC1306、EMC13012
中—硬地层,有薄的研磨性夹层	页岩、砂岩、石灰岩	EMC1306、EMC13012
硬—致密地层,但无研磨性	页岩、砂岩、石灰岩、硬石膏、白云岩	EPC733、EPC832
硬—致密地层,有些研磨性夹层	砂岩、石灰岩、白云岩、火成岩	EPC733、EPC832
极硬带有研磨性地层	石英岩、火成岩	EFC828、EFC939

表2-4 取心钻头推荐钻井参数

型号	尺寸,in	钻压,kN	排量,L/s	转速,r/min	最高钻压,kN
EMC1306 EMC13012	6	9~68	6~16	80~250	90
	8½	23~90	11~20	80~250	113
EPC733 EPC832	6	36~113	6~13	60~250	135
	8½	68~135	11~19	60~250	158
EFC828 EFC939	6	23~68	6~13	60~250	90
	8½	45~90	11~19	60~250	113

第三节 钻 柱

一、钻柱的作用和组成

钻柱是钻头以上、水龙头以下部分的钢管柱的总称,它包括方钻杆、钻杆、钻铤以及各种接头和稳定器等井下工具。

钻柱是钻井的重要工具,是连通地下与地面的枢纽。在转盘钻井时,靠它来传递破碎岩石所需要的能量,给井底施加钻压,以及循环钻井液等。在井下动力钻井时,井下动力钻具是用钻柱送到井底并靠它来承受反扭矩,同时钻头和动力钻具所需的液体能量也是通过钻柱输送到井底的。

随着钻井深度的增加,对钻柱性能的要求越来越高。几千米甚至上万米的钻柱,在井下的工作条件十分恶劣,它往往是钻井设备与工具中的薄弱环节。钻柱的脱扣、刺漏及扭断是常见的钻井事故,并常导致复杂的井下情况。因此,根据钻柱在井下的工作条件及工艺要求,合理地设计钻柱和使用钻柱,对于预防钻具事故,实现快速优质钻井及顺利完成各种井下作业等,都具有十分重要的意义。

(一)钻柱的作用

1. 钻柱在钻井过程中的主要作用

(1)为钻井液由井口流向钻头提供通道。
(2)给钻头施加适当的压力(钻压),使钻头的工作刃不断吃入岩石。
(3)把地面动力(扭矩等)传递给钻头,使钻头不断旋转破碎岩石。
(4)起下钻头。
(5)根据钻柱的长度计算井深。

2. 钻柱的特殊作用

(1)通过钻柱,可以观察和了解钻头的工作情况、井眼状况及地层情况等。
(2)进行取心、挤水泥、打捞井下落物、处理井下事故等特殊作业。
(3)对地层流体及压力状况进行测试与评价,即钻杆测试,又称中途测试。

(二)钻柱的组成

钻柱由方钻杆、钻杆段和下部钻具组合三大部分组成。钻杆段包括钻杆和接头,有时也装有扩眼器。下部钻具组合主要是钻铤,也可能安装稳定器、减振器、震击器、扩眼器及其他特殊工具。钻柱的具体组成随不同的目的、要求而不同。图 2-18 为一种典型的钻柱组合。

1. 方钻杆

方钻杆位于钻柱的最上端,上端与水龙头相连,下端与钻杆相接。方钻杆断面呈正方形或六边形(大型石油钻机都用正方形的),其目的是便于传递扭矩。方钻杆两端均为粗螺纹,上端是左旋螺纹,下端是右旋螺纹,其目的是防止钻进过程中自动卸螺纹。为了接单根后方钻杆的方部能进入方补心,要求它比单根长 2~3m,故方钻杆的有效长度一般为 11.5~13m。

方钻杆的主要作用是传递扭矩和承受井内钻具的重量。因此,要求方钻杆具有较高的抗

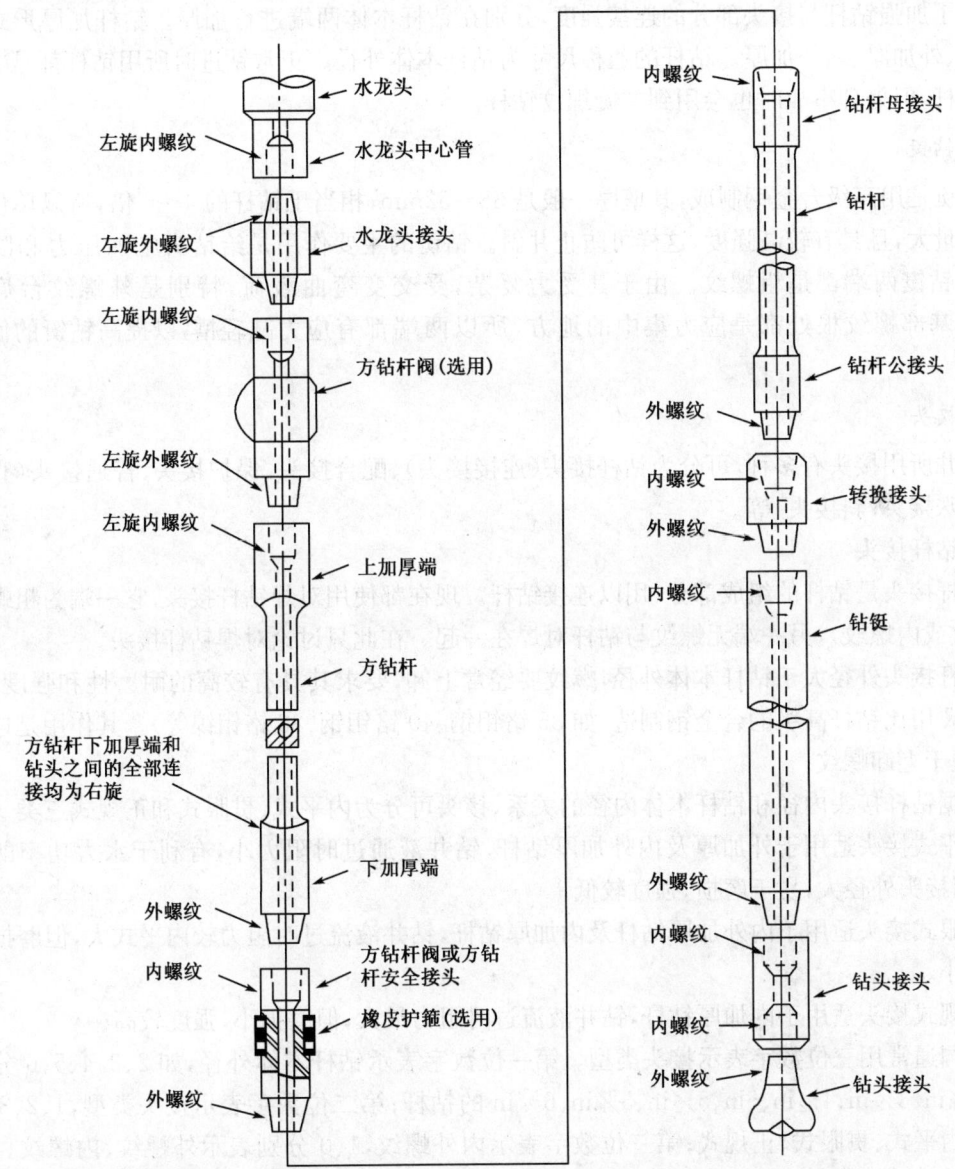

图 2-18 典型的钻柱组合

扭强度和抗拉强度,所以用优质合金钢制成,其壁厚为钻杆的 2～3 倍。

根据方钻杆两端接头连接的不同,分为有细螺纹和无细螺纹两种。目前我国都采用无细螺纹方钻杆,它是上下接头与本体对焊连接或将接头和方钻杆制成一体。

方钻杆的通称尺寸是指方形边的边宽。方钻杆上端为左旋内螺纹,与水龙头中心管相连,下端为右旋外螺纹同钻杆相接,通常在其两端分别加入保护接头。

2. 钻杆

钻杆是钻柱的基本组成部分,工作时位于方钻杆与钻铤之间。它由无缝合金钢管制成,壁厚一般为 9～11mm。按其两端与钻杆接头的连接方式分为有细螺纹钻杆和无细螺纹钻杆(对焊钻杆),目前国内外钻井普遍使用对焊钻杆。两端分别接有内外粗螺纹钻杆接头的一根钻杆,现场习惯称单根。

为了加强钻杆与接头部分的连接强度,分别在钻杆本体两端进行加厚。钻杆加厚形式有内加厚、外加厚、内外加厚。钻杆的通称尺寸为钻杆本体外径。正常钻进时所用钻杆都是右旋螺纹钻杆,但处理事故时也会用到左旋螺纹钻杆。

3. 钻铤

钻铤是用高级合金钢制成,其壁厚一般是 38～52mm,相当于钻杆的 4～6 倍,所以单位长度和重量大,且具有较高强度,这样可防止井斜。钻铤的主要作用是给钻头施加压力和防止井斜。钻铤两端都是粗螺纹。由于其受力复杂,受交变弯曲载荷,特别是外螺纹台肩和内螺纹基部螺纹根处都是应力集中的地方,所以两端都有应力减轻槽,以提高钻铤的使用寿命。

4. 接头

钻井所用接头有多种,可分为钻杆接头(连接接头)、配合接头、保护接头、普通接头(直接头)、特殊接头(斜接头)等。

1) 钻杆接头

钻杆接头是钻杆的组成部分,用以连接钻杆。现在都使用对焊钻杆接头,它一端为粗螺纹(外螺纹或内螺纹),另一端无螺纹与钻杆对焊在一起。在此只讨论对焊钻杆接头。

钻杆接头外径大于钻杆本体外径,螺纹要经常上卸,要求其具有较高的耐磨性和强度,因此接头要用比钻杆高级的合金钢制造(如 35 铬钼钢、40 铬钼钢、36 铬钼镍等)。其作用是连接钻柱,便于上卸螺纹。

根据钻杆接头内径和钻杆本体内径的关系,接头可分为内平式、贯眼式和正规式三类。

内平式接头适用于外加厚及内外加厚钻杆,钻井液通过时阻力小,有利于水力功率的利用,但因接头外径大,易于磨损,强度较低。

贯眼式接头适用于内外加厚钻杆及内加厚钻杆,钻井液流过时阻力较内平式大,但磨损较内平式小。

正规式接头适用于内加厚钻杆,钻井液流过时阻力最大,但磨损小,强度较高。

我国通常用三位数字表示接头类型。第一位数字表示钻杆本体外径,如 2、3、4、5、6 分别表示 $2\frac{7}{8}$in、$3\frac{1}{2}$in、$4\frac{1}{2}$in、5in、$5\frac{1}{2}$in、$5\frac{5}{8}$in、$6\frac{5}{8}$in 的钻杆;第二位数字表示接头类型,1、2、3 分别表示内平式、贯眼式、正规式;第三位数字表示内外螺纹,1、0 分别表示外螺纹、内螺纹。例如,420 接头代表 $4\frac{1}{2}$in 钻杆贯眼式内螺纹接头(习惯称公接头、母接头)。

此外,还可用字母表示接头类型。国产接头用 NP、GY、ZG 表示内平、贯眼、正规。API 制接头用 IF、FH、REG 表示内平、贯眼、正规。

2) 配合接头

配合接头是用于连接不同尺寸或不同螺纹型号钻具的短接。如连接不同尺寸或不同螺纹型号的钻杆(钻铤),连接钻杆和钻铤等。其螺纹型号表示方法同钻杆接头一样。

要正确地连接钻柱,必须首先准确地识别接头的类型,然后按照尺寸相等、螺纹型号相同、内外螺纹相配的原则进行连接。

如何识别接头类型呢? 一般先看接头体上的标记槽(槽宽 10mm、槽深 1～1.5mm),右旋螺纹接头有一道槽,左旋螺纹接头有两道槽。在标记槽内用钢字码打有具体的尺寸和类型代号,如 421、520、631 等。当无钢字码或看不清时,可用卡尺量接头有关尺寸,然后查表确定,现场也常用接头尺确定。

3) 保护接头

保护接头是一种对钻具起保护作用的特殊配合接头。它同钻具连接后,其某一端螺纹一般不卸开,从而保护了所连接钻具的螺纹。保护接头通常用在较重要的位置,如方钻杆两端、钻杆与钻铤之间等。

5. 稳定器

在钻铤柱的适当位置安装一定数量的稳定器,组成各种类型的下部钻具组合,可以满足钻直井时防止井斜的要求,钻定向井时可起到控制井眼轨迹的作用。此外,稳定器的使用还可以提高钻头工作的稳定性,从而延长使用寿命,这对金刚石钻头尤为重要。

图 2-19 是稳定器的三种基本类型:刚性稳定器、不转动橡胶套稳定器和滚轮稳定器。

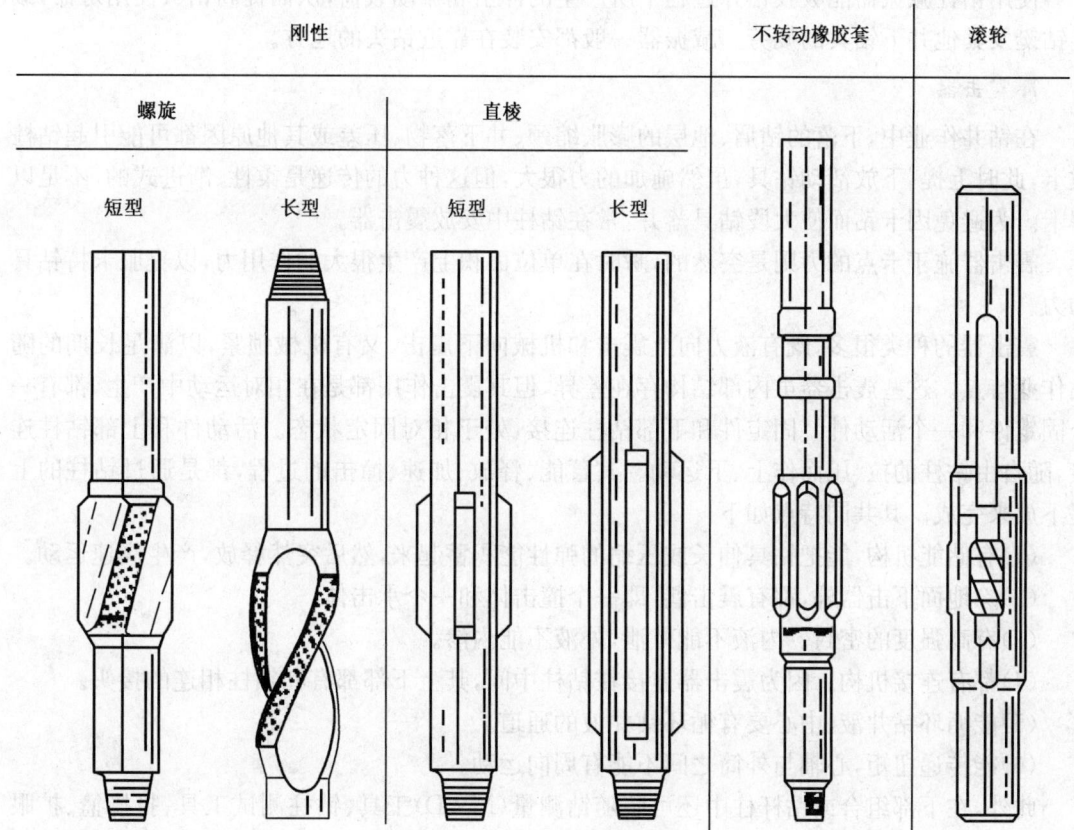

图 2-19 稳定器的基本类型

刚性稳定器包括螺旋、直棱两种,均可做成长型或短型,以适应各种地层和工艺要求,它是使用最广泛的稳定器。不转动橡胶套稳定器的主要优点是不会破坏井壁,使用安全,但它不具备修整井壁的能力,加上受井下温度的限制,使用寿命低,所以应用范围很小。滚轮稳定器(也称牙轮铰孔器)的主要优点是有较强的修整井壁的能力,可保持井眼规则,主要用于研磨性地层。

此外,在下部钻具组合中常装有减振器,用于吸收井下钻具的纵向震动和扭转震动。在深井、海上钻井,尤其是定向钻井中,时常在下部组合中安放随钻震击器,以便一旦下部组合或钻头被卡,即可操纵震击器,通过向上或向下的震击作用解卡。在下部组合或钻杆柱中还可装置随钻测量(MWD)工具、钻柱测试工具、打捞篮、扩眼器等特殊工具,进行随钻测量、地层测试、打捞、扩眼等特殊作业。

6. 减振器

减振器是利用工具内部的减振元件、可压缩液体吸收,或减小钻井过程中对钻头和钻具的冲击及振动载荷,以保护钻头牙齿、轴承和钻具,延长钻头寿命和减少钻具刺漏的一种钻井工具。

液压减振器的减振作用主要是通过具有可压缩的硅油来实现。钻井中,钻头和钻具受到冲击和振动时,其作用力使工具以极快的速度向上运动,此时油腔内的液压油不仅受到压缩,而且一部分以极高的流速经阻尼孔流入缸套腔内,从而起到了吸能及缓冲的作用。当冲击和振动载荷减小或消失时,液体膨胀,下接头以下钻具在自身重力的作用下向下运动。

使用钻柱减振器能吸收钻井过程中所产生的冲击和振动载荷,从而提高钻头使用寿命,减轻钻铤及其他井下钻具的疲劳。减振器一般都安装在靠近钻头的地方。

7. 震击器

在钻井作业中,下落的钻屑、地层的膨胀缩颈、井下落物、压差或其他原因都可能引起钻柱被卡,此时上提、下放活动钻具,虽然施加的力很大,但这种力的传递是柔性、渐进式的,不足以解卡。为避免因卡钻而使大段钻具落井,常在钻柱中安放震击器。

震击器施于卡点的力则是突然的,瞬时在单位面积上产生很大的作用力,以克服卡持钻具的力。

震击器的种类很多,既有液力向上震击和机械向下震击,又有机械锁紧,以满足长期的随钻作业特点。这些震击器虽内部结构存在差异,但其震击作用都是在相对运动中产生,都有一个固定件和一个活动件。固定件和下部钻柱连接,处于相对固定状态。活动件和上部钻柱连接,随自由钻柱的拉、压而作上、下运动。其蓄能、释放、加速、撞击的过程,都是通过钻柱的上提下放来完成。其共同特点如下:

(1)有储能机构,能把钻具伸长或压缩的弹性能积蓄起来,然后突然释放,产生高速运动。

(2)除地面下击器外,都有震击偶,即一个撞击体和一个承击体。

(3)有高强度的密封。内液不能外泄,外液不能内渗。

(4)都有连接机构。因为震击器连接在钻柱中间,其上下部都有和钻柱相连的接头。

(5)能循环钻井液,中心要有循环钻井液的通道。

(6)能传递扭矩,心轴与外筒之间不能有周向运动。

此外,在下部组合或钻杆柱中还可装随钻测量(MWD)工具、钻柱测试工具、打捞篮、扩眼器等特殊工具,进行随钻测量、地层测试、打捞、扩眼等特殊作业。

8. 螺杆钻具

螺杆钻具是现场常见的井底动力钻具。

1)分类

螺杆钻具根据外壳的形状,可分为普通螺杆钻具、弯外壳螺杆钻具、反向双弯外壳螺杆钻具、同向双弯外壳螺杆钻具等,如图 2-20 所示。另外,螺杆钻具根据弯度在地面是否可调,可分为可调式螺杆钻具、固定式螺杆钻具。

2)结构

螺杆钻具是一种把钻井液压力能转换为机械能的能量转换装置,由旁通阀总成、马达总成、万向轴总成、传动轴总成和防掉总成等组成,如图 2-21 所示。

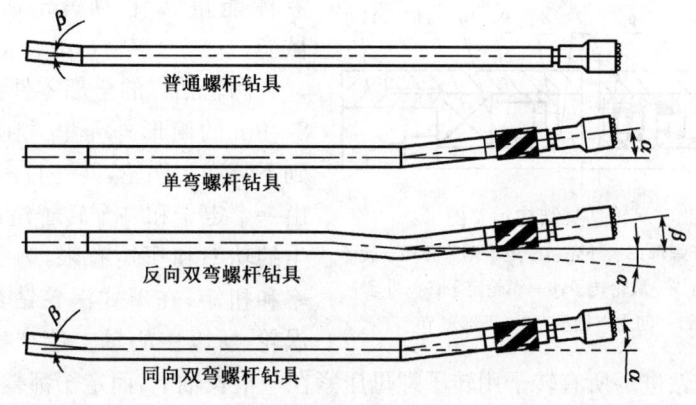

图 2-20 螺杆钻具外观图

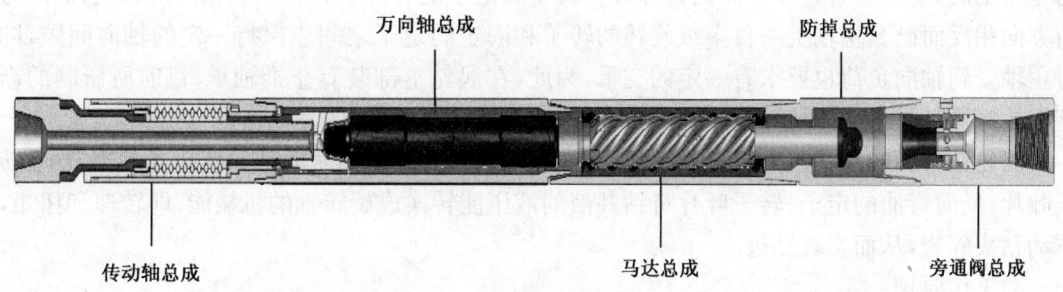

图 2-21 螺杆钻具结构

3)工作原理

当高压液体进入钻具时,迫使转子在定子中转动(定子和转子组成了马达),马达产生的扭矩和转速,通过万向轴和传动轴传递到钻头上,达到钻井的目的。

4)优点

螺杆钻具作为井底动力装置,具有低转速、大扭矩、大排量等许多优点。

(1)加大钻头扭矩和功率,提高钻速,缩短周期,降低成本。

(2)减少钻杆、套管磨损和动力传递损耗。

(3)准确造斜、定向、纠偏,提高工程质量。

(4)用于水平井、丛式井,提高钻井的经济效益。

(5)复合直井钻进,减少起下钻次数。

(6)缩短钻井周期,抑制对油气层的污染。

9. 涡轮钻具

1)功用

涡轮钻具属于井下动力钻具,适合于定向井、丛式井和水平井的开发,它与 MWD 配合能更好地控制钻压以及井身轨迹的漂移。涡轮钻具更适合在复杂地质条件下的防斜打直及深井直井、小井眼井、超深井和高温井的钻井作业。

2)基本组成及结构

涡轮钻具的主要零件组成为涡轮节、支承节、轴、用来使轴在外壳上扶正的径向轴承、双向作用的轴向止推轴承以及连接接头、调整套等各种辅件组成,如图 2-22 所示。其工作元件是涡轮定子和转子,高压液体通过涡轮,分别与定子和转子叶片相互作用,发生动量矩的改变,使

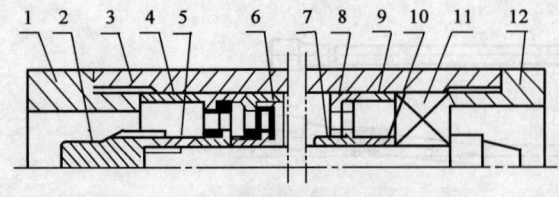

图 2-22 涡轮钻具结构示意图

1—上部短节；2—转子螺母；3—外壳；4—定子调节套；5—转子调节套；6—涡轮轴；7—涡轮转子；8—涡轮定子；9—外套；10—轴套；11—四支点轴承；12—下部短节

液体能量转化为涡轮钻具主轴上的机械能。

涡轮钻具的全部零件都装在一个长达 8～9m 的筒形外壳里。在外壳里面，从上到下装满了涡轮，共一百多级，每一级涡轮由一个定子和一个转子组成。一级涡轮产生的功率和扭矩有限，为了获得较大的功率和扭矩，在单式涡轮钻具中装有 100 级涡轮，所以中心轴上能产生很大的扭矩和功率，使钻头高速钻进。所有转子用转子螺母压紧在一根长轴上，而定子都装在固定不动的外壳内，转子和定子之间保持一定的间隔，以防止它们工作时互相接触产生磨损。涡轮钻具的涡轮是铸钢的，上面带有许多弯曲的薄叶片。转子和定子的叶片形状相似或相同，只是它们的弯曲方向相反而已。主轴上一百多级旋转的转子和固定的定子之间应保持一定的轴向间隙，同时主轴受到轴向负荷也要求有一定的支承，为此，在涡轮上部装有止推轴承，目前所研制的新型涡轮钻具都是采用角接触金属球轴承。

涡轮钻具属叶片式水力机械。工作时，涡轮钻具利用高速高压的钻井液冲击涡轮定子、转子叶片，反向弯曲的定子、转子叶片将钻井液的液压能转换成旋转轴的机械能，即转速和扭矩，驱动钻头碎岩，从而实现钻进。

3）工作原理

涡轮钻具是一种井底水力发动机，能将液体的能量转变成带动钻头旋转破碎地层的机械能。当高压钻井液通过钻柱进入涡轮钻具后，钻井液顺着定子叶片的偏斜方向流出，有力地冲击转子叶片，转子叶片在这种冲击力作用下，带动中心轴、钻头旋转，破碎岩石，如图 2-23 所示。

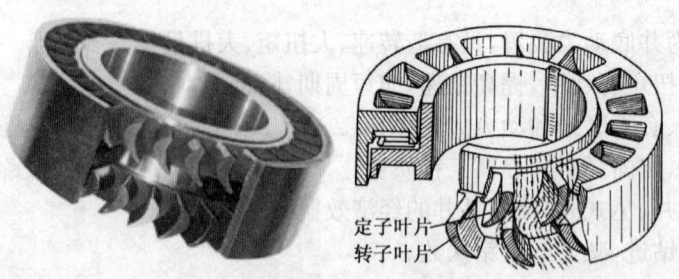

图 2-23 涡轮钻具转子与定子

定子叶片上所受之力与转子上的力方向相反，大小相同，使外壳有与主轴旋转方向相反的方向转动的趋势，即为反扭矩。为了防止外壳反向转动，将钻柱经过方钻杆用转盘锁住。

为了提高涡轮钻井的技术经济指标，近年来发展了多种新型涡轮钻具，其结构与性能都比普通涡轮钻具有了很大提高，如发展了低转速大扭矩的涡轮钻具，以及适合于金刚石钻头及高压喷射钻头钻井的新型涡轮钻具。

二、钻柱的受力分析

钻井方式不同（转盘或井下动力钻井），工序不同（起下钻或钻进），钻柱的工作状态与受力情况就不同。钻井时，其在不同部位截面上的受力情况也是不相同的。为了科学合理地选配与使用好钻柱,必须了解钻柱在整个钻井过程中的工作状态及分析钻柱的受力情况。

(一)钻柱的工作状态

钻井过程中,钻柱主要是在起下钻与正常钻进这两种条件下工作的。起下钻时,钻柱不接触井底,处于悬持状态。正常钻进时,由于部分钻柱重量用以给钻头加压,使下部钻柱受到压缩。当钻压较小和在直井条件下,钻柱尚能保持直线状态,但当钻压达到某一数值后,便会使下部受压钻柱丧失稳定而发生弯曲。

转盘钻进时,由于整个钻柱在不断地旋转,因而作用在钻柱上的作用力除拉力与压力外,还有因旋转产生的离心力。离心力的作用将加剧下部钻柱的弯曲,上部钻柱(受拉部分)由于离心力的作用也可能呈现弯曲状态。因此,整个钻柱轴线呈空间螺旋弯曲的曲线形状。

根据井下钻柱的实际磨损情况和工作情况来分析,钻柱在井眼内的旋转运动形式可能有如下四种:

(1)自转。钻柱像一根柔性轴,围绕自身轴线旋转。钻柱自转时,在整个圆周上与井壁接触,产生均匀磨损。弯曲钻柱在自转时,受到交变弯曲应力的作用,容易发生疲劳破坏。在软地层弯曲井段,钻柱自转容易形成键槽,起钻时可能造成卡钻事故。

(2)公转。钻柱像一个刚体,围绕着井眼轴线旋转并沿着井壁滑动。钻柱公转时,不受交变弯曲应力的作用,但产生不均匀的单向磨损(偏磨),从而加快了钻柱的磨损和破坏。

(3)公转与自转的结合。钻柱围绕井眼轴线旋转,同时围绕自身轴线转动,即不是沿着井壁滑动而是滚动。在这种情况下,钻柱磨损均匀,但受交变应力的作用,循环次数比自转时低得多。

(4)整个钻柱或部分钻柱作无规则的旋转摆动。这种运动形式很不稳定,常常造成钻柱的强烈振动。

从理论上讲,如果钻柱的刚度在各方向上是均匀一致的,那么钻柱采取哪种运动形式就取决于外界阻力(如钻井液阻力、井壁摩擦力等)的大小,一般都采取消耗能量最小的运动形式。当钻柱自转时,旋转经过的行程比其他运动形式都小,克服钻井液阻力及井壁摩擦力所消耗的能量较小。因此,一般认为弯曲钻柱旋转的主要形式是自转,但也可能产生公转或两种运动形式的结合,既有自转,也有公转。

弯曲钻柱自转这一论点十分重要。鲁宾斯基等学者正是在这个基础上研究了钻柱的弯曲和井斜问题。在钻柱自转的情况下,离心力的总和等于零,对钻柱弯曲没有影响。这样,钻柱弯曲就可以简化成不旋转钻柱弯曲的问题,研究起来就容易多了。

在井下动力钻井时,钻头破碎岩石的旋转扭矩来自井下动力钻具,其上部钻柱一般是不旋转的,因此不存在离心力的作用。另外,可用水力载荷给钻头加压,这就使得钻柱受力情况变得比较简单。

(二)钻柱的受力

钻柱在不同的工作状态下受不同的载荷,概括起来有轴向拉力和压力、弯曲力矩、离心力、扭矩、纵向振动、扭转振动和动载荷等力的作用。

1. 轴向拉力和压力

钻柱在井下受到的轴向拉力主要由钻柱自重所产生,井口处拉力最大,向下逐渐减小。此外,还受到钻井液的浮力,从而减轻钻柱的重力。起下钻中,还会因钻柱与井壁的摩擦而增加或减小上部钻柱的轴向载荷。

钻进时,大部分钻铤用于给钻头加压,上部钻柱受拉力作用,井口处最大,向下逐渐减小。下部钻柱受压力作用,井底处最大。在某一深度,轴向力等于零。把钻柱上轴向力等于零的点定义为中性点,又称中和点(Neutral Point)。

中性点的概念最早是由鲁宾斯基提出来的。他认为,中性点将钻柱分为两段,上面一段钻柱在钻井液中的重力等于大钩悬重,下面一段钻柱在钻井液中的重力等于钻压。这种提法只适用于垂直井钻柱。

钻柱的中性点在实际工作中有着重要的意义。中性点是钻柱受拉与受压的分界点。在钻柱设计中,我们希望中性点始终落在刚度大、抗弯能力强的钻铤上,而不是落在强度较弱的钻杆上,使钻杆一直处于受拉伸的直线稳定状态,以免钻杆受压弯曲和受交变应力的作用。因此,设计的钻铤长度不能小于中性点高度,也就是说钻铤的浮重不能小于钻压,这就是所谓的浮重原则。目前,许多钻井实践都遵循这一原则来确定钻铤的长度。

2. 弯曲力矩

正常钻进时,下部钻柱受压弯曲而受到弯曲力矩的作用。此外,井眼偏斜时,钻柱也要受到弯曲力矩的作用。弯曲钻柱自转时,便会产生交变弯曲力矩。

3. 离心力

钻柱公转时产生离心力,促使钻柱发生弯曲。

4. 扭矩

转盘钻井时,通过转盘带动钻柱与钻头旋转破碎岩石,因此钻柱承受扭矩。使钻柱旋转时的扭矩在井口处最大。

5. 纵向振动

由于牙轮钻头结构及岩石性质等因素,钻进中使钻柱产生纵振。当纵振频率与钻柱的固有频率相等或成倍数关系时,便会产生共振现象,即跳钻。严重时,跳钻会加速钻柱的疲劳破坏和降低钻头的使用寿命。

6. 扭转振动(周向振动)

由于井底反扭矩的变化,会引起钻柱的周向振动,产生交变应力,如蹩钻。它和钻头的结构、岩石性质、钻压和转速等因素有关。

7. 动载荷

起下钻过程中,由于钻柱运动速度的变化(即加速度),便会产生轴向的动载荷。起钻上提过猛,下钻刹车过猛,都会使钻柱产生很大的轴向动载荷。

通过上述分析可以看出,钻柱工作时其严重的受力部位是:

(1)下部钻柱。钻进时,下部钻柱同时受到压力、扭矩和弯矩的作用。此外,钻头突然遇阻、遇卡都会使钻柱受到的扭矩大大增加。

(2)井口钻柱。钻进时,井口钻柱所受拉力最大,扭矩最大;起下钻时所受拉力最大,特别是猛提、猛刹还会使井口钻柱受到很大的动载荷。

(3)中和点附近钻柱。由于岩性变化,钻头的冲击及纵振、送钻不均匀等因素的影响,使中和点的位置频繁上下移动,所以中和点附近的钻柱要受到交变载荷的作用,是钻柱受力的严重部位。

三、钻柱的损坏

钻进时,钻柱在钻井液介质中长期受到交变载荷的作用,便会发生破裂或折断。钻柱损坏主要有以下几种情况:

(1)多数钻杆的损坏发生在钻进旋转中或从井底上提时,即使是发生在遇卡后提断,也是在疲劳裂纹已发展到相当程度后才造成的;

(2)大多数钻杆的破坏发生在距接头1.2m以内的部位;

(3)钻杆的破坏往往与钻杆内表面存在严重腐蚀斑痕有关;

(4)从钻杆外表面开始发生的破坏,一般与钻杆表面原有的伤痕有关;

(5)由于钻铤本体的厚度大,因而钻铤的破坏通常发生在螺纹连接处。

从受力分析中知道,钻柱在井内长期承受拉伸、压缩、扭转和弯曲应力循环,因而疲劳破坏是不可避免的。钻柱的损坏有疲劳破坏和氢脆破坏之分,而疲劳破坏又有纯疲劳、伤痕疲劳和腐蚀疲劳三种形式。

(一)钻柱的疲劳破坏

1. 纯疲劳

纯疲劳是指构件在长期的交变应力作用下发生的疲劳。钻杆上的最大应力常发生在加厚部位的末端,这是因为接头与加厚部位的刚度大于本体部分,在截面变化的部位形成了交变应力作用的薄弱环节。这就是多数钻杆的破坏发生在距接头1.2m以内部位的原因。

此外,还有一些因素引起钻杆纯疲劳破坏。例如,把弯曲了的钻杆下井使用,或者方钻杆本身弯曲,旋转钻柱时必然造成较大的交变应力而导致疲劳破坏。又如,若天车、转盘和井口三者不对正,也会在方钻杆及钻杆上造成弯曲应力,使之发生疲劳破坏。海洋钻进中,由于钻井船随波浪起伏摇摆也会造成钻柱弯曲,导致疲劳破坏等。

2. 伤痕疲劳

钻杆的伤痕疲劳破坏是由于微裂纹处应力集中而逐步发展的结果,所以钻杆表面的各种伤痕将会加速钻杆的疲劳破坏。钻柱表面的伤痕有:

(1)卡瓦的咬痕和擦伤;

(2)大钳的咬痕;

(3)旋螺纹链钳的咬痕和擦伤;

(4)印模记号;

(5)橡胶保护器造成的沟槽;

(6)电弧的灼伤;

(7)地层和井下金属碎屑造成的刻痕。

在井很深时,整个钻柱的重力很大,卡瓦卡在钻杆上的沟槽特别具有危险性,即使很小心地使用卡瓦,也难以避免。所以,在井深时不使用卡瓦而用吊卡代替。

3. 腐蚀疲劳

腐蚀疲劳是金属在腐蚀环境中的疲劳,也是钻柱损坏的常见原因。腐蚀一般分为化学腐蚀和电化学腐蚀。

(1)化学腐蚀。它是指金属表面与腐蚀介质发生化学反应而引起的腐蚀。由于钻井液中含有的氧、二氧化碳及各种可溶性盐类、有机酸等对钻杆的腐蚀，使其管壁变薄，钻杆所能承受的疲劳极限降低，易于发生破坏。此外，腐蚀形成小坑，特别是钢材中的夹渣、疵疤等缺陷更会加剧腐蚀小坑的形成，导致以小坑为中心的应力集中点产生破坏，最后造成钻井液刺穿或折断钻杆等后果。

(2)电化学腐蚀。它是指金属与电解质溶液接触，发生电化学反应而引起的腐蚀，其特点是在整个腐蚀反应中有电流产生。影响电化学腐蚀速度的最重要因素是温度和钻井液的pH值。温度升高，化学反应速度加快，从而使腐蚀速度加快。钻井液的pH值从中性变为酸性，腐蚀速度迅速增大，一般认为pH值低于9.5，便会降低钻柱的疲劳寿命。

4. 减轻钻柱疲劳的措施

为了减轻钻柱的疲劳破坏，可采用以下措施：

(1)应使钻杆一直处于拉伸状态，使钻铤在钻井液中的重量大于最大钻压；

(2)使用减振器以降低交变应力的最大值；

(3)在弯曲井段，使用厚壁钻杆；

(4)经常检查起下钻工具(吊钳、卡瓦等)的工作状态是否完好，防止在钻杆上造成伤痕；

(5)尽可能控制钻井液性能，减少钻井液对钻杆的腐蚀，并可在钻杆内壁涂以塑料树脂等保护层；

(6)定期检查钻杆，发现有裂纹及壁厚变薄等情况应及时采取修复、降级使用或更换等有效处理措施；

(7)存放钻杆时，应用淡水清洗钻杆及接头的内外表面，并用防锈化合物涂抹螺纹和接头台肩部位。

(二)硫化氢对钻杆的损坏

金属管材在含硫化氢的液体介质中工作一段时间后，会突然出现裂缝，发生严重的脆性破坏。这是由于氢原子渗入作用和腐蚀破坏的结果，由于硫化氢是这种破坏的主要作用，因此称为硫化氢应力破裂，也称为氢脆。

钻井过程中，硫化氢会因各种原因侵入钻井液。例如，所钻地层的含硫流体(油、气、水)的侵入，含硫原油或水被用于钻井液系统，某些钻井液处理剂(如木质素磺酸盐)在高温时的热分解等。它与水形成弱酸，和其他酸类介质一样能与钻杆发生化学反应而腐蚀钻柱材料。这种腐蚀既可使钻杆截面积变小降低强度，也可能形成小坑或裂缝，造成应力集中，导致疲劳破坏。而更主要的作用是由于腐蚀不断产生氢，钻井液中的硫化氢将会减慢氢原子形成分子的速度，使氢原子渗入到金属品格内部再结合成分子(分子氢的体积是原子氢体积的20倍)，产生很大的内应力使晶体间的键断裂，这一现象即是氢脆。此外，氢原子渗入金属内常会聚集在材料最大应力处，进而产生各种微裂纹，最后将会突然脆性断裂。

一般说来，钻井液中硫化氢的含量越大，钢材的损坏情况就越严重。钢材的强度、硬度越高，越容易发生氢脆破裂，承载能力会大大下降。只要有少量的氢(1mg/L)就会使承载能力减少50%～75%。此外，钻井液的pH值对硫化氢含量影响比较大。试验表明：pH<4，腐蚀速度急剧升高；pH>10，腐蚀速度下降；pH=4～10，腐蚀速度较大，但比较稳定。此外，井下温度的升高也会引起腐蚀速度和扩散速度的增加。

硫化氢对钻具的破坏是严重的，近年来国内外均在试验抗氢脆破坏的各种钢材，如C—75、C—95等钢材均具有一定的抗氢脆性能。目前，常采用以下几方面措施来防止氢脆破坏：

(1)保持一定的钻井液密度,防止地层流体的侵入。
(2)根据井下温度选择好钻井液处理剂,避免处理剂在高温下分解。
(3)避免使用含硫原油及含有硫化物的钻井液添加剂。
(4)如果不能防止硫化氢侵入,则应采取措施控制腐蚀速度,通常采用以下方法:

①保持钻井液具有较高的 pH 值(pH=12 或更高),使硫化物在钻井液中处于非活性状态,以减少其腐蚀作用;

②在钻具内壁涂以塑料保护层,在钻井液中加入缓蚀剂;

③在钻井液中加入化学处理剂,如碳酸锌($ZnCO_3$)等,使钻井液中的硫化物发生惰性沉淀;

④使用油基钻井液钻井。

上述方法都可以获得一定效果,但这些方法有可能影响钻井液性能。因此,在具体条件下采取哪种防止钻杆氢脆破坏的措施更为有效,应该全面综合考虑。

思 考 题

1. 旋转钻井工艺对钻机的功能有哪些要求?
2. 简述钻机的组成及各系统的主要部件。
3. 根据不同的分类标准,钻机有哪些类型?
4. 什么是基本参数、主参数?国产钻机系列有哪些?
5. 钻机的动力驱动系统有哪些类型?
6. 简述转盘、顶驱钻井泵、绞车的功用。
7. 评价钻头性能有几项指标?
8. 铣齿牙轮钻头和镶齿牙轮钻头有哪些不同?
9. 牙轮的超顶、复锥和移轴各产生哪个方向的滑动?
10. 按切削齿材料,可将金刚石钻头分为几种类型?
11. 天然金刚石钻头是怎样破碎岩石的?适用于钻什么样的地层?
12. PDC 的含义是什么?有哪些特点?
13. PDC 钻头是怎样破碎岩石的?适用于什么样的地层?
14. 钻柱主要由哪几部分组成?其主要功用有哪些?
15. 为什么钻柱下部使用钻铤而不使用钻杆?
16. 钻柱在井下的运动形式可能有哪几种?
17. 井下钻柱受到哪些力的作用?最主要的作用力是什么?

第三章 地层压力与井身结构

地层孔隙压力、破裂压力和坍塌压力是油气井钻井井身结构设计、套管强度计算、钻井液密度设计等钻井工程设计所需的关键参数。地层孔隙压力、破裂压力、坍塌压力的准确预(监)测对钻井工程意义重大。

本章主要介绍地层异常压力的成因,地层孔隙压力、破裂压力和坍塌压力的预(监)测和计算方法及简单的井身结构。

第一节 地层异常压力的成因

一、基本概念

1. 静液柱压力

静液柱压力是由液柱自身重量产生的压力,其大小等于液体的密度与重力加速度、液柱垂直深度的乘积,即:

$$p_h = 0.00981\rho H \tag{3-1}$$

式中 p_h——静液柱压力,MPa;
ρ——液体的密度,g/cm³;
H——液柱垂直高度,m。

静液柱压力的大小取决于液柱垂直高度 H 和液体密度 ρ,钻井工程中,井越深,静液柱压力越大。

2. 压力梯度

压力梯度是指用单位高度(或深度)的液柱压力来表示液柱压力随高度(或深度)的变化:

$$G_h = \frac{p_h}{H} = 0.00981\rho \tag{3-2}$$

式中 G_h——液柱压力梯度,MPa/m。

石油工程中,压力梯度也常采用当量密度来表示:

$$\rho = \frac{p_h}{0.00981H} \tag{3-3}$$

式中 ρ——当量密度,g/cm³。

3. 压实理论

压实理论是指在正常沉积条件下,随着上覆地层压力的增加,泥页岩的孔隙度减小,即正常压实地层、泥页岩孔隙度是井深的函数。也就是说,正常地层压力段随着井深增加,岩石孔隙度减小。若当随着井深增加,岩石孔隙度增大,则说明该段地层压力异常。压实理论是支持 dc 指数、声波时差等地层压力预测技术的理论基础之一。

4. 上覆地层压力

地层某处的上覆岩层压力是指该处以上地层岩石基质和孔隙中流体的总重量(重力)所产生的压力,即:

$$p_0 = \frac{岩石骨架重量(重力) + 流体重量(重力)}{面积}$$
$$= 0.00981H[(1-\varphi)\rho_0 + \varphi\rho_p] \qquad (3-4)$$

式中　p_0——上覆岩层压力,MPa;
　　　H——地层垂直深度,m;
　　　φ——岩石孔隙度,%;
　　　ρ_0——岩石骨架密度,g/cm^3;
　　　ρ_p——孔隙中流体密度,g/cm^3。

由于沉积压实作用,上覆岩层压力随深度增加而增大。一般沉积岩的平均密度大约为 2.3g/cm^3,沉积岩的上覆岩层压力梯度一般为 0.226MPa/m。

5. 地层压力(地层孔隙压力)

地层压力是指岩石孔隙中流体的压力,又称地层孔隙压力。在各种沉积物中,正常地层压力等于从地表到地下某处连续地层水的静液压力。其值的大小与沉积环境有关,取决于孔隙内流体的密度。若地层水为淡水,则正常地层压力梯度 G_p 为 0.0981MPa/m,若地层水为盐水,则正常地层压力梯度随含盐量的不同而变化,一般为 0.0105MPa/m。石油钻井中遇到的地层水多数为盐水。

在钻井实践中,常常会遇到实际的地层压力梯度大于或小于正常地层压力梯度的现象,即压力异常现象。超过正常地层静液压力的地层压力称为异常高压。

6. 骨架应力

骨架应力是由岩石颗粒之间相互接触来支撑的那部分上覆岩层压力(又称有效上覆岩层压力或颗粒压力),这部分压力是不被孔隙水所承担的。骨架应力可用式(3-5)计算:

$$\sigma = p_0 - p_p \qquad (3-5)$$

式中　σ——骨架应力,MPa;
　　　p_p——地层压力,MPa。

上覆岩层的重力是由岩石基质(骨架)和岩石孔隙中的流体共同承担的。当骨架应力降低时,孔隙压力就增大。孔隙压力等于上覆岩层压力时,骨架应力等于零,而骨架应力等于零时可能会产生重力滑移。骨架应力是造成地层沉积压实的动力,因此只要异常高压带中的基岩应力存在,压实过程就会进行,即使速率很慢。上覆岩层压力、地层压力和骨架应力之间的关系如图 3-1 所示。

低于正常地层静液压力的地层压力称为异常低压。

二、异常压力成因

(一)异常低压

异常低压的压力梯度小于 0.00981MPa/m,有的为 0.0081~0.0088MPa/m,有的甚至只有静液压力梯度的一半。世界各地钻井情况表明,异常低压地层比异常高压地层要少。但是,不少地区在钻井过程中还是遇到过异常低压地层。

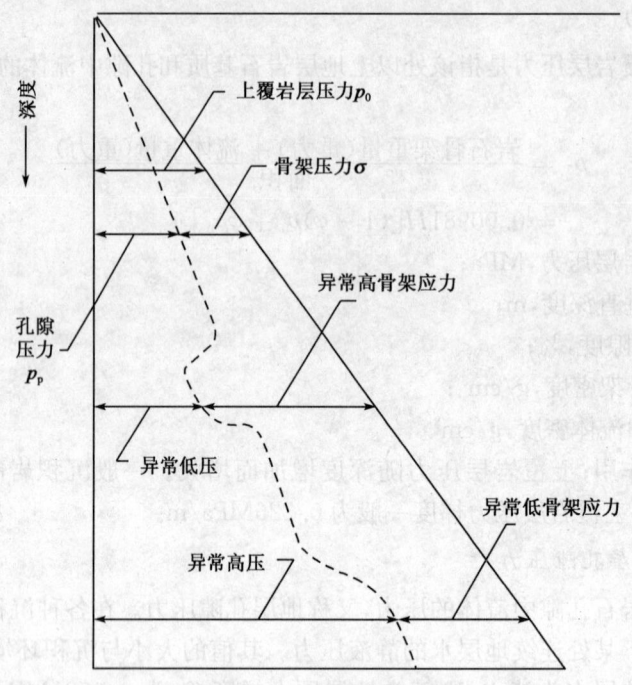

图 3-1 三个压力关系图

一般认为,异常低压是由于从渗透性储层中开采石油、天然气和地层水而人为造成的。从地层中开采出大量流体之后,如果没有足够的水补充到地层中去,孔隙中的流体压力就会下降,而且还经常导致地层被逐渐压实的现象。

在干旱或半干旱地区遇到了类似的异常低压地层,这些地层的地下水位很低。例如,在中东地区,勘探中遇到的地下水位在地表以下几百米的地方。在这样的地区,正常的流体静液压力梯度要从地下潜水面开始。

(二)异常高压

异常高压地层在世界各地区广泛存在,从新生代更新统至古生代寒武系、震旦系都曾见到过。正常的流体压力体系可以看成一个水力学的敞开系统,就是说流体能够与上覆地层的流体沟通,允许建立或重新建立静液条件。与此相反,异常高的地层压力系统基本上是封闭的,即异常高压力层和正常压力层之间有一个封闭层,阻止或至少是大大地限制着流体的沟通。封闭层可以是地壳中的一种或几种物质所组成的。压力封闭的起因可以是物理的、化学的,或者是物理和化学的综合作用。

通常认为,异常高压力的上限等于上覆岩层的总重量,即与 0.0226MPa/m 的压力梯度等效。在一个区域的地层中,异常高压力将接近上覆岩层压力。根据稳定性理论,它们是不能超过上覆岩层压力的。但是,在一些地区,如巴基斯坦、伊朗、巴比亚和苏联的钻井实际中,都曾遇到过比上覆岩层压力高的高压地层,有的孔隙压力梯度可以超过上覆岩层压力梯度的 40%。这种超高压地层可以看作存在一种"压力桥"的局部化条件。覆盖在超高压地层上面的岩石的内部强度,帮助上覆岩层部分地平衡超高压地层中向上的巨大作用力。

一般来说,引起异常高压的原因有以下五个方面。

1. 欠压实作用

随着埋藏深度的增加和温度的升高,孔隙水膨胀,而孔隙空间随着静载荷的增加而缩小。

因此，只有足够的渗透通道才能使地层水迅速排出，保持正常的地层压力。即只要孔隙水按自然压实速度排出，孔隙压力便可保持水静压力。随着沉积的增加，上覆岩层重量增加，使基岩应力继续增加以平衡增加的上覆岩层压力。但如果此时水的通路被堵塞或水流严重受阻，增加的上覆岩层压力将引起孔隙压力增加至高于水静压力，孔隙度也将大于一定深度时的正常值。通过细粒沉积，如页岩的压实，渗透性自然减小，便会造成密封，产生异常高压。有时，由于江河对大地侵蚀而造成带入湖海的泥砂沉积速度很快，而下部岩石中的流体受阻挡，此时沉积速度高于流体排出的速度，未排出去的流体便成为支撑上覆岩层压力的一部分。当地层的压力超过正常压力时，就成为异常高压。这就是异常高压层的形成原因之一，又被称为欠压实理论，也是当今检测异常地层压力的主要依据。

2. 构造运动

构造运动是地层自身的运动，它引起各地层之间相对位置的改变。由于构造运动，圈闭有地层流体的地层被断层、横向滑动或侵入或挤压，促使其体积变小。如果此圈闭内的流体无出路，则意味着同样多的流体要占据较小的体积，压力便会升高。

3. 成岩作用

成岩指岩石矿物在地质作用下的化学变化。页岩和灰岩经受结晶结构的改变，可以产生异常高的压力。例如，存在钾离子时，蒙皂石在压实期间变为伊利石、绿泥石和高岭土。黏土层中有水，包括自由水和水化水，水化水在页岩外层结构中被牢牢控制住。蒙皂土在压实过程中，孔隙水首先排出，束缚在页岩层间结构的水趋向于保留较长时间。当埋藏深度处的温度达到 95～149℃时，脱水的蒙皂土释放出最后的层间水而变为伊利石，而最后层间水化水比自由水具有更大的密度。因此，当其解除吸附变成自由水时，体积会增加。当上覆沉积层的渗透性足够低时，最后层间水的释放可以导致异常压力的形成。

4. 密度差作用

当存在于非水平构造中的孔隙流体具有比本地区正常孔隙流体密度小得多的密度时，则在构造斜上部可能会形成异常高压。这种情况在钻大斜度气层时常见到。因为不了解这种潜在的危险，过去在钻这种地层时发生过井喷。

5. 流体运移作用

从深层油藏向较浅层运动的向上运动的流体可以导致浅层变成异常压力层，这种情况称为浅层充压。这种流体的流道可能是天然的，也可能是人为的，即使流体停止向上运动，原来充入的压力渗掉而恢复正常压力也需要相当长的时间。由于遇到浅层充压，曾发生过很多严重的井喷事故。

第二节　地层孔隙压力的预测与监测

当前各种检测高压地层的技术都是基于欠压实理论的。泥质沉积物的压实过程是由于上覆沉积岩的重量所引起的机械压实作用。如果沉积速度较慢，页岩颗粒排列得较好，随着埋藏深度的加深，孔隙度就会迅速降低；在正常的地层压力地质环境中，地层孔隙中的流体可以看成一个开放式水力学系统，即地层孔隙是连通的，其流体是连续的、可以流通的。因此，随着地层埋藏深度的增加，上覆岩层压力增加，地层孔隙中的流体就会向其上部流走，地层孔隙度变小,页岩颗粒得到压实,岩石就会变得致密。

而在地层快速沉积的地质环境中,如果地层孔隙中的流体被一些不渗透的岩层所圈闭,整个系统可以看成一个封闭式水力学系统,即地层孔隙是上下不连通的,其流体是不可以流通的。因此,随着地层埋藏深度和上覆岩层压力的增加,地层孔隙中的流体就被圈闭在其中,不能向其上部流走,得不到充分压实,地层孔隙度反而变大,下部地层孔隙中的流体除承担上部地层孔隙中流体的重量以外,还承担了上部地层岩石的重量,因此导致地层压力过高。由于岩层颗粒未得到充分的压实,处于欠压实状态,孔隙度大于正常压实的地层孔隙度,地层就会变得松软,强度降低,机械钻速加快。

目前用于预测、监测和检测高压地层的方法见表3-1。

表3-1 预测、监测和检测异常高压地层方法一览表

项目	方法	备注
钻前预测	地球物理方法	地震、重力、磁力、电法
钻井监测	钻井参数法	钻速、d指数、dc指数、标准钻速、随钻测压(PWD)
	钻井液参数法	钻井液密度、钻井液中天然气含量、温度、排量、井内灌钻井液情况、池液面高度、矿化度(电阻率、Cl^-等)、溢流、压力波动
	页岩岩屑法	密度、形状、大小、岩性分析图、钻屑的页岩指数
钻后检测	测井法	电测(电阻率、页岩地层因子、含盐度变化)、声波测井、时差测井、波列显示(变密度测井、特征测井)、体积密度测井、密度测井、氢指数、脉冲中子测井、核磁共振测井、伽马射线能谱测井
	地层测试法	钻杆测试(DST)、重复地层测试(RFT)

一、声波时差法预测地层孔隙压力

(一)声波时差法的基本原理

如图3-2所示,在正常压力层段,声波时差随埋藏深度增加逐渐减小,进入异常高压地层时,声波时差偏离正常压力趋势线而增大,据此可预测异常高压,并可根据偏离程度的大小定量计算地层压力。

(二)声波时差资料来源及要求

由地震资料提取的地层层速度,其倒数即声波时差,声波测井数据(取纵波数据),VSP数据。地震资料提取的地层层速度,宜在速度资料分辨能力范围内将层段划小,声波测井资料应选取有比较平直的、低自然电位的、均匀低电阻率的和高自然伽马值的泥砂岩层段,宜取厚度大于2m的砂泥岩层段,应取得同层段的密度测井、感应测井、自然伽马测井、地层水密度、实测孔隙压力及钻井液密度数据,对于海洋钻井,应有泥线深度和转盘面海拔高度数据。

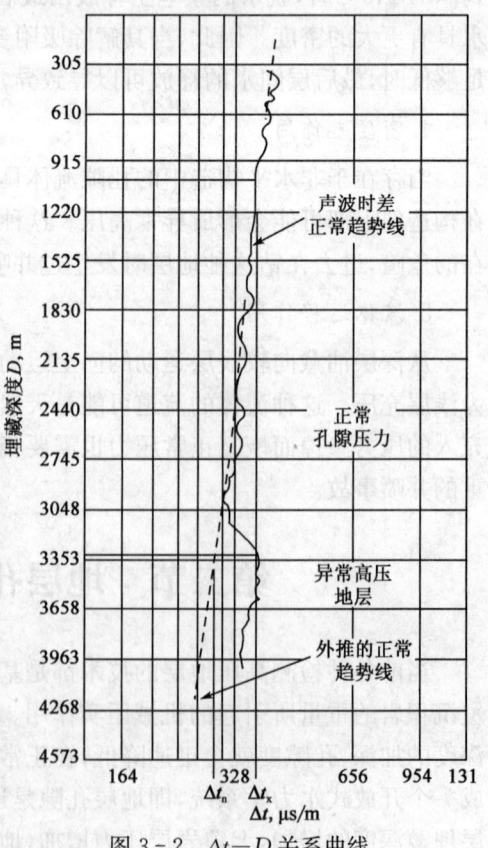

图3-2 $\Delta t - D$ 关系曲线

(三)正常趋势线的确定

用于确定正常趋势线的正常孔隙压力井段宜大于 300m。

1. 计算方法一

$$\Delta t_{\mathrm{n}} = i + (\Delta t_{f_{\mathrm{w}}} + j - i)\phi_{\mathrm{o}} \mathrm{e}^{-KD} - j\phi_{\mathrm{o}}^{2} \mathrm{e}^{-2KD} \tag{3-6}$$

式中　Δt_{n}——正常趋势线及其延伸线上的声波时差，$\mu\mathrm{s/m}$；

　　　i——孔隙度—岩石骨架声波时差关系直线的截距；

　　　$\Delta t_{f_{\mathrm{w}}}$——地层水的声波时差，$\mu\mathrm{s/m}$；

　　　j——孔隙度—岩石骨架声波时差关系直线的斜率；

　　　ϕ_{o}——地表岩石孔隙度；

　　　K——半对数坐标图上岩石孔隙度—深度关系直线的斜率；

　　　D——垂深，m。

对正常孔隙压力井段的声波时差，按公式(3-6)回归确定正常趋势线方程。正常趋势线各系数的确定参见 SY/T 5623—2009《地层压力预(监)测方法》。

钻井较多、声波测井资料充足的地区，按公式(3-6)回归各井的系数值，取平均值建立该地区的正常趋势线方程。只有当计算得到的孔隙压力值与实测压力值间的相对误差在 10% 以内时，才能作为地区性方程应用。

2. 计算方法二

$$\ln \Delta t_{\mathrm{n}} = AD + B \tag{3-7}$$

式中　Δt_{n}——正常趋势线及其延伸线上的声波时差，$\mu\mathrm{s/m}$；

　　　D——垂深，m；

　　　A——半对数坐标图上声波时差—垂深关系正常趋势线的斜率；

　　　B——半对数坐标图上声波时差—垂深关系正常趋势线的截距。

不同井深的声波时差值绘到以纵轴为垂深、横轴为声波时差的自然对数的半对数坐标系中，系数 A 和 B 分别为回归直线的斜率和截距。

钻井较多、声波测井资料充足的地区，按公式(3-7)回归各井的系数值，取平均值建立该地区的正常趋势线方程。只有当计算得到的孔隙压力值与实测压力值间的相对误差在 10% 以内时，才能作为地区性方程应用。

(四)孔隙压力当量密度计算

1. 比值式的计算公式

$$\rho_{\mathrm{p}} = \frac{\Delta t_{\mathrm{a}}}{\Delta t_{\mathrm{n}}} \rho_{\mathrm{n}} \tag{3-8}$$

式中　ρ_{p}——地层孔隙压力当量密度，$\mathrm{g/cm^{3}}$；

　　　Δt_{n}——正常趋势线及其延伸线上的声波时差，$\mu\mathrm{s/m}$；

　　　Δt_{a}——实际的岩石声波时差，$\mu\mathrm{s/m}$；

　　　ρ_{n}——正常孔隙压力当量密度，$\mathrm{g/cm^{3}}$。

2. 伊顿式的计算公式

$$\rho_p = \rho_0 - (\rho_0 - \rho_n)\left(\frac{\Delta t_n}{\Delta t_a}\right)^V \tag{3-9}$$

式中　ρ_0——上覆岩层压力当量密度，g/cm^3；

　　　Δt_n——正常趋势线及其延伸线上的声波时差，$\mu s/m$；

　　　Δt_a——实际的岩石声波时差，$\mu s/m$；

　　　V——指数，由实测压力代入求得，无实测压力时宜取 3.0。

二、dc 指数法监测地层孔隙压力

（一）dc 指数法的基本原理

正常地层在其上覆岩层压力的作用下，随埋藏深度的增加，泥岩页岩的压实程度相应地增加，地层孔隙度减小，钻进时的机械钻速降低。而当钻遇到异常高压层时，由于高压地层欠压实，孔隙度增大，因此，机械钻速相应地升高。利用这一规律可及时发现异常高压地层，并根据钻速升高的多少来评价地层压力的高低，这就是最初的机械钻速法。dc 指数法是在机械钻速法的基础上建立起来的。

钻速方程为：

$$V_m = KN^e\left(\frac{W}{D}\right)^d \tag{3-10}$$

式中　V_m——机械钻速，m/h；

　　　K——岩石可钻性系数；

　　　N——转速，r/min；

　　　e——转速指数；

　　　W——钻压，kN；

　　　D——钻头直径，mm；

　　　d——钻压指数，即 d 指数。

假设钻井条件（水利因素、钻头类型）和地层岩性不变（均为泥岩页岩），则 K 值保持常量不变，取 $K=1$。又因泥岩页岩均属软地层，转速 N 与机械钻速 V_m 呈线性关系，即 $e=1$。

将上述钻速方程整理、取对数，得 d 指数表达式：

$$d = \frac{\lg\dfrac{3.282}{NT}}{\lg\dfrac{0.0684W}{D}} \tag{3-11}$$

式中　T——钻时，min/m。

d 指数法的前提之一是保持钻井液密度不变。这在实际施工中难以达到，尤其在进入压力过渡带以后，为了安全起见，需提高钻井液密度，这样，d 指数随之升高，影响了它的正常显示。为了消除此影响，提出了修正的 d 指数，即 dc 指数：

$$dc = \frac{\lg\dfrac{3.282}{NT}}{\lg\dfrac{0.0684W}{D}} \cdot \frac{\rho_n}{\rho_m} \tag{3-12}$$

式中　ρ_n——正常压力层段地层水密度，一般取 1.0～1.07，g/cm^3；

ρ_{m}——在用钻井液密度，$\mathrm{g/cm^3}$。

在正常地层压力情况下，随着井深的增加，机械钻速 V_{m} 逐渐降低，dc 指数变大，在 dc 指数录井图上表现为随井深的增加，dc 指数逐渐增大的趋势；当进入异常高压地层时，井底压差减小，机械钻速增加，相应的 dc 指数就会减小，在 dc 指数录井图上表现为向左偏离了正常趋势，如图 3-3 所示。这就是 dc 指数检测异常高压地层的原理。具体做法是将 dc 值按相应的深度画到半对数坐标纸上，纵坐标是井深，等刻度；横坐标是 dc 值，对数刻度，从正常压力井段延长作出正常趋势线，可以按几何关系写出其直线方程，也可以根据数理统计分析理论回归出其直线方程。

在数据选取、处理时，必须做到合理、准确地采集相应的各种数据参数，并去除非泥页岩、水利因素变化大、井底不净、吊打及取心等影响计算精度的井段，以保证 dc 指数的准确性、有效性、指导性。

最后通过 dc 值偏离正常趋势线的程度估算出地层压力值或按下式计算出地层压力值：

$$\rho_{\mathrm{p}} = \frac{dc_{\mathrm{n}}}{dc}\rho_{\mathrm{n}} \tag{3-13}$$

式中　ρ_{p}——实际地层压力当量密度，$\mathrm{g/cm^3}$；
　　　dc_{n}——正常趋势线的 dc 值；
　　　dc——实际得到的 dc 值；
　　　ρ_{n}——正常地层压力当量密度，$\mathrm{g/cm^3}$。

(二)正常趋势线确定

1. 正常趋势线的确定原则

用于确定正常趋势线的正常孔隙压力井段宜大于 300m，应由泥页岩 dc 指数点来确定正常趋势线，纠斜吊打、取心钻进、钻头磨合及磨损后期、井底不清洁等非正常钻进 dc 指数点不参加正常趋势线定位。

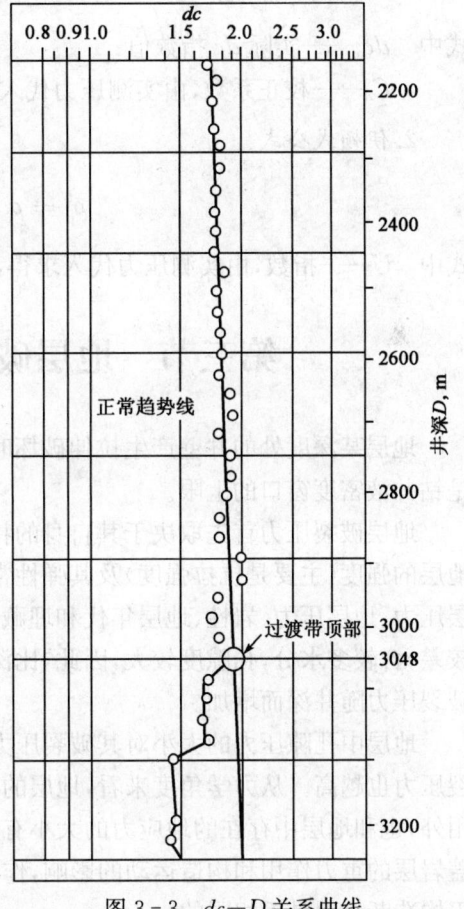

图 3-3　$dc-D$ 关系曲线

2. 正常趋势线方程

$$dc_{\mathrm{n}} = a \times 10^{bD} \tag{3-14}$$

式中　a——半对数坐标图上 dc 指数与深度关系正常趋势线的截距；
　　　b——半对数坐标图上 dc 指数与深度关系正常趋势线的斜率；
　　　D——垂深，m。

3. 正常趋势线方程系数 a 和 b 按的确定

对正常孔隙压力井段所求得 dc 指数数据，按公式(3-14)回归确定 a、b 值，钻井较多、资料充足的地区，按公式(3-14)回归各井的 a、b 值，取其平均值作为该地区的正常趋势线的截距和斜率。只有当计算得到的孔隙压力值与实测压力值间的相对误差在 10% 以内时，才能作为地区性方程应用，新区探井宜采用正常孔隙压力井段所取得资料回归确定 a、b 值。在数据缺乏，回归困难时可采用推荐 b 值 $5.5329 \times 10^{-5} \mathrm{m}^{-1}$，并求出相应的 a 值。

(三)孔隙压力当量密度计算

1. 比值式公式

$$\rho_p = \frac{dc_n}{dc_a} \cdot C_d \rho_n \tag{3-15}$$

式中　dc_a——实际 dc 指数值；

　　　C_d——校正系数，由实测压力代入求得，无实测压力时宜取 1。

2. 伊顿式公式

$$\rho_p = \rho_0 - (\rho_0 - \rho_n)\left(\frac{dc_a}{dc_n}\right)^U \tag{3-16}$$

式中　U——指数，由实测压力代入求得，无实测压力时宜取 1.2。

第三节　地层破裂压力预测及试验方法

地层某深度处的井壁产生拉伸破坏时的压力称为地层破裂压力。地层的破裂压力通常也是钻井液密度窗口的上限。

地层破裂压力首先取决于其自身的特性，这些特性主要包括地层中天然裂缝的发育情况、地层的强度(主要是抗拉强度)及其弹性常数(主要是泊松比)的大小。地层破裂压力与上覆岩层压力、地层压力、岩性、地层年代和埋藏深度以及该处的应力状态有关。浅地层的压实程度较差，含较多水分，孔隙度较大，因此，比深处更致密、更压实的地层的破裂压力要低，即地层的破裂压力随井深而增加。

地层中孔隙压力的大小对其破裂压力有很大影响。一般来说，地层的孔隙压力越大，其破裂压力也越高。从力学角度来看，地层的破裂压力是地层受力作用的结果，除了流体压力的作用外，也和地层中存在的地应力的大小有很大关系。在地下埋藏着的岩层中，由于受其上方覆盖岩层的重力作用和构造运动的影响，作用着地应力。这种地应力在不同的地区和不同的油田构造断块力是不相同的。

一、地层破裂压力预测方法

地层破裂压力预测涉及的计算方法较多，且各方法适应的条件不同。各油田宜从本区域的地层特点出发，以提高预(监)测精度为目的，选用或修正现有方法。

(一)伊顿法

伊顿法适用的地层为地层沉积较新，受构造运动影响较小的连续沉积盆地。对于地层年代较老，构造运动影响大的地区，效果欠佳。

伊顿法的计算公式为：

$$p_f = p_p + \left(\frac{\mu_s}{1-\mu_s}\right)(p_0 - p_p) \tag{3-17}$$

式中　p_f——地层破裂压力，MPa；

　　　p_p——地层孔隙压力，MPa；

　　　p_0——上覆岩层压力，MPa；

μ_s——静态泊松比。

(二)艾克斯劳格法

艾克斯劳格法适用的地层为连续沉积盆地。该方法把构造应力所产生的影响从地层的泊松比中分离出来,计算时可采用岩层的实测泊松比。

艾克斯劳格法的计算公式为:

$$p_f = p_p + \left(\frac{\mu_s}{1-\mu_s} + \beta\right)(p_0 - p_p) \qquad (3-18)$$

式中 β——均匀构造应力系数。

(三)黄荣樽法

黄荣樽法适用的地层为连续沉积盆地。该方法认为地层的破裂是由井壁上的应力状态决定的,并考虑了非均匀地应力场的作用和地层的抗拉强度影响。

黄荣樽法的计算公式为:

$$p_f = \left(\frac{2\mu_s}{1-\mu_s} - K_{ss}\right)(p_0 - p_p) + p_p + S_t \qquad (3-19)$$

式中 K_{ss}——非均匀的地质构造应力系数;
S_t——岩石抗拉强度,MPa。

(四) Holbrook 法

Holbrook 法适用的地层为胶结较差、岩层的抗拉强度可以忽略、井眼与地层间的连通性好的砂岩地层。

Holbrook 法的计算公式为:

$$p_f = (1-\phi)(p_0 - p_p) + p_p \qquad (3-20)$$

式中 ϕ——岩石孔隙度。

(五)安德森法

安德森法适用的地层为考虑井壁上应力集中的影响,假定无构造应力,地层抗张强度为零,取均匀水平应力的条件,且认为砂岩中的泥质含量对泊松比及砂岩的变形有明显影响。

安德森法的计算公式为:

$$p_f = \alpha p_p + \frac{2\mu_s}{1-\mu_s}(p_0 - \alpha p_p) \qquad (3-21)$$

式中 α——有效压力系数。

二、地层破裂(漏失)压力试验

(一)试验原则及要求

实测地层破裂(漏失)压力的方法适用于砂泥岩为主的地层,对于脆性地层时只做承压试验。一般在钻穿套管鞋以下第一个砂岩层进行破裂压力试验,新井眼长度不宜超过100m,利用预测模型或邻井资料估算试验层的破裂压力。根据估算结果及钻井液的密度,选择合适的泵型和试压流程。试验压力应低于井口承压设备中的最小额定工作压力,应同时低于套管中承受的最小抗内压强度的80%;或当试验井底压力当量密度达到下部钻井施工钻井液密度要求时,应终止试验。

(二)试验程序

(1)调整钻井液性能,保证均匀稳定,满足试验要求。
(2)上提钻头到套管鞋以上,井内灌满钻井液,关闭相应尺寸的防喷器。
(3)缓慢开泵,向井内泵入钻井液。
(4)当裸眼长度在5m以内时,宜选用0.7~1L/s的排量;超过5m时,宜选用2~4L/s的排量。
(5)当试验压力不再随注入量的增大而增大,或当试验压力随着注入量的增大而下降时,终止试验。

(三)试验数据记录

应记录井号、试验日期、井深、地层岩性、钻井液密度、泵型号、套管直径、套管钢级、套管壁厚、套管下深及防喷器额定工作压力。每增加20~50L泵入量,记录一次相应的时间、总泵入量、立管压力或套管压力。宜采用较小的泵入量间隔,以提高绘图和计算精度。试验数据记录格式见表3-2。

表3-2 地层破裂(漏失)压力试验数据

_____井 地层破裂压力(漏失)压力试验数据				
试验时间	年 月 日		套管直径,mm	
井深,m			套管钢级	
地层岩性			套管壁厚,mm	
钻井液密度,g/cm^3			套管下深,m	
泵型号			防喷器额定压力,MPa	
试验方式	钻具内加压 □		环空内加压 □	
时间—泵入量—压力记录				
时间	总泵入量,L	立管压力,MPa	套管压力,MPa	备注

(四)试验数据处理

绘制泵入量—压力关系图。典型的泵入量随试验压力的变化关系曲线形式如图3-4所示。

破裂(漏失)压力的计算公式为:

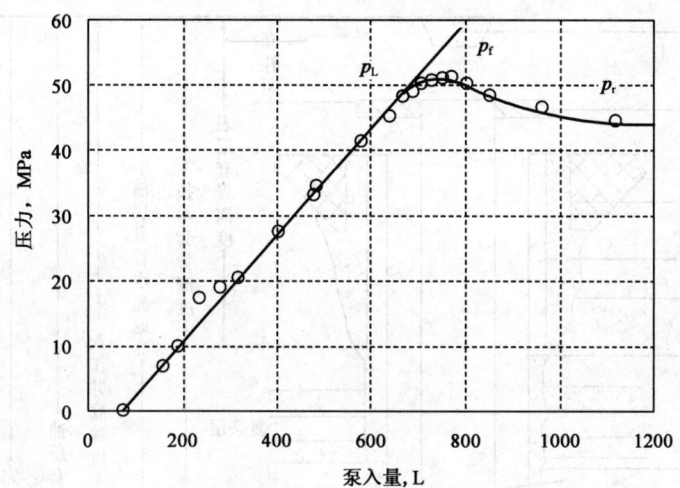

图 3-4 典型的地层破裂(漏失)压力试验曲线

p_L——漏失压力,指试验曲线开始偏离直线的点的压力值,此点之后的压力仍有上升,但偏离直线趋势;

p_f——破裂压力,指试验曲线上最大压力值点的压力,此点之后压力随泵入量下降;

p_r——传播压力,指试验曲线上压力随泵入量下降并趋于平缓时的压力

$$p_f = p_L + 0.00981 \rho_m H_L \tag{3-22}$$

式中 p_f——地层破裂压力,MPa;

p_L——漏失压力,MPa;

ρ_m——钻井液密度,g/cm³;

H_L——试验地层深度,m。

按照上述方法计算所得地层破裂压力,对于砂岩或硬的泥页岩地层,一般称为破裂压力;对于易漏失的裂缝性地层,一般称为漏失压力。

第四节 井 身 结 构

井身结构设计是整个钻井设计的基础,也是保证一口井能顺利钻进的前提,合理的井身结构可以保证一口井能顺利钻达预定的井深,能够保证钻进过程的安全,能防止钻进中的产层污染,且费用最低。

井身结构主要包括套管层次和每层套管的下入深度,以及套管和井眼尺寸的配合。井身结构设计不但关系到钻井工程的整体效益,而且还直接影响油井的质量和寿命。因而在进行钻井工程设计时,首先要科学地进行井身结构设计,井身结构设计的主要依据是地层压力和地层破裂压力剖面。

一、套管层次

套管的类型很多,根据套管的功用可将套管分为以下五种类型(图3-5)。

1. 导管

导管的作用是在钻表层井眼时,将钻井液从地表引导到钻井装置平面上来,这一层管柱其长度变化较大,在坚硬的岩层中仅用10～20m,而在沼泽地区则可能上百米。

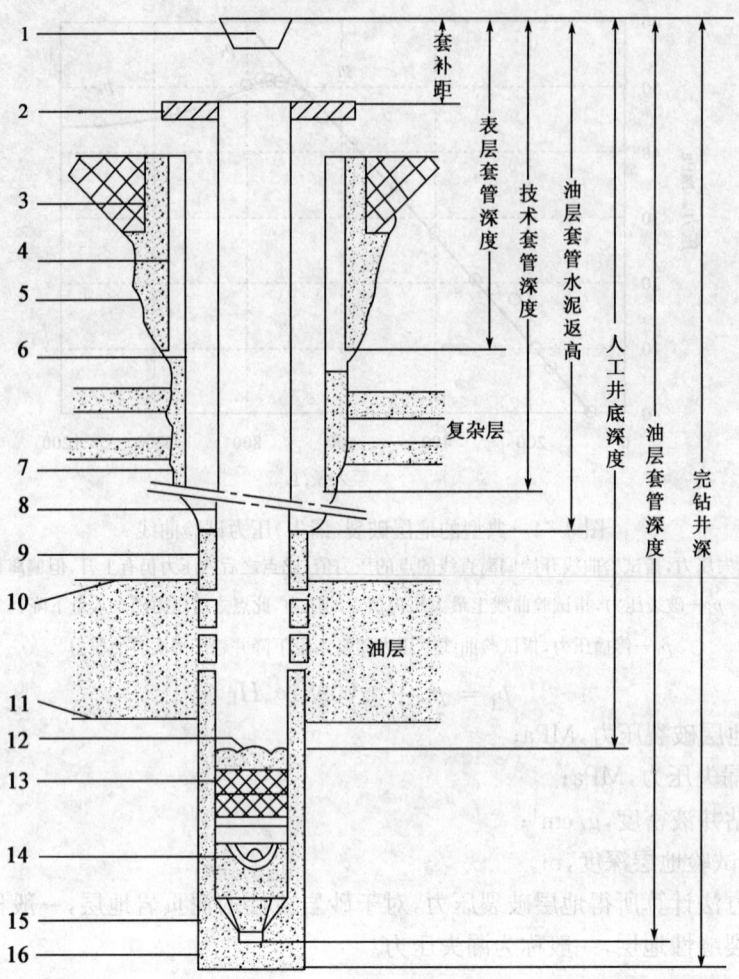

图 3-5 井身结构示意图

1—方补心；2—套管头；3—导管；4—表层套管；5—表层套管水泥环；6—技术套管；7—技术套管水泥环；8—油层套管；9—油层套管水泥环；10—油层上线；11—油层下线；12—人工井底；13—胶木塞；14—承托环；15—套管鞋；16—完钻井底

2. 表层套管

表层套管下入深度一般在 30～1500m，通常水泥浆返至地表。它用来防护浅水层受污染，封隔浅层流砂、砾石层及浅层气，同时用来安装井口防喷装置以便继续钻进。它也是井口设备（套管头及采油树）的唯一支撑件，以及悬挂依次下入的各层套管（包括油管柱）载体。

3. 技术套管（中间套管）

技术套管用来隔离坍塌地层及高压水层，防止井径扩大，减少阻卡及键槽的发生，以便继续钻进。技术套管还用来分隔不同的压力层系，以便建立正常的钻井液循环。它也为井控设备的安装、防喷、防漏及悬挂尾管提供了条件，对油层套管还具有保护作用。

4. 油层套管

生产套管的主要作用是将储集层中的油气从套管中采出来，并用来保护井壁，隔开各层的流体，达到油气井分层测试，分层采油，分层改造之目的。通常水泥返至产层顶部以上 200m。

5.尾管

尾管是一种不延伸到井口的套管柱,分为钻井尾管和采油尾管。它的优点是下入长度短、费用低。在深井钻井中,尾管的另一个突出优点是在继续钻井时可以使用异径钻具。在顶部的大直径钻具比同一直径的钻具具有更高的抗拉伸强度,在尾管内的小直径钻具具有更高的抗内压力的能力。尾管的缺点是固井施工困难。尾管的顶部通常要进行抗内压试验,以保证密封性。尾管与上层套管重叠段长度一般取 50~100m。

二、井身结构设计的原则

(1)有效地保护油气层,使不同地层压力的油气层免受钻井液的损害;
(2)避免漏、喷、塌、卡等井下复杂情况发生,为顺利钻进创造条件,以获得最短建井周期;
(3)钻下部地层采用重钻井液时产生的井内压力,不致压裂上层套管处最薄弱裸露地层;
(4)下套管过程中,井内液柱的压力和地层压力之间的压力差,不致产生压差卡套管现象。

另外,探井设计还要考虑加深和增加下中间套管的需要。

三、套管与井眼尺寸匹配

套管与井眼尺寸的选择和配合涉及采油、勘探以及钻井工程的顺利进行和成本。

1.设计中需要考虑的因素

(1)生产套管尺寸应满足采油方面的要求,根据生产层的产能、油管大小、增产措施及井下作业等要求来确定。

(2)对于探井,要考虑原设计井深是否要加深,因为地质上的变化会使原来的预告难以准确,还要考虑是否要求井眼尺寸上留有余量以便增下中间套管,以及对岩心尺寸要求等。

(3)要考虑到工艺水平,如井眼情况、曲率大小、井斜角以及地质复杂情况带来的问题,并应考虑管材、钻头等库存规格的限制。

2.套管和井眼尺寸的选择和确定方法

(1)确定井身结构尺寸一般由内向外依次进行,首先确定生产套管尺寸,再确定下入生产套管的井眼尺寸,然后确定中间套管尺寸等,依此类推,直到表层套管的井眼尺寸,最后确定导管尺寸。

(2)生产套管根据采油方面要求来定。勘探井则按照勘探方面要求来定。

(3)套管与井眼之间有一定间隙,间隙过大不经济,过小则会导致下套管困难及注水泥后水泥过早脱水形成水泥桥。间隙值一般最小在 9.5~12.7mm 范围,最好为 19mm。

3.套管及井眼尺寸标准组合

目前国内外所生产的套管尺寸和钻头尺寸都已经标准化,所以套管与井眼尺寸之间的配合关系基本确定(或在较小范围内变化)。图 3-6 给出了标准的套管和井眼尺寸配合表。表中的流程表明下该层套管所需的井眼尺寸,实线表示套管和井眼的常用配合,虚线表示不常用的配合。表 3-3 给出了目前国内各油田常用的二、三开井身结构中套管和井眼尺寸的配合关系。

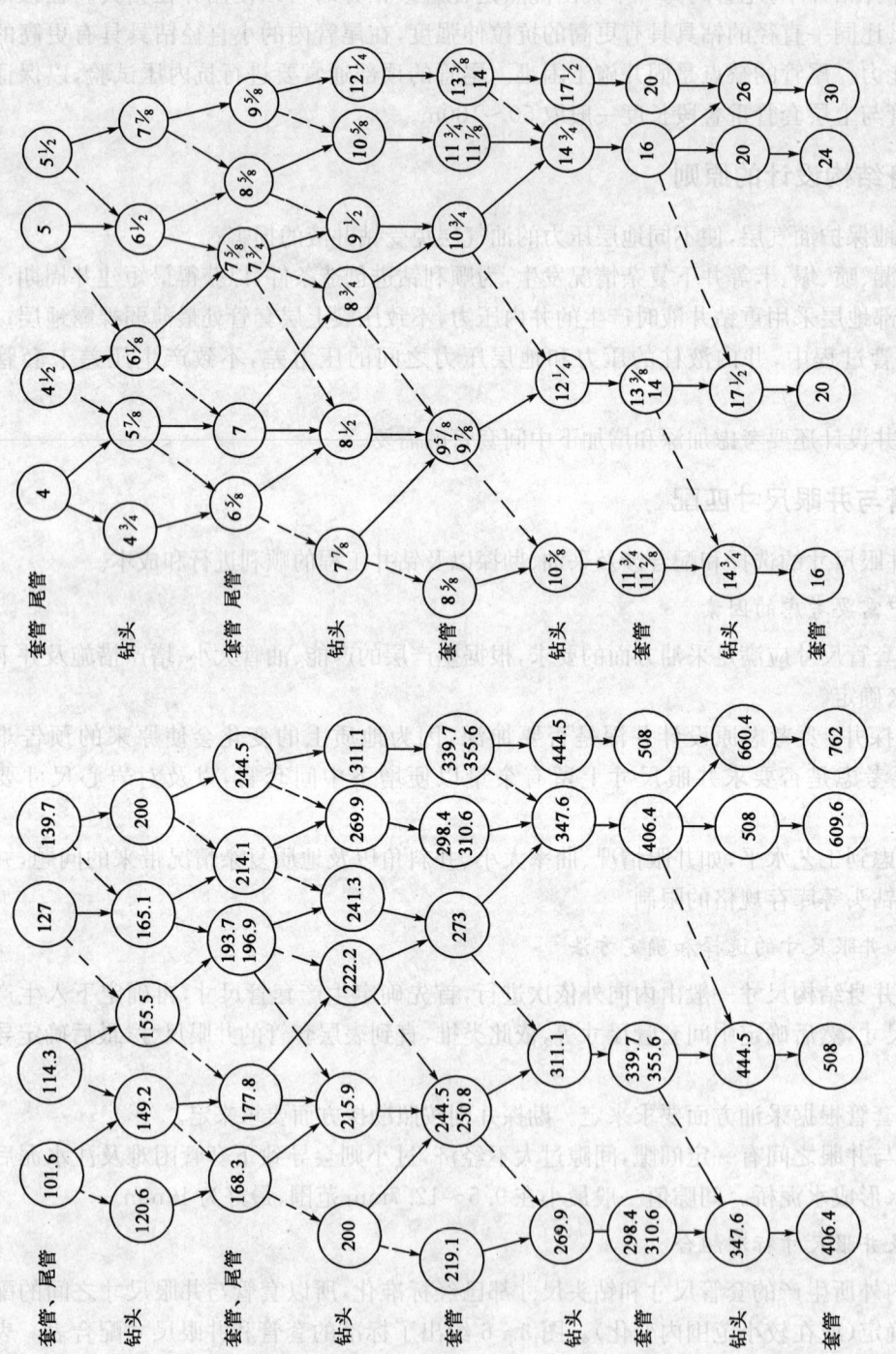

图 3-6 套管和井眼尺寸配合标准表

表3-3 国内常用二、三开井身结构中套管和井眼尺寸的配合

类别	开钻次序	钻头尺寸,mm	套管尺寸,mm	适用条件
二开井身结构 （不下技术套管）	一开	444.5	339.7	井深一般小于4000m; 没有复杂地质情况 （如异常高压、硫化氢等）
	二开（复合井眼）	241.3	139.7	
		215.9		
三开井身结构	一开	444.5	339.7	地质情况较复杂; 特别注重油气层的保护
	二开	311.2	244.5	
	三开	215.9	139.7	

思 考 题

1. 简述地下各种压力的基本概念及上覆岩层压力、地层孔隙压力和基岩应力三者之间的关系。
2. 简述地层沉积欠压实产生异常高压的机理。
3. 简述在正常压实的地层中,岩石的密度、强度、孔隙度、声波时差和指数随井深变化的规律。
4. 简述声波时差、dc 指数预测和监测地层孔隙压力的原理和步骤。
5. 简述地层破裂压力的概念及怎样根据液压实验曲线确定地层破裂压力。
6. 某井垂深2000m,测得该深度处的地层压力为29MPa,试用分别当量密度和压力梯度表示地层压力。
7. 某井钻至3000m,钻头直径为215.9mm,钻压160kN,钻速120r/min,机械钻速为7.5m/h,钻井液密度为1.28g/cm³,正常条件下的钻井液密度为1.10g/cm³,求 d 和 dc 指数。
8. 若测得一口井在2000m、2200m、2400m、2600m、2800m、3000m处的声波时差,分别是200μs/m、150μs/m、120μs/m、90μs/m、130μs/m、65μs/m。试画出该口井声波时差随井深变化的趋势图,并分析该口井的地层压力随井深变化的情况。
9. 简述套管的种类及其功用。
10. 井身结构设计的原则是什么?
11. 井身结构设计的内容有哪些?
12. 简述油管、套管尺寸选择的依据。

第四章 钻进工艺技术

钻井的基本含义就是通过一定的设备、工具和技术手段,形成一个从地表到地下某一深度处具有不同轨迹形状的孔道。

钻进是根据所钻地层的特点,通过选用合适的设备、工具及工艺技术,使钻头在地层中沿预定的轨道前进的过程,是一口井建井过程的最主要的环节。

在钻进工程中,大量的工作是破碎岩石、加深井眼的钻进过程。钻进工艺就是要全面、准确地认识钻井过程的客观规律,立足于现有装备条件,采用各种数学、物理方法确定合理的钻井参数及钻井措施,使钻进过程的整体经济效果达到最优的工艺技术。

本章主要介绍钻井液技术、影响钻进速度的因素、喷射钻井技术、防斜打直技术、定向钻井技术等常用的钻进工艺技术。

第一节 钻井液技术

一、钻井液的功用和组成

(一)钻井液的功用

钻井液是指油气钻井过程中以其多种功能满足钻井工作需要的各种循环流体的总称。钻井泵排出的高压钻井液,经过地面高压管汇、立管、水龙带、水龙头、方钻杆、钻杆、钻铤到钻头,从钻头喷嘴喷出,以清洗井底并携带岩屑。然后再沿钻柱与井壁(或套管)形成的环形空间向上流动,在到达地面后经排出管线进入各种固控设备,进行处理后返回上水池。最后进入钻井液泵循环再用。钻井液流经的各种管线、设备构成了一整套钻井液循环系统。

钻井液工艺技术是油气钻井工程的重要组成部分。随着钻井难度的逐渐增大,该项技术在确保安全、优质、快速钻井中起着越来越重要的作用。钻井液最基本的功用有以下几点。

1. 携带和悬浮岩屑

钻井液首要和最基本的功用就是通过其本身的循环,将井底被钻头破碎的岩屑携至地面,以保持井眼清洁,使起下钻畅通无阻,并保证钻头在井底始终接触和破碎新地层,不造成重复切削,保持快速钻进。在接单根、起下钻或因故停止循环时,钻井液又将井内的钻屑悬浮在钻井液中,使钻屑不会很快下沉,防止沉砂卡等情况的发生。

2. 稳定井壁和平衡地层压力

井壁稳定、井眼规则是实现安全、优质、快速钻井的基本条件。性能良好的钻井液应能借助于液相的滤失作用,在井壁上形成一层薄而韧的滤饼,以稳固已钻开的地层并阻止液相侵入地层,减弱泥页岩水化膨胀和分散的程度。与此同时,在钻进过程中需通过不断调节钻井液密度,使液柱压力能够平衡地层压力,从而防止井塌和井喷等井下复杂情况的发生。

3. 冷却和润滑钻头、钻具

在钻进中,钻头一直在高温下旋转并破碎岩层,产生很多热量,同时钻具也不断地与井壁摩擦而产生热量。正是通过钻井液不断地循环作用,将这些热量及时吸收,然后带到地面释放到大气中,从而起到冷却钻头和钻具、增加其使用寿命的作用。由于钻井液的存在,使钻头和钻具均在液体内旋转,因此在很大程度上降低了摩擦阻力,起到了很好的润滑作用。

4. 传递水动力

钻井液在钻头喷嘴处以极高的流速冲击井底,从而提高了钻井速度和破岩效率。高压喷射钻井正是利用了这一原理,即采用高泵压钻进,使钻井液所形成的射流对井底产生强大的冲击力,从而显著地提高了钻速。在使用井下动力钻具钻进时,钻井液由钻杆内以较高流速流经井下动力钻具,使井下动力钻具旋转并带动钻头破碎岩石。

但是,钻井实践表明,作为一种优质的钻井液,要做到以上几点是不够的。为了防止和尽可能减少对油气层的损害,现代钻井技术还要求钻井液必须与所钻遇的油气层相配伍,满足保护油气层的要求;为了满足地质上的要求,所使用的钻井液必须有利于地层测试,不影响对地层的评价;此外,钻井液还对钻井人员及环境不发生伤害和污染,对井下工具及地面装备不腐蚀或尽可能减轻腐蚀。

一般情况下,钻井液成本只占钻井总成本的 7%～10%,然而先进的钻井液技术往往可以成倍地节约钻时,从而大幅度地降低钻井成本,带来十分可观的经济效益。

(二)钻井液的组成

钻井液属于复杂的多相多级胶体—悬浮体分散体系。它既可以是固体分散在液体中,或者是液体分散在另一种液体中,也可以是气体分散在液体中,或者是液体分散在气体中所形成的分散体系。钻井液的基本成分由分散相＋分散介质＋化学处理剂组成。各相具体成分可以是:

分散介质 $\begin{cases} \text{水(淡水、盐水、饱和盐水等)} \\ \text{油(轻质油等)} \\ \text{气体(空气、氮气、天然气等)} \end{cases}$

分散相 $\begin{cases} \text{膨润土(钠、钙膨润土、有机土、抗盐土等)} \\ \text{加重材料(重晶石、铁矿粉等)} \\ \text{水、气、油} \end{cases}$

根据使用要求,可以利用不同类型的添加剂配制性能各异的钻井液,并可对钻井液性能进行调整。添加剂实际上是用于调节活性固相在钻井液中的分散状态,从而达到调整钻井液性能的目的。

二、钻井液的基本性能及控制

(一)钻井液的密度

钻井液的密度是指每单位体积钻井液的重量,常用 g/cm^3(或 kg/cm^3)表示。钻井液密度是确保安全、快速钻井和保护油气层的一个十分重要的参数。通过钻井液密度的变化,可调节钻井液在井筒内的静液柱压力,以平衡地层孔隙压力。有时也用于平衡地层构造应力,以避免井塌的发生。如果密度过高,将引起钻井液过度增稠、易漏失、钻速下降、对油气层损害加剧和钻井液成本增加等一系列问题;而密度过低则容易发生井涌甚至井喷,还会造成井塌、井径缩小和携屑能力下降。因此,在一口井的钻井工程设计中,必须准确、合理地确定不同井段钻井液的密度范围,并在钻进过程中随时进行检测和调整。

加入重晶石等加重材料是提高钻井液密度最常用的方法。在加重前,应调整好钻井液的各种性能,特别要严格控制低密度固相的含量。一般情况下,所需钻井液的密度越高,则加重前钻井液的固相含量及黏度、切力应控制得越低。加入可溶性无机盐也是提高钻井液密度较常用的方法。

为实现平衡压力钻井或欠平衡压力钻井,有时需要适当降低钻井液的密度。

(二)钻井液的流变性

钻井液的流变性是指钻井液流动和变形的特性。该特性通常是由不同的流变模式及参数来表征的,最常用的流变模式为宾汉和幂律模式。其中,宾汉模式的参数为塑性黏度和动切力;幂律模式的参数为流性指数和黏度系数。此外,漏斗黏度、表现黏度和静切力等,也是钻井液的重要流变参数。由于钻井液的流变性与携岩、井壁稳定、提高机械钻速和环空水力参数计算等一系列钻井工作密切相关,因此它是钻井液最重要的性能之一。

在现场,钻井液流变性能好坏的判定有下列方法:

(1)从振动筛观察钻屑的返出量是否与钻井速度匹配,返出量过小,说明钻井液的流变性能不能满足携带岩屑的要求。

(2)观察起下钻情况是否正常。起钻遇阻,下钻划眼有可能是钻井液流变性能不好、井眼净化差的表现。

(3)观察返出钻屑的特征。流变性能好,钻井液携砂能力强,钻屑可以被及时带出,带出的钻屑棱角分明;而由于流变性能不好,钻屑会在井下滞留或重复破碎,表现为钻屑或井壁掉块棱角被磨圆,或重复破碎变细。

(4)观察钻井过程中钻井液性能(密度、流变性能、滤饼、摩阻等性能)变化情况。如果钻井液的各项性能不稳定,呈上升趋势,控制困难,则应考虑调整钻井液的流变性能。

(三)钻井液的滤失造壁性

在钻井过程中,当钻头钻过渗透性地层时,由于钻井液的液柱压力一般总是大于地层孔隙压力,在压差作用下,钻井液的液体便会渗入地层,这种特性常称为钻井液的滤失性。在液体发生渗滤的同时,钻井液中的固相颗粒会附着并沉积在井壁上形成一层滤饼。随着滤饼的逐渐加重以及在压差作用下被压实,针对裸眼井壁有效地起到稳定和保护作用,这就是钻井液的造壁性。由于滤饼的渗透率远远小于地层的渗透率,因而形成的滤饼还可以有效地阻止钻井液中的固相和滤液继续侵入地层。在钻井液工艺中,通常用一个重要参数——滤失量来表征钻井液的渗滤速率。钻井液的滤失性也是钻井液最重要的性能之一。

钻井液在滤失过程中,其中的自由水在压差作用下向渗透性地层滤失渗透的过程称为失水。一定时间间隔内,失水的多少称为失水量(或滤失量)。通常用滤失量(Filtration Loss)或失水量(Water Loss)来表示钻井液滤失性的强弱。

在滤失过程中,随着钻井液中的自由水进入岩层,钻井液的固相会沉积在井壁上形成滤饼,这便是钻井液的造壁性。井壁上形成滤饼后,渗透性减小,阻止或减慢钻井液继续侵入地层,并保护已钻开的地层。

钻井过程中需要严格控制钻井液的失水量,因为钻井液失水量过大会导致水敏性泥页岩水化分散,使井壁产生缩径、垮塌,引起复杂钻井事故的发生;使油气层内黏土水化膨胀造成产层渗透率下降,从而损害油气层。对于一般地层,API❶ 失水控制在 10～15mL/30min 范围内;对于水敏性强的地层、渗透率较高的砂岩地层和油气层,API 失水必须控制在 5mL/30min 以内。

钻井液的滤饼质量是钻井过程中应该一直关注的关键性能。滤饼质量不好的标志是厚度大、滤饼疏松、摩擦阻力大,会使井径缩小,引起起下钻遇阻遇卡和滤饼黏附卡钻。因此,为保证钻井工程的顺利进行,要求钻井液形成的滤饼薄而致密、坚韧光滑、可压缩性好、耐冲蚀、渗透性低。钻井液的造壁性能好,形成的滤饼质量高,能够有效地保护井壁,保持井壁的强度和稳定性,防止卡钻、井漏等情况的发生,保护储层。

钻井液的滤失造壁性能与钻井液中固相类型、尺寸和含量,井下的温度和压力,滤失地层的特性,滤失时间的长短,钻井液的组成和性能等因素有直接的关系。控制钻井液滤失造壁性能的基本方法是:

(1)保持钻井液合理的固相粒子级配和足够的胶体粒子含量,包括选用优质膨润土作配浆材料,选用护胶性强的处理剂,如羧甲基纤维素钠盐 CMC、磺化酚醛树脂 SMP、聚阴离子纤维素 PAC 等聚合物以保护黏土颗粒,阻止它们聚结,从而有利于提高分散度,形成致密滤饼。同时,护胶剂本身沉积在井壁岩石孔隙或者滤饼孔隙上,也起到堵孔作用,使失水量降低。

(2)加入惰性超细粒子(如超细碳酸钙),加入一些能在钻井液中生成可变形胶体粒子的处理剂(如腐殖酸与钙生成腐殖酸钙胶状沉淀、磺化沥青和聚合醇等)堵塞滤饼孔隙,降低滤饼渗透率,减小失水量。

(3)严格控制固相含量,及时清除有害固相,特别是钻井液中的微细砂粒。

滤失量的评价,国内外通常采用 API 滤失量测定仪(API filter press)测定 API 滤失量。API 滤失量测定仪,其渗滤面积为 $45.8cm^2$,实验渗滤压差 Δp 为 0.69MPa(100psi),测试温度为室温,使用直径为 90mm 符合标准的滤纸,以 30min 渗滤出的滤液体积作为 API 滤失量标准。在深井钻井中,需要使用高温高压滤失量测定仪(HPHT filter press)测定钻井的高温高压滤失量(HTHP 失水量),测量压差为 3.45MPa(500psi),测量时间为 30min。由于渗滤面积只有低温低压滤失仪的一半,因此,按照 API 标准,应将 30min 的滤失量乘以 2 才是 HPHT 滤失量。

(四)钻井液的 pH 值

通常用钻井液滤液的 pH 值表示钻井液的酸碱性。由于酸碱性的强弱直接与钻井液中黏土颗粒的分散程度有关,因此会在很大程度上影响钻井液的黏度、切力和其他性能参数。

对不同类型的钻井液,所要求的 pH 值范围也有所不同,例如,一般要求分散钻井液的 pH 值在 10 以上,含石灰的钙处理钻井液的 pH 值多控制在 11～12,含石膏的钙处理钻井液的 pH 值多控制在 9.5～10.5,而在许多情况下聚合物钻井液的 pH 值只要求控制在 7.5～8.5。

(五)钻井液含砂量

钻井液含砂量是指钻井液中不能通过 200 目筛网,即粒径大于 $74\mu m$ 的砂粒占钻井液总

---

❶ API,是美国石油学会(American Petroleum Institute)的英文缩写。API 是美国第一家国家级的商业协会,也是全世界范围内最早、最成功的制定标准的商会之一。API 标准应用广泛,在世界范围内被 ISO、国际法制计量组织和 100 多个国家标准所引用。

体积的百分数。在现场应用中,该数值越小越好,一般要求控制在0.5%以下。这是由于含砂量过大会对钻井造成以下危害:

(1)使钻井液密度增大,对提高钻速不利;
(2)使形成的滤饼松软,导致滤失量增大,不利于井壁稳定,并影响固井质量;
(3)滤饼中粗砂粒含量过高,会使滤饼的摩擦系数增大,容易造成压差卡钻;
(4)增加对钻头和钻具的磨损,缩短其使用寿命;

降低钻井液含砂的最有效的方法,是充分利用振动筛、除砂器、除泥器等设备,对钻井液的固相含砂量进行有效的控制。

(六)钻井液固相含量

钻井液固相含量通常用钻井液中全部固相体积占钻井液总体积的百分数来表示。固相含量的高低以及这些固相颗粒的类型、尺寸和性质,均对钻井时的井下安全、钻井速度及油气层损害程度等有直接的影响。因此,在钻井过程中必须对其进行有效的控制。

1. 钻井液固相的类型

一般情况下,钻井液中存在着各种不同组分、不同性质和不同颗粒尺寸的固相。根据其性质的不同,可将钻井液中的固相分为两种类型,即活性固相和惰性固相。凡是容易发生水化作用或易与液相中某些组分发生反应的称为活性固相,反之则称为惰性固相。前者主要指膨润土,后者包括石英、长石、重晶石以及造浆率极低的黏土等。除重晶石外,其余的惰性固相均被认为是有害固相,是需要尽可能加以清除的物质。

2. 钻井液固相含量与井下安全的关系

在钻井过程中,由于被破碎岩屑的不断积累,特别是其中的泥页岩等易水化分散岩屑的大量存在,在固控条件不具备的情况下,钻井液的固相含量会越来越高,过高的固相含量往往对井下安全造成很大的危害,其表现主要有以下几个方面:

(1)使钻井液流变性能不稳定,黏度、切力偏高,流动性和携岩效果变差;
(2)使井壁上形成厚的滤饼,而且质地松散,摩擦系数大,从而导致起下钻遇阻,容易造成黏附卡钻;
(3)滤饼质量不好,会使钻井液滤失量增大,常造成井壁页岩水化膨胀、井径缩小;井壁剥落或坍塌;
(4)钻井液易发生盐钙侵和黏土侵,抗温性能变差,维护其性能的难度明显增大。

此外,在钻遇油气层时,由于钻井液固相含量高、滤失量大,还将导致钻井液侵入油气层的深度增加,降低近井壁地带油气层的渗透率,使油气层损害程度增大,产能下降。

3. 钻井液固相含量对钻速的影响

大量钻井实践表明,钻井液中固相含量增加是引起钻速下降的一个重要原因。此外,钻井液对钻速的影响还与固相的类型、固相颗粒尺寸和钻井液类型等因素有关。

关于固相类型对钻速影响,一般认为,重晶石、砂粒等惰性固相对钻速的影响较小,钻屑、低造浆率劣土的影响居中,高造浆率膨润土对钻速的影响最大。

室内模拟实验结果还表明,钻井液中小于$1\mu m$的颗粒对钻速影响在12倍。因此,如果钻井液中小于$1\mu m$的亚微米颗粒越多,所造成钻速下降的幅度就越大。

一般来讲,在钻井过程中,钻井液固相含量与波动是由于钻井液中岩屑含量的变化及其分散程度造成的。显然,固相含量与钻井液密度密切相关。在满足密度要求的情况下,固相含量应降至尽可能低的程度。

4.钻井液固相控制

钻井液的低密度固相含量是钻井液固相控制的关键。钻井液固相控制有下列方法:

(1)机械法。机械法即通过合理使用振动筛、除砂器、除泥器、清洁器和离心机等机械设备,利用筛分和强制沉降的原理,将钻井液中的固相按密度和颗粒大小不同而分离开,并根据需要决定取舍,以达到控制固相的目的。

(2)稀释法。稀释法既可用清水或其他较稀的胶液(钻井液处理剂溶液)直接稀释循环系统中的钻井液,也可在钻井液固相容量超过限度时用清水或性能符合要求的新浆,替换出一定体积的高固相含量的钻井液,使总的固相含量降低。

(3)化学絮凝法。化学絮凝法是在钻井液中加入适量的絮凝剂(如部分水解聚丙烯酰胺),使某些细小的固体颗粒通过絮凝作用聚集成较大颗粒,然后用机械方法排除或在沉砂池中沉除。这种方法是机械固控方法的补充,两者相辅相成。

在钻井过程中,持续不断地保持和强化钻井液的抑制性能,这是保证钻井液固相控制的关键措施。

(七)钻井液的抑制性能与控制

在钻井过程中,钻屑和井壁上的泥页岩与钻井液液相接触后,会产生不同程度的水化、膨胀和分散作用。钻屑一旦发生水化分散,其颗粒就会由大变小,成为细小的粒子分散在钻井液中难以清除,造成钻井液固相含量升高,流变性能变差,滤失造壁性能变坏,最终使钻井液性能失控、井下复杂事故频繁发生。泥页岩地层井壁一旦发生水化、膨胀分散,其强度会大幅度下降,形成缩径、垮塌,造成各种钻井复杂事故。因此,控制钻井液的抑制性能,对于保证钻井液性能的优良和稳定,防止复杂钻井事故的发生,降低钻井成本有重要的作用,是钻井液性能维护的主要环节。

在现场,如果钻井液出现下列情况,则要及时调整钻井液抑制性能:

(1)在钻井过程中,特别是在泥页岩井段,钻井液流变性能不稳定,钻井液的黏度和切力逐渐增大,难以处理和控制;

(2)钻井液的密度在不加重的情况下逐步上升,固相含量和膨润土土含量增加。

钻井液抑制性能的控制和强化主要有以下方法:

(1)使用具有包被作用的高分子聚合物;

(2)使用吸附性强、具有一定憎水性能的处理剂;

(3)使用无机盐,降低钻井液的活度,增强钻井液滤液的抑制性能。

(八)钻井液的抗温性能与控制

钻井液在深井钻井过程中,由于井下高温的作用,会使钻井液中的黏土颗粒发生高温分散,会对处理剂产生高温降解、交联、高温解吸附、高温去水化等一系列复杂的作用与变化,使处理剂功能降低或失效,从而引起钻井液出现高温增稠、高温胶凝、高温固化或高温减稠等现象,使钻井液的流变性能、滤失量、滤饼厚度和抗污染性能变差,钻井液性能稳定性丧失。钻井液的抗温能力主要由组成钻井液的处理剂自身的抗温能力和钻井液体系的抗温性能两方面来决定。

钻井液抗高温性能控制与改善主要有下列方法：

(1)进入深井钻井阶段，将钻井液体系转化为抗高温的钻井液体系，如聚磺钻井液体系。

(2)使用高温钻井液处理剂，并保持其在钻井液中的有效含量。钻井液的抗高温处理剂主要有抗高温的聚合物处理剂，如聚丙烯酸钾 KPAM；磺化系列抗高温处理剂，如三磺抗高温处理剂（磺化酚醛树脂 SMP、磺化褐煤 SMC 和磺化单宁 SMT），抗高温稳定剂 SPNH 等；抗高温表面活性剂，如 SP-80 等；无机螯合剂，如重铬酸钾等。

(3)严格控制钻井液的黏土含量，一般规律是井越深，温度越高，黏土含量容量限越低，钻井液黏土含量要求越低；所使用的钻井液密度越高，黏土含量容量限越低，钻井液黏土含量要求越低。

(4)严格控制钻井液的固相含量，用好固控设备；控制好钻井液的 pH 值；在深井钻井的全过程必须保证钻井液具有良好的抑制性能，注意使用抑制性钻井液处理剂，并保证其在钻井液中的有效含量。

在钻井现场主要通过下列试验项目来测定钻井液的抗温性能：

(1)测定高温高压滤失量，一般要求高温高压滤失量控制在 15mL 以下；

(2)使用滚子加热炉进行高温滚动试验，测定规定温度下，钻井液在滚动 16h 前后流变性能、滤失性能的变化情况，要求变化幅度越小越好，优质的抗高温钻井液甚至在高温滚动养护后性能比滚动前还好；

(3)测定起下钻前后钻井液性能的变化情况，考核钻井液性能的稳定性。

三、常用的钻井与完井液体系

钻开油气层的钻井与完井液实际使用时，应根据所钻油层的地层压力、岩石组成结构特性及地层流体情况等不同条件，选择不同类型和不同组成特性的钻井与完井液。因此，国内外使用的钻井与完井液种类很多，按其成分及作用原理大体可分为三大类。

(1)气基类：空气、雾、充气钻井液、泡沫液等。

(2)水基类：无固相清洁盐水钻井液、无黏土有固相完井液（暂堵型体系）和改性钻井液等。

(3)油基类：油基钻井液、油包水乳化钻井液等。

(一)气体类钻井与完井液

钻遇低压油气层(一般压力系数小于1)时，为了对油层不产生过大的正压差，避免油气层损害，不能采用常规的水基钻井液和油基钻井液。在地层条件允许的情况下，应采用气基类钻井与完井液。严格地讲，由于它们并不都是以气体作为分散介质的体系，所以简单称为气基钻井液并不准确，只不过都是通过气体这个组分来达到使钻井与完井液体系密度低于 $1g/cm^3$，以利于钻进低层。

1. 空气

空气流体是指由空气或天然气、防腐剂、干燥剂等组成的循环流体。由于空气的密度低，常用以钻漏失层、地层敏感性强的油气层、溶洞性低压层和低压生产层等。其机械钻速与常规钻井液相比可增加 3~4 倍，具有钻速快、钻井时间短、钻井成本低等特点。使用空气钻井时，需要在井场专门配备空气钻井设备。在一般情况下，地面注入压力为 0.7~1.4MPa，环空流速为 762~914m/min 时能有效进行空气钻井，它的使用常受井深、地层出水、井壁不稳等问题的限制。

2. 雾液

雾液是由空气、发泡剂、防腐剂和少量水混合组成的循环流体,是空气钻井过程中的一种过渡性工艺。当钻遇地层液体时,如果地层出液量低于 $24m^3/h$,可用雾液来钻进低压油气藏;如果地层出液量大于 $24m^3/h$,就只能采用泡沫液钻进。在雾液中空气是连续相,液体是非连续相。当用雾液钻井时,空气需要量通常比空气钻井高 30%,有时要高 50%,并视井内出液量情况,通常要向井内注入 20~50L 发泡液(其中 99%是水,1%为发泡剂)。为了能有效地将岩屑携带出井口,地面注入压力一般高于 2.50MPa,使井内环空流速要达到 914m/min 以上。由于空气和雾液环空压力很低,是在负压下钻井,对生产层的影响很小。

3. 充气钻井液

充气钻井液是将空气注入钻井液内来降低流体液柱压力。充气钻井液的密度最低可到 $0.5g/cm^3$,钻井液和空气的混配比值一般为 10∶1,用充气钻井液钻井时,环空速度要达到 50~500m/min,地面正常工作压力为 3.5~8MPa,在钻进过程中,要注意空气的分离和防腐、防冲蚀等问题。

4. 泡沫液

目前,泡沫液是钻进低压产层常用而有效的工作液,用它作修井液也可收到良好效果。

最常用的钻井泡沫液是稳定泡沫。它在地面上形成后再泵入井内使用,故而也称作预制稳定泡沫。

1)稳定泡沫完井液的应用特点

(1)泡沫密度低,井内流体静压力低。一般情况下,泡沫密度为 $0.032~0.065g/cm^3$,而液柱静压力只有水的 2%~5%,对产层产生负压差,因而对产层损害很小。但对由于力学因素而造成井壁不稳定的地层,不宜采用稳定泡沫。

(2)稳定泡沫的携屑能力强。稳定泡沫是密集细小的气泡由强度较大的液膜包围而成的一种气—水型分散体系。它的密度较小,但有较大的强度,具有一定的结构,因此在较低速度梯度下有较高的表现黏度,所以它在井内环空里流动时会形成柱塞上移。由于此柱塞黏度高,强度大,因而对钻屑有很强的举升能力,加上泡沫的可压缩性很强,在泡沫上升的过程中存在膨胀趋势,也对钻屑的举升有利,所以,好的稳定泡沫的携屑能力可达水的 10 倍,比常用钻井液高 4~5 倍,完全可以满足钻井过程中净化井底和携屑的要求。显然,泡沫的携屑能力与泡沫稳定性及泡沫强度有直接的关系。

(3)液量低。泡沫中水相含量不得高于 25%,水相含量低,而且束缚于液膜中,因此与油层接触和进入油层的可能性大大减少。

(4)流体中无固相。除钻屑外,泡沫中可以不含其他的固相(即可不选专用的固体泡沫稳定剂),因而减少了固相的损害。

(5)一般不能回收,无法循环使用。预制泡沫入井循环返回地面后难以回收,其回收装置要求较高,而通常让其排空。所以,一般泡沫液入井只使用一次,不循环使用。显然,研制实用、有效的泡沫回收装置是一个重要方向。

2)泡沫的组成与配制

钻井用泡沫的种类很多,但就其基本组分而言,有以下几种:

(1)淡水或盐水:其矿化度和离子种类依地层条件而定,水的含量为 3%~25%(体积比)。

(2)发泡剂:它是一些具有成膜作用的表面活性剂,种类很多,常用的有烷基硫酸盐、烷基磺酸盐、烷基苯磺酸盐、烷基聚氧乙烯醚和烷基苯基聚氧乙烯醚等。

(3)水相增黏剂:用以提高水相黏度的水溶性高分子聚合物,如 CMC 等,加量以使水相黏度适宜为度。

(4)气相:空气、氮气,由压风机及专门供气设备提供。

(5)其他:用以提高泡沫稳定性的专用组分等。

泡沫组成(配方)是否合适,除了它与地层是否匹配外,主要是看这种组成形成的泡沫液的稳定性。稳定性越强,则其组成(配方)好,反之则差。而泡沫稳定性可用泡沫寿命或半衰期来衡量。

泡沫组成确定之后,能否形成可在井下实际使用的泡沫液,关键在于专用配制设备。目前,国内外都有定型设备供现场使用。

3)泡沫气液比的确定

这是泡沫组成中的一个重要问题,但它不是一个简单的配方问题,而是一个复杂的应用工艺。

一般而言,泡沫中液相占 3%～25%(体积比)即可形成具有优良携屑能力的稳定泡沫。当液相体积低于 3%时,称为干泡沫,泡沫稳定性变差,常合并成为气泡,甚至成为"气袋",丧失泡沫的携带能力。当液相体积高于 25%时,称之为湿泡沫,泡沫结构也趋于破坏,成为混气液体,形成流动性质类似水溶液的水泡沫,携屑能力类似水,失去泡沫的作用。形成泡沫中水相与气相的比例,由注气量和水量来调整及控制,一般而言,注入气量为 $12\sim30m^3/min$,注入水量为 $40\sim200L/min$,在地面工作压力为 $1.5\sim3.5MPa$ 条件下,保持 $2.5\sim1.0m/s$ 的环空返速,可保持井眼的净化。

但是,由于气体体积受温度、压力变化的影响比水大得多,因此,在泡沫使用过程中所形成的稳定的气水比随着泡沫所受的温度压力的变化而大幅度变化。所以,要使全井段保持稳定泡沫,需要正确地设计出各井段温度和压力条件下都合适的气水比,然后确定总的注入量和比例。这是一个涉及很多因素(井眼基本参数、空气注入量、泡沫注入速度及机械钻速等)的复杂问题,国外一般利用计算机专用程序进行控制。

4)环空回压的控制

为适应地层条件,钻进中需控制和调整流体对地层的压力,以保证钻井的顺利进行和井下的安全,一般可用控制环空回压的办法来解决。

为了及时了解井下压力变化,控制井下泡沫的气液比也需采用控制环空回压的办法。

因此,控制环空回压是泡沫钻井技术的必要组成部分,一般采用在井口出口和排屑管线之间安装回压阀来控制,可收到预期的效果。

5)泡沫液的流变性

由于泡沫中气体的可压缩性很强,从而使泡沫的流变性及其研究方法都大大地不同于一般流体。这是一个新的领域,目前国内外正在进行研究,还没有重大的突破。

综上所述,只要地层条件和井下情况允许,在低压油气层采用泡沫钻井是目前最好的方法之一。在我国的新疆、长庆等油田的低压油层,都成功地使用了泡沫液作为钻井与完井液和修井液,收到了明显的效果。

(二)水基类钻井与完井液

这是目前国内外使用最广泛的一大类钻井与完井液体系,它是一种以水为分散介质的分散体系,最常用的有两大类。

1. 无固相清洁盐水

1)基本思路

消除固相对油层的污染,工作液中完全不含固相而又能满足保护油层及钻井工艺的两大要求。

(1)体系为不含任何固相的清洁盐水,用精细过滤的办法保证盐水的清洁程度。

(2)用无机盐的种类、浓度、配比调整完井液密度,以满足井下需要。

(3)用体系的高矿化度和各种离子的组合实现体系对水敏矿物的强抑制性,以控制油层的水敏性损害。

(4)用对油层无损害(损害低)的聚合物提高黏度。

(5)用对油层无损害(损害低)的聚合物降低失水。

(6)必要时采用表面活性剂和防腐蚀剂。

2)密度控制

清洁盐水实质上是由清水和一种或几种无机盐配成的盐水溶液,它的密度由盐的浓度和各种盐的比例确定,密度范围为 $1.00 \sim 2.3 \text{g/cm}^3$。

(1)各种盐水溶液达到饱和时其密度彼此不同。

同种盐的水溶液,其浓度不同则密度不同,改变浓度则可调整密度;同种盐的水溶液、浓度相同,温度不同则其密度也不同,使用时应注意考虑温度的影响。

(2)几种常用无固相盐水液配制。

①氯化钾盐水液。氯化钾盐水是对付水敏性地层最好的钻井与完井液之一,在地面可以配成 $1.003 \sim 1.17 \text{g/cm}^3$ 的溶液。其密度由 KCl 的浓度确定。

②氯化钠盐水液。氯化钠盐水液最为常用,其密度范围为 $1.003 \sim 1.20 \text{g/cm}^3$,为防止地层黏土的水化,在配制过程中一般加 1%~3% 的氯化钾,氯化钾不起加重作用,只作为地层损害抑制剂。其密度由 NaCl 的浓度确定。

③氯化钙盐水液。随着深井钻井和油层异常高压,要求钻井与完井液的密度高于 1.20g/cm^3,而氯化钙盐水液密度的配制范围为 $1.008 \sim 1.39 \text{g/cm}^3$。

④氯化钙有两种:粒状氯化钙的纯度为 94%~97%,含水 5%,能很快溶解于水中;片状氯化钙的纯度为 77%~82% 左右,含水 20%。若用后一种氯化钙配制盐水液,则需增大加量,联合作用可适当降低成本。其密度由 $CaCl_2$ 的浓度确定。

⑤氯化钙/溴化钙盐水液。当井眼要求工作密度为 $1.40 \sim 1.80 \text{g/cm}^3$ 时,就需要使用氯化钙/溴化钙盐水液。氯化钙/溴化钙在配制时,以密度为 1.82g/cm^3 的溴化钙液作为基液。降低密度时,用密度为 1.38g/cm^3 的氯化钙溶液加入基液内调整体系密度。其密度由 $CaCl_2$ 与 $CaBr_2$ 的浓度确定。

⑥氯化钙/溴化钙/溴化锌盐水液。氯化钙/溴化钙/溴化锌盐水液可配制密度为 $1.81 \sim 2.31 \text{g/cm}^3$ 的完井液,专用于某些高温高压井。氯化钙/溴化钙/溴化锌盐水液配制时,要视每口井的具体情况及其环境来考虑溶液的相互影响(密度、结晶点、腐蚀等)。

3)失水控制与增黏

清洁盐水中不含固相,在井壁不形成滤饼,没有控制失水的造壁能力,从而失水很大,因此在高渗透层易形成漏失。为了减少价格昂贵的完井液漏失和减少对油层损害,有必要控制它的失水。控制办法是用一些专用的水溶性聚合物来提高水相的黏度,以降低其滤失速率。

4)温度的影响

温度会影响清洁盐水完井液体系和各种性能,尤其对密度的影响最为显著,这种影响包括两个方面。

(1)饱和盐水的结晶温度。

在较高温度下接近饱和的高矿化度盐化,若温度降低到一定数值,它就可能达到饱和或过饱和,引起盐的结晶。这不仅堵塞管线,而且使溶液中盐的浓度下降,从而使液相的密度大幅度下降,使钻井与完井液密度不符合设计要求而无法使用。因此,一个地区所使用的这类完井液的结晶温度一定要高于该地区的最低气温,而它的结晶温度与盐的种类和不同盐的比例有关。

(2)温度对体系密度的影响。

温度变化,溶液体积变化,则体系密度变化。因此,井底温度对完井液的设计和维护是一个重要的影响因素,从地面到井底的温度变化会影响完井液平均密度。当温度增加时,密度要下降。所以,在配制时必须要知道完井液在井筒时的平均工作温度后,才能确定在地面条件下配制的密度。

一般来说,$1.02\sim1.40\text{g/cm}^3$ 密度范围的氯化钾、氯化钠、氯化钙盐水液受温度影响小,而重盐水如溴化钙、溴化锌盐水液受温度的影响较大,而对某种盐水液而言,越是提高密度,温度对密度变化的影响就越小。

5)保持完井液体系的净化

无固相清洁盐水的基本优点是避免固相对地层的损害,因此清除各类固相,保证体系的清洁,是这类体系应用技术的关键,要求体系在配制、运送、储存、应用过程中都要保持清洁。所以,精细过滤设备是使用这项技术的必要条件,而保持配制、运送、储存设备的清洁,也是必要的内容。

6)防腐蚀

盐水溶液对地面设备、管线及井下管材的腐蚀十分严重,必须考虑对它们的缓蚀问题。常用缓蚀剂不少,但体系所用缓蚀剂必须对油层没有损害,因而增加了问题的难度。

7)回收

清洁盐水完井液成本很高,使用后必须回收,以便重复使用。

清洁盐水钻井、完井液体系的优点和缺点,在很大程度上都是由于体系中无固相所致,因此后来发展出一种有固相、而此固相的损害在后期又可消除的钻井、完井液体系,即暂堵型完井液体系。

2. 有固相无黏土相钻井与完井液

钻井液中高分散的黏土粒子,侵入油层后会造成无法消除的永久性损害,所以钻井与完井液中都应尽量清除它。而无固相的清洁盐水不含任何固相,虽然能消除固相的损害,但控制密度和失水比较困难,因而带来了一系列复杂问题,并使成本很高。倘若在盐水中加入一些可以加重钻井与完井液又有利于形成滤饼而控制失水的固体粒子,则使体系加重和失水控制变得比较容易。虽然这些固体粒子在钻井过程中必然堵塞油层,但是这些固体粒子可以在后期用特殊办法消除,从而达到不损害油层的目的,所以这种特殊的固体粒子称为暂堵剂,这项技术称为暂堵技术。而由此形成的钻井液体系就是无黏土有固相钻井与完井液体系,又称暂堵型完井液体系。

这类体系由水相和作为暂堵剂的固体粒子所构成。水相一般是与地层配伍的水溶液,显然不会是淡水,而是与地层相适应的加有各种无机盐和抑制剂的溶液。由于不需要从液相考虑体系的密度问题,因此它就简单很多,而且对地层的针对性也强得多。固相部分(即暂堵剂)作用除对体系加重外,是在井壁上形成后期可以除去的内外滤饼,以减少失水。它是一些在水中高度分散的固体微粒,其分散度大小应与油层孔喉相适应,呈多级分散状态,且具有合理的级配,它们能在油层井壁表面形成致密的外滤饼和在油层内的孔喉上架桥,并形成致密的内滤饼。这种固体粒子自身可以溶解于酸、水、油。因此,一般依其自身密度和溶解能力,分为酸溶性暂堵剂、水溶性暂堵剂、油溶性暂堵剂。暂堵剂粒子分为桥堵粒子和填充粒子两大类。

1)酸溶性体系

酸溶性体系内的所有成分都应能在强酸中溶解。比较常用的酸溶性体系有聚合物碳酸钙钻井与完井液。这种体系主要由盐水、聚合物、碳酸钙微粒(2500目)、加重剂和其他一些必要的处理剂组成,密度范围为 $1.03\sim1.56g/cm^3$。

在作业后,用酸化方式可清除沉积在产层井壁内、外的固相颗粒或滤饼。

2)水溶性体系

水溶性体系主要由饱和盐水、聚合物、盐粒和相应的添加剂等组成,密度范围为 $1.0\sim1.56g/cm^3$,它是把一定尺寸的固相盐粒加入到已经饱和的盐水里,并加入聚合物。由于盐粒在饱和盐水内不能再溶解,悬浮在黏性溶液里可起惰性固相作用。这样,盐粒和体系中的胶体成分可起到桥堵、加重和控制滤失的作用。与酸性体系相比,暂堵在油层上的盐粒及滤饼不需进行酸化,而只用淡水或非饱和盐水浸洗即可除去。

3)油溶性体系

油溶性体系由油溶性树脂、盐水、聚合物及一些添加剂组成。其中,油溶性树脂为桥堵材料,聚合物用以提黏,另需加入一些亲水性表面活性剂使树脂为水润湿。油溶性树脂可由地层中产出的原油或凝析油溶去,也可注入柴油和亲油的表面活性剂加以溶解。

综上所述,在实际生产中,由于井下情况复杂,油层并不单一和套管程序的限制无法采用和维持专用完井液,只有采用能对付井下各种复杂情况的钻井液进行改性,以使它对油层的损害减到最小,是保护油层的钻井与完井液技术中最有实用价值的部分。目前,国内外的改性钻井液作完井液技术,大多是以如何尽量减少钻井液对油层损害为基础。

(三)油基类钻井与完井液

油基类钻井与完井液包括油包水型乳状液(如逆乳化钻井液)和油分散性固相在油中的分散体系(如油基钻井液)。它们都具有热稳定性好、密度范围大、流变性易于调整、能抗各种盐类污染、对泥页岩有很强的抑制性、稳定井壁、防腐等优点。而且由于滤液为油相,避免了油层的水敏作用,因此一般认为对油层产生很低的损害,被看成是既能满足各种作业要求,又能保护油层的效果很好的完井液。它可以广泛地应用于钻开油层、扩眼、射孔、修井等作业中,也可用于低压油层的砾石充填液,并都在实践中取得了好的效果。但也应考虑其经济性和安全性。

1. 油基类钻井与完井液对储层损害机理

实践证明,油基类钻井与完井液对油层仍然可能产生损害。无论哪一种油基完井液对地层损害的机理都类似,且可以归纳为以下几个方面:

(1)使油层润湿反转,降低油的相对渗透率;

(2)与地层水形成乳状液堵塞油层;

(3)亲油性粒子的微粒运移;
(4)完井液中固相粒子侵入油层;
(5)其他组分对油层的损害。

1)油层润湿反转

油层润湿性变化会引起相对渗透率的变化。当油层表面由亲水性变为亲油性时,油相对渗透率下降可达40%以上。而表面活性剂与岩石表面作必然会改变其表面润湿性,在油基钻井液中不可避免地要大量使用各种表面活性剂,如主、辅乳化剂、润湿反转(由亲水→亲油)剂等。各种乳化剂分子的两亲结构在亲水的岩石表面发生的吸附必然是亲水基与亲水的岩石表面结合,而把亲油基向外,其结果使岩石表面亲油。其中阳离子型表面活性剂影响最为明显。

2)乳状液堵塞油层

在油基钻井液中,总会含有乳化剂,过量的乳化剂随滤失的油进入地层与地层水相遇,在流动条件下,含有乳化剂的油和水有可能形成乳化液,所形成的乳状液可能是水/油型,也可能为油/水型。乳状液液滴在移动中由贾敏效应使油层渗透率下降。若形成水/油型乳状液,则其黏度很高对油层渗透率的损害更为严重。

3)固相粒子的损害

这一方面是完井液中固相粒子侵入地层,对地层造成损害,而油基完井液中又不可避免地含有固相微粒;为完井作业的需要,有的完井液还需专门加入油中可分散性固体粒子(如有机黏土、氧化沥青等),它们都将对油层造成损害。另一方面,如果油相中含有润湿反转剂,它与地层中的黏土作用后能使黏土变为亲油粒子,则可能在油中膨胀、分散、运移,造成地层损害。第三,由于表面润湿性的反转,可能导致原来被亲水表面吸附水层束缚的亲水性粒子释放,而变成可运移的粒子产生损害。

2. 油基钻井与完井液的组成配方

油基钻井与完井液的组成配方随其用途和油层特点各有不同,但基本组成和应用规律大致相同,也与油基钻井液类似,但必须针对所用油藏对它的各种组分进行评价试验以后再进行优选,这样才能获得既能满足钻井要求,又具有保护油层功能的钻井与完井液。

第二节 影响钻进速度的因素

钻井过程中,钻进的速度受到多种因素的影响和制约,这些因素可分为可控因素和不可控因素。可控因素是指通过一定的设备和技术手段可进行人为调节的因素,如地面机泵设备、钻头类型、钻井液性能、钻压、转速、泵压和排量等。不可控因素是指客观存在的因素,如所钻的地层岩性、储层埋藏深度以及地层压力等。

影响破岩速度的因素很多,总体可分为两类:一类是地质条件、岩层性质及钻井深度等不能任意改变的客观因素;另一类是钻头类型、钻压和转速等可由人们选定的可调变量。

一、钻压对破岩速度的影响

在钻进过程中,钻头牙齿在钻压作用下吃入地层、破碎岩石,钻压的大小决定了牙齿吃入岩石的深度和岩石破碎体积的大小,因此钻压是影响钻速的最直接和最显著的因素之一。在其他条件不变的情况下,钻压与钻速的关系曲线不是单一的直线,而是一种典型的曲线,如图

4-1所示,曲线上有A、B两个拐点(可称为临界点),当钻速小于较小的临界点时,由于钻速过小,钻速很慢。当钻压超过较大的临界点时,由于钻压过大,岩屑量过多,甚至牙齿完全吃入地层,井底净化条件难以改善,钻头磨损也会加剧,钻压增大,钻速改进效果并不明显,甚至使钻进效果变差。在这两个临界点之间,钻速与钻压基本上呈直线关系。其关系式如下:

$$V_{pc} \propto (W-M) \tag{4-1}$$

式中　V_{pc}——破岩速度,m/h;

　　　W——钻压,kN;

　　　M——门限钻压,kN。

门限钻压是AB线在钻压轴上的截距,相当于牙齿开始压入地层时的钻压,其值的大小主要取决于岩石性质,并具有较强的地区性。不同地区的门限钻压不可以相互引用。

二、转速对破岩速度的影响

如图4-2所示,随着转速的提高,破岩速度是以指数关系变化的,但指数一般都小于1。其原因是转速提高后,钻头工作刃与岩石接触时间缩短,每次接触时的岩石破碎深度减少,这反映了岩石破碎时的时间效应问题。在其他条件不变的情况下,其关系式为:

$$V_{pc} \propto n^\lambda \tag{4-2}$$

式中　λ——转速指数,一般小于1,数值大小与岩石性质有关;

　　　n——转速,r/min。

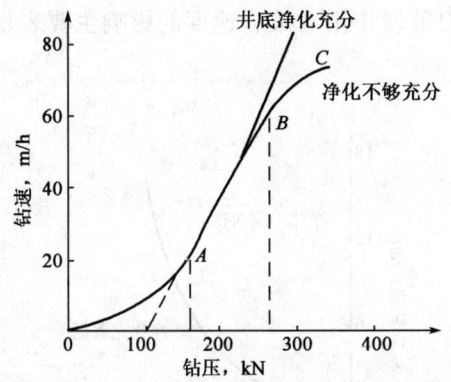

图4-1　钻压与钻速的关系曲线

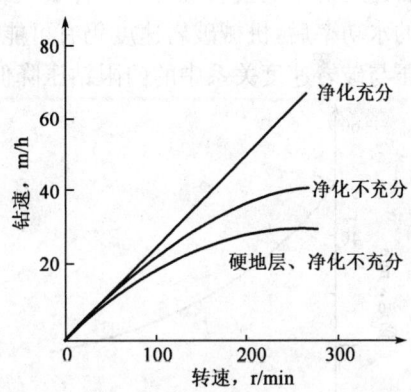

图4-2　转速与钻速的关系曲线

三、牙齿磨损对破岩速度的影响

钻进过程中,钻头在破碎地层岩石的同时,其牙齿也受到地层的磨损。随着钻头牙齿的磨损,钻头工作效率明显下降,破岩速度也随之降低。若钻压、转速保持不变,则牙齿磨损量与破岩速度的关系曲线如图4-3所示,表达式可写为:

$$V_{pc} \propto \frac{1}{1+C_2 h} \tag{4-3}$$

式中　C_2——牙齿磨损系数,其值与钻头齿形结构和岩石性质有关;

　　　h——牙齿磨损量,以牙齿的相对磨损高度表示,即磨损掉的高度与原始高度之比(新钻头时,$h=0$;牙齿完全磨损时,$h=1$)。

四、水力因素对破岩速度的影响

在钻进过程中,及时有效地把钻头产生的岩屑清离井底,避免岩屑的重复切削是提高破岩速度的一个重要手段。井底岩屑的清洗是通过钻头喷射所产生的钻井液射流对井底的冲洗来完成的。对于一定的钻速,意味着单位时间内产生的岩屑量一定,而这一定量的岩屑需要一定的水力功率才能完全清除,低于这个水功率值,井底净化就不完善。实际钻速就比净化完善时的钻速低,如果此时增大水功率,使井底净化条件得到完善,则破岩速度会在其他条件不变时而增大。因而水力因素对钻速的影响主要表现为井底水力净化能力对破岩速度的影响。其关系如图4-4所示,关系式为:

$$C_H = \frac{V_{pc}}{V_{pcs}} = \frac{P}{P_s} \tag{4-4}$$

$$P_s = 9.72 \times 0.01 V_{pcs}^{0.31}$$

式中 C_H——水力净化系数;
V_{pcs}——净化完善时的钻速,m/h;
P——实际比水功率,kW/cm²;
P_s——净化完善时所需的比水功率,kW/cm²。

C_H 的值小于等于1,即当实际水功率大于净化所需的水功率时,仍取 $C_H=1$,即井底达到完全净化后,再提高水力功率,不会由于净化的原因而进一步提高破岩速度。然而,水力因素对破岩速度的影响会表现为另一种形式,就是水力能量的破岩作用,当水力功率超过井底净化所需的水功率后,机械破岩速度仍有可能增加。水力破岩作用对破岩速度的影响主要表现为使钻压与破岩速度关系中的门限钻压降低。

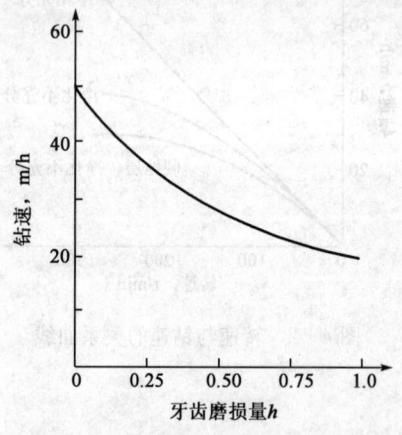

图4-3 牙齿磨损与钻速的关系曲线

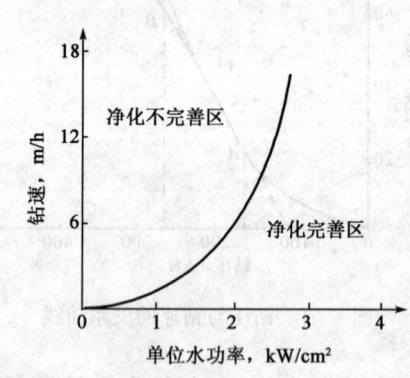

图4-4 井底比水功率与钻速的关系曲线

五、钻井液性能对破岩速度的影响

钻井液性能对破岩速度的影响规律比较复杂,其复杂性表现在钻井液性能的各项参数对破岩速度都有不同程度的影响,而且几乎不可能在改变钻井液某一性能参数时不影响其他性能参数。实验表明,钻井液的密度、黏度、失水量和固相含量及其分散性等,都对破岩速度有不同程度的影响。

1. 钻井液密度对破岩速度的影响

钻井液密度的基本作用在于保持一定的液柱压力,用以防止地层流体流入井内。钻井液密度对钻速的影响主要表现为,由钻井液密度决定的井内液柱压力与地层孔隙压力之间的压差对钻速的影响。井底压差对破碎的岩屑有压持作用,阻碍井底岩屑的及时清除,影响钻头的破岩效率,如图4-5所示,压差增加将使破岩速度明显下降。在低渗透性岩层内钻进时压差对破岩速度的影响比在高渗透性地层的影响更大,这是由于钻井液难以进入低渗透性地层,不能及时平衡岩屑上下的压力差。压差与破岩速度的关系式为:

$$V_{pc} = V_{pc0} e^{-\beta \Delta p} \qquad (4-5)$$

式中　V_{pc}——实际钻速,m/h;

　　　V_{pc0}——零压差时的钻速,m/h;

　　　Δp——井内液柱压力与地层孔隙压力之差,MPa;

　　　β——与岩石性质有关的系数。

2. 钻井液黏度对破岩速度的影响

钻井液的黏度并不直接影响钻速,它是通过对井底压差和井底净化作用的影响而间接影响破岩速度的,在一定的地面功率条件下,钻井液黏度的增大,将会增大钻柱内和环空的压降,使得井底压差增大和井底钻头获得的水功率降低,从而使破岩速度减小。

3. 钻井液固相含量及其分散性对破岩速度的影响

如图4-6所示,钻井液固相含量的多少、固相的类型及颗粒大小对破岩速度有很大影响。主要表现在钻井液固相含量对钻进速度和钻头消耗量都有严重的影响,一般采用固相含量低于4%的钻井液。固相的分散性对破岩速度的影响也很大,对于相同固相含量的钻井液分散性的比不分散的破岩速度要低。固相含量越少,两者的差别越大。为了提高破岩速度,应采用低固相不分散钻井液。

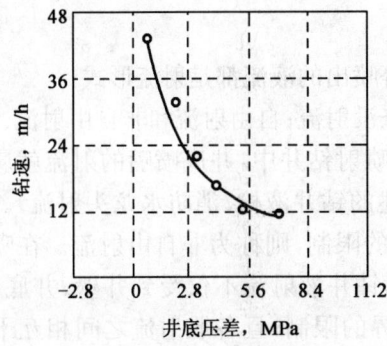
图4-5　井底压差与钻速的关系曲线

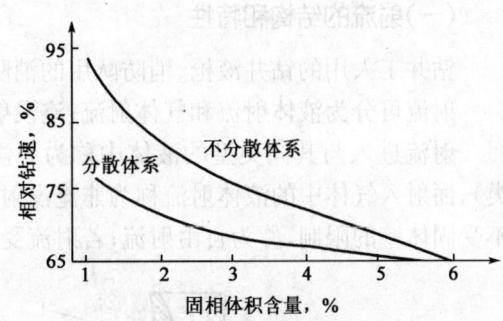
图4-6　固相体积含量和分散性对钻速的影响

钻井实践证明,钻井液性能是影响钻速的极其重要的因素,但由于其对钻速的影响非常复杂且钻井液性能受井下工作条件的影响,所以,至今还没有能够确切表达钻井液性能对钻速影响的数学公式。

第三节　喷射钻井技术

自1900年开始使用旋转钻机以来,钻头水眼一直作为循环通路,钻井液只起清洗井底、冷却钻头、携带岩屑、保护井壁等作用。直到20世纪30年代初期,水射流技术在水力采煤中首先得到了应用,从而引起了石油钻井工程技术界的重视,由此联想到可以在旋转钻井中把水力破岩作用和机械破岩作用结合起来。1947年,美国汉布尔石油公司进行了第一次试验,发现在较大的钻压和转速范围内,缩小喷嘴直径、增加射流喷射速度,可以显著提高机械钻速和钻头进尺。现场试验表明,与普通钻头相比,采用喷射式钻头钻井,在软地层中钻头进尺可提高50%~100%,在硬地层中则可提高13%~28%;机械钻速在软地层中可提高15%~30%,在硬地层中可提高14%~21%。

喷射钻井就是充分利用钻井液通过喷射式钻头所形成的高速射流的水力作用,以提高机械钻速的一种钻井方法。

喷射钻井的实质是在一定的机泵条件和井身结构、钻具结构等条件下,按井段优选排量(缸套直径)和喷嘴直径;在较高的泵压下使泵功率充分发挥,合理分配,使钻头压力降及钻头水功率占总泵压及泵功率一半以上;使用新型钻头,改善井底流场,提高水力清岩效率,使水力作用与机械破碎作用相结合,提高钻速与钻头进尺。

喷嘴钻井的最大优点是能获得较大的钻头水功率,能使泵功率大部分作用于井底。

钻井工艺的发展表明,从纯机械破碎的普通钻井发展到机械破碎和水力作用相结合的喷射钻井,再发展为纯水力破碎的新钻井法,充分体现了钻井工艺技术革新和发展的部分规律。

一、喷射式钻头的工作原理

喷射式钻头与普通钻头的区别,主要在于它对喷嘴特别讲究。在普通钻头上,喷嘴称为水眼,其直径较大;喷射式钻头上则称为喷嘴,其直径较小。喷嘴是一种水力机械,高效能的喷嘴能将绝大部分泵功率转化为射流水功率。钻井液通过喷嘴之后,就能形成喷射钻井所需的钻井液射流,这种高速的钻井液射流能极大地提高钻井速度。

(一)射流的结构和特性

钻井工人用的钻井液枪、消防队用的消防水龙头等喷出的液流都是射流形式。

射流可分为液体射流和气体射流;淹没射流和非淹没射流;自由射流和非自由射流。

射流进入与其同类型的液体中称为淹没射流(在喷射钻井中,井底喷嘴的射流就属于此类);而射入气体中的液体射流称为非淹没射流(如上述的钻井液枪、消防水龙头射流)。射流不受固体壁的限制,称为自由射流;若射流受固体边界的限制,则称为非自由射流。在喷射钻井中,喷嘴钻井液射流不仅受到井壁、井底、钻头等固体边界的限制,且各股射流之间相互干扰并受到上返钻井液的干扰,因此其为淹没非自由射流。

1. 射流的形状

喷射钻井中,钻井液射流为淹没非自由射流,射流刚出口的一段,其边界母线近似直线,且张开一定角度,往下由于返回钻井液的影响,射流逐渐向中心收拢,使整个射流的形状变成枣核状或梭形,其结构形式如图4-7所示。

2. 射流的速度和动压力分布

在初始段内,射流的速度和动压力在等速核

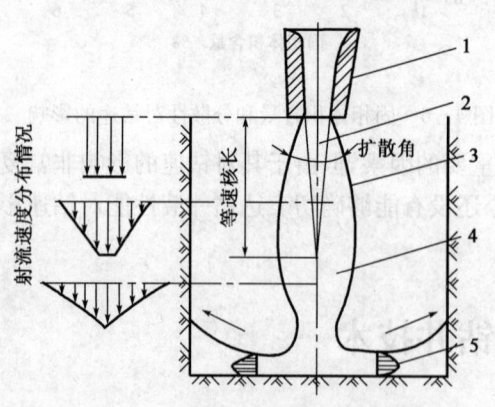

图4-7 淹没非自由射流结构
1—喷嘴;2—等速核;3—射流边界;4—梭形射流;
5—漫流及其速度变化

内是不变的,而等速核外任意截面上的射流液体质点的速度和动压力均是向边缘衰减的。

在基本段内,沿射流中心轴线上的速度和动压力均是衰减的,基本段内任意截面上的速度和动压力均是中心高,向边缘迅速衰减,边界上的速度和动压力均为零。

3. 对射流水力特性的要求

只要射流具备了高速和密集性好等特点,则射流的动量大,有利于喷射钻井。要满足上述条件,必须依赖于高质量高效率的喷嘴。这样,对射流特性的要求实际上也是对喷嘴结构的要求。

(1)一般来说,射流的扩散角越小越好。

(2)射流的等速核越长越好。这是因为喷射钻头喷嘴出口距井底有一段距离。等速核内的速度和动压力均高,如果等速核的长度超过或等于喷嘴出口至井底这段距离,射流就能更有效地作用于井底,因此要求喷距越短越好。常用喷嘴(椭圆型、双圆弧型、流线型、等变速型)等速核长约为喷嘴出口直径的 4.8~5.9 倍。

(3)喷嘴流量系数越大越好。射流水功率是由钻头水功率转换而来的(所谓钻头水功率,是指钻井液进入喷嘴进口后和流出喷嘴出口前这段距离内产生的水功率,常称为喷嘴水功率;而射流水功率则是指钻井液自喷嘴出口后所具有的水力能量),而这种转换全靠喷嘴来实现。在能量转换过程中,必有能量损失,即存在能量转换效率,这个转换效率的大小恰好等于流量系数 C 的平方,即 $\eta = N_{射}/N_{嘴} = C^2$。现场一般使用流量系数较高的流线型喷嘴。

(二)射流对井底的水力作用

在钻进中,及时地把岩屑携带出地面是安全、快速钻进的重要条件之一。把岩屑从井底携带出地面要经过三个过程,首先是使破碎的岩屑离开基岩母体,然后是岩屑在井底被推移,最后由上返钻井液将其从环空举升出地面。如果这三个过程不能顺利完成,那么将会使岩屑滞留于井底和井筒内,造成重复切削、泥包钻头等,严重影响钻速,甚至引起井下复杂情况。

1. 影响井底清洁的因素

普通钻井中,井底的清洁程度较差,这主要是井底存在静压持效应,加之钻头水功率较小,不足以克服下述两种压持作用的影响,致使井底岩屑较多。

1)静压持效应

静压持效应是指钻井液静液柱压力加上环空回压之和大于地层孔隙中的流体压力(地层压力)时,对井底岩屑施加的静压力。钻进过程中,为避免井涌或井喷,一般使钻井液液柱压力稍大于地层压力,因此静压持效应是必然存在的。对于渗透性地层,静压持效应的影响特别明显。

由于井底压差的存在,将岩屑压在井底形成"垫层"。另外,由于刚钻开的地层钻井液失水后,在井底形成瞬时滤饼,易将岩屑黏住,使钻头工作刃很难接触井底新地层,而消耗较大的功率对井底垫层进行再次破碎(重复切削)。在此情况下,不仅破碎效率低,牙齿磨损厉害,且易泥包钻头。这个压差越大,对破岩效率的影响越大。

钻头结构不同,静压持效应的影响程度也不同(金刚石钻头和 PDC 钻头最大、牙轮钻头小些),这是破碎方式不同所造成的。

2)动压持效应

动压持效应主要与钻头的运动速度和岩屑离开基岩母体的速度有关。对于非渗透性地层或低渗透性地层,压差几乎不存在。但是,当岩石破碎为岩屑后,岩屑下面形成空隙,空隙内的压力就大大低于液柱压力。岩屑欲离开基岩母体,其下的空隙就要增大。此时,必须用钻井液滤液充填下面的空隙,才能使其上下压力平衡,但由于地层的非渗透性,钻井液滤液进入岩屑下面的空隙非常困难,就使岩屑下面的压力与井内液柱压力的平衡缓慢进行。这样,当岩屑上下的压力恢复平衡时,钻头的第二次作用已临近了,又造成重复切削。地层的渗透性越差和钻头的转速越快,岩屑下面的空隙越大,岩屑上下的压差也越大,使得岩屑离开基岩母体就特别困难,动压持效应也就更明显。由于牙轮钻头的旋转,当前一个牙轮破碎的岩屑刚离开基岩母体上升时(运移高度未超过半个牙轮高度),其中一部分往往被后一个牙轮牙齿重新压到井底。动压持效应造成重复切削,严重影响钻速和磨损钻头。

因此,喷射钻井射流的主要作用就在于使岩屑迅速离开基岩母体并迅速上升。

2. 射流的三种水力作用

1) 净化井底,消除重复切削

保证井底清洁,消除重复切削现象或对软地层产生直接水力破碎作用等,均要依赖射流的冲击压力和横向漫流这两种作用来完成。

(1) 冲击压力。由于射流上每一点都具有一定的动压力,当射流碰到井底以后,将此压力传给井底,形成对井底的冲击压力。岩屑在这个冲击压力作用下,不是被压得更紧贴井底,而是迅速离开井底。这是因为:

①射流的这个压力不是静压力,而是冲击压力。此冲击压力不是作用在整个井底而是作用在部分小圆面积上。就整个井底而言,射流作用的面积内压力较高,而射流作用的面积以外压力较低。就射流作用的面积以内而言,冲击压力也是极不均匀的,射流作用的中心压力最高,离开中心则压力急剧下降。

②由于钻头的旋转,射流作用的小圆面积在迅速移动,本来不均匀的压力分布,又在迅速发生变化。

极不均匀的冲击压力使岩屑产生一个翻转力矩,从而离开井底。这种情况好似用棒敲击地面上的一个石子边缘,就会使石子翻转着蹦起来一样。显然,对清洗井底有实际意义的是冲击压力的不均匀性。这种不均匀性的大小用压力梯度来衡量。在射流中心处,冲击压力最大。岩屑破碎后的第一个动作"离开",基本上是依靠射流的冲击压力来完成的。冲击压力梯度越大,岩屑越易翻转。

(2) 横向漫流。射流冲向井底以后,就形成沿着井底横向流动的漫流。漫流是很薄的一层,但它具有相当高的流速。距井底的高度增加时,漫流流速迅速降低,漫流占很大的井底面积,所以井底净化在很大程度上要依靠漫流的横扫作用,即岩屑破碎后的第二个动作"推移"正是依靠射流的横向漫流来完成的。当然,高速度的井底漫流同时也牵引部分岩屑离开基岩母体。在射流的冲击面积以内,射流冲击中心的漫流速度为零;离开中心,漫流流速逐渐增大;在射流冲击面积的边缘达到最大。

综上所述,要达到充分清洗井底的目的,只有增大冲击压力梯度和漫流速度,即只有增大射流速度,减小喷射距离,使射流产生的漫流速度尽可能大。这样,才能更好地克服重复切削和泥包现象,提高机械钻速。

2) 保持和扩大预破碎带裂缝

当钻头破岩时,在直接切削破碎层下面,往往形成微裂纹和裂缝(在脆性岩石中尤其显著)。存在微裂纹和裂缝的井底预破碎带,其岩石强度大大降低,增大了岩石的可钻性。当提高钻头喷嘴的水功率和冲击力时,就能保持和扩大预破碎带的裂缝,从而起到辅助破碎作用。

3) 直接水力破碎

生产实践中,冲鼠洞或钻松软地层加不上钻压等现象都有力地说明了直接水力破碎作用的存在。

二、水功率的传递原理

水力功率由钻井泵传递到钻头上,是靠钻井液在循环系统中的流动来实现的。钻井液循环途径为:钻井液罐(池)→钻井泵→地面高压管线→立管→水龙带、水龙头→钻柱→钻头→井底→环空→地面。

钻井液循环系统大体上由四部分组成:

(1)钻井液从泵流出后,先经过地面高压管线、立管、水龙带(包括水龙头)、方钻杆,这部分合称为地面管汇,它不随井深而变化。

(2)钻井液从方钻杆流出后即进入钻杆和钻铤内,这部分合称为钻柱内部,它会随着井深的增加而增长(钻铤长度是不变的)。

(3)钻井液从钻铤流出后进入钻头喷嘴,形成钻井液射流,清洗井底与破碎岩石,这就是水力功率传递的目的地。

(4)钻井液到达井底后,从钻柱与井壁的环形空间返出到达地面。钻井液在返出过程中,完成携带岩屑的任务。

钻井液流过这四个部分都要遇到阻力,克服流动阻力就要消耗压力及水力能量。因此,钻井液循环时流过这四个部分,都会使钻井液的压力及水力功率降低。这四部分流动阻力之和即为钻井液泵显示出的压力值,所消耗的水力功率之和即为钻井液泵的输出功率。因此,钻井液泵压力与功率的分配关系由此可知。

由于钻井液流过(1)、(2)、(4)三部分所消耗的压力和水力功率是不希望提高的,将这几部分的压力降和水力功率损耗统称为循环系统的压力损耗和功率损耗,而钻井液流过钻头时的压力降和水力功率是希望提高的,将这部分称为钻头压力降和钻头水功率。

三、水力参数计算

(一)水功率传递关系

水力能量传递的两个基本关系式为:

$$\begin{cases} p_s = p_L + p_b = p_g + p_{pL} + p_{cL} + p_b \\ N_s = N_L + N_b = N_g + N_{pL} + N_{cL} + N_b \end{cases} \tag{4-6}$$

式中 p_s、N_s——钻井泵的泵压和水功率,MPa、kW;

p_b、N_b——钻头压力降和钻头水功率,MPa、kW;

p_L、N_L——循环系统的压力损耗和损耗功率,MPa、kW;

p_g、N_g——地面管汇的压力损耗和损耗功率,MPa、kW;

p_{pt}、N_{pt}——钻柱内外的压力损耗和损耗功率,MPa、kW;

p_{cL}、N_{cL}——钻铤内外的压力损耗和损耗功率,MPa、kW。

根据水力学原理,水功率等于压力降与排量的乘积,即 $N = p \cdot Q$。所以,只要对压力降基本关系式的两端都乘以 Q,即可变成水功率基本关系式。这两个关系式虽然表示的概念不同,一个表示压力关系,一个表示功率关系,但事实上是一个关系式。

由压力降基本关系式可以看出,在泵压一定的情况下,要提高钻头压降就必须设法降低循环系统的压力损耗。

循环系统压力损耗的计算非常复杂。这是因为一方面钻井循环系统的管路是不规则的,另一方面钻井液是一种非牛顿流体,其流变特性变化较大。所以,在工程上往往要进行简化计算,主要采用二点假设:钻井液流变特性符合宾汉流变模式;钻井液流动状态为紊流状态。

(二)循环系统压耗计算

1. 理论计算法

循环系统压耗计算可以利用流变学知识解决。为了便于分析,假定钻井液流变特性接近宾汉模式,并对经典的循环系统压耗计算式进行适当变化。

如果不计地面管汇压耗,整个循环系统压耗公式为:

$$p_L = p_p + p_c = (K_p + K_c)Q^{1.8} = K_L Q^{1.8} \tag{4-7}$$

其中

$$K_p = \rho^{0.8} \eta^{0.2} L_p \left[\frac{0.51655}{d_p^{4.8}} + \frac{0.57503}{(D-D_p)^3(D+D_p)^{1.8}} \right] \tag{4-8}$$

$$K_c = \rho^{0.8} \eta^{0.2} L_c \left[\frac{0.51655}{d_c^{4.8}} + \frac{0.57503}{(D-D_c)^3(D+D_c)^{1.8}} \right] \tag{4-9}$$

$$K_L = K_p + K_c$$

式中 p_L——循环系统压耗,MPa;
p_p——钻杆内外压耗,MPa;
p_c——钻铤内外压耗,MPa;
ρ——钻井液密度,g/cm³;
η——钻井液塑性黏度,Pa·s;
Q——钻井液排量,L/s;
K_L——循环系统压耗系数;
K_p——钻杆内外压耗系数;
K_c——钻铤内外压耗系数;
d_p——钻杆内径,cm;
D_p——钻杆外径,cm;
L_p——钻杆总长,m;
d_c——钻铤内径,cm;
D_c——钻铤外径,cm;
L_c——钻铤总长,m;
D——井眼直径,cm。

当循环系统的结构和钻井液性能已确定时,即可计算出 K_p 和 K_c,进而算出 K_L,这就容易计算出整个循环系统的压耗了。

不难发现,循环系统压耗系数 K_L 是井深 L 的隐函数,关系不直观,为此可作适当变形。

令

$$m = \frac{K_p}{L - L_c} \tag{4-10}$$

$$n = K_c - \frac{L_c}{L - L_c} K_p \tag{4-11}$$

得到循环系统压耗计算的另一种形式：

$$p_L = K_L Q^{1.8} = (mL + n)Q^{1.8} \quad (4-12)$$

式中　L——井深，m；

　　　m——与井深有关的摩阻系数；

　　　n——与井深无关的摩阻系数。

循环系统压耗的公式对分析问题和进行喷射钻井设计都非常有利。

2. 实测法

不难发现，理论计算方法比较繁琐，生产现场多采用实测法确定循环系统压耗。实测法是利用下钻过程进行特定井下条件的循环系统流动试验，步骤如下：

(1)测定钻头压耗。在方钻杆下接钻头，开泵循环，读出立管压力表数值，即为钻头压耗 p_b（未计地面管汇压耗）。

(2)测定钻铤的内外压耗。钻头上接长为 L_c 的钻铤入井，再接上方钻杆，开泵循环，读出立管压力表数值，此时数值减去钻头压耗 p_b 即为钻铤的内外压耗 p_c。

(3)测定钻杆的内外压耗。钻铤上接钻杆入井至井深 L 处，再接上方钻杆，开泵循环，读出立管压力表数值，此时数值减去钻头压耗 p_b 和 p_c 即为钻杆的内外压耗 p_p。

(4)计算。

$$K_c = \frac{p_c}{Q^{1.8}} \quad (4-13)$$

$$K_p = \frac{p_p}{Q^{1.8}} \quad (4-14)$$

由此可计算出整个循环系统的压耗。

(三)水力参数计算

1. 水力参数

射流与钻头的 5 个水力参数为：射流喷速 V_0、射流冲击力 F_j、射流水功率 N_j、钻头水功率 N_b 和钻头压降 p_b。由于 N_b 和 N_j 之间仅差个系数 C^2，本质上是一个参数，所以在实际工作中只计算 N_b 不计算 N_j，所剩下 4 个水力参数：

$$p_b = K_b \frac{Q^2}{d^4} \quad (4-15)$$

$$V_0 = K_v \frac{Q}{d^2} \quad (4-16)$$

$$F_j = K_F \frac{Q^2}{d^2} \quad (4-17)$$

$$N_b = Q p_b = K_b \frac{Q^3}{d^4} \quad (4-18)$$

其中　　　　$K_b = \frac{0.8\rho}{c^2 \pi^2}; K_v = \frac{40}{\pi}; K_F = \frac{4\rho}{100\pi}$

式中　p_b——钻头压降，MPa；

　　　V_0——射流喷速，m/s；

　　　F_j——射流冲击力，kN；

　　　N_b——钻头水功率，kW；

ρ——钻井液密度，g/cm³；

Q——钻井液排量，L/s；

d——喷嘴直径，cm；

C——钻头喷嘴流量系数，常数。

以上四个公式表明了四个水力参数随着排量 Q 的变化情况。随着排量变化，四个水力参数的变化规律是不同的。这就给我们提出了一个问题：四个力参数中究竟哪个对钻进影响最大？在选择和确定排量时，究竟应该以提高哪个水力参数为准？这个问题就是工作方式问题。

到目前为止，共提出了四种工作方式，即最大射流喷速 V_{0max}、最大钻头水功率指标 N_{bmax}、最大射流冲击力 F_{jmax} 以及组合式工作方式。

三种工作方式观点各不相同。N_{bmax} 工作方式认为清洗井底是对岩屑做功，所以认为水功率越大越好；F_{jmax} 工作方式却认为射流冲击力是清洗井底的主要因素，应以冲击力达到最大为标准；V_{0max} 工作方式实际上是提高射流动压力，从而增大井底的压力梯度。概括地说，N_{bmax} 工作方式是"功"的观点，F_{jmax} 工作方式是"力"的观点，V_{0max} 工作方式是"动压"的观点。

这三种工作方式，究竟哪种最好？长期以来，一直有不同的看法。直到目前还未能从理论上给以分析和回答。1975年，有人通过实验，认为在 N_{bmax}、F_{jmax} 和 V_{0max} 三种工作方式中，以 F_{jmax} 最好，N_{bmax} 次之，V_{0max} 方式最差。但这只是一种看法，究竟哪种工作方式最好，还有今后的理论研究和实践检验。目前，国内各油田使用最普遍的是 N_{bmax} 和 F_{jmax} 工作方式。

2. 目标函数

水力因素对钻速的影响规律目前还不十分清楚。根据对工作方式的讨论，可以认为对钻速的影响与工作方式有密切的关系。当工作方式确定后，采用相应的水力参数就能获得较好的钻进效果。综合分析水力参数的计算式，结合埃凯尔的研究结果，可以得到不同工作方式下的钻速目标函数，同时认为目标函数的最大值即为钻进效果的最佳值。

$$V_m = K \frac{Q^\alpha}{d^\beta} \tag{4-19}$$

式中 V_m——钻速目标函数；

K——综合系数；

α——工作方式排量指数；

β——工作方式喷嘴直径指数。

由钻头压降公式可知喷嘴直径 d 与排量 Q 的关系为：

$$d = \left(K_b \frac{Q^2}{p_s - p_L} \right)^{\frac{1}{4}} \tag{4-20}$$

式中 p_L——钻井液循环压降；

K_b——系数。

循环压降 p_L 与排量 Q 的关系式为：

$$p_L = K_L Q^{1.8} \tag{4-21}$$

式中 K_L——系数，是井深 L 的函数，$K_L = f(L)$。

化简后得：

$$V_m = \frac{K}{K_b} Q^{\alpha - \frac{\beta}{2}} (p_s - K_L Q^{1.8})^{\frac{\beta}{4}} \tag{4-22}$$

通过分析发现：

(1)在一定的生产条件下，钻速正比于排量。排量越大，钻速一般也随之增加。

(2)排量不能太大，否则将导致循环压降上升，反而使钻速下降。因此，在一定的生产条件下，排量 Q 应有一个最优值。

(3)排量与喷嘴直径有一一对应的关系，因此最优排量对应最优喷嘴直径。事实上，最优排量只是保证了泵功率的合理分配，而钻头是否能得到分配的份额，需要由选配最优喷嘴直径来实现。

3. 选择排量和喷嘴直径

钻井泵有两种工作状态：

(1)额定功率状态，即在钻井过程中保持泵功率不变，始终等于钻井泵的额定功率。要维持这个状态，需要不断地调整排量和泵压。这种工作状态在钻井过程中很少采用。

(2)额定泵压状态，即在钻井过程中保持泵压不变，始终等于钻井泵所选缸直径的额定泵压。除了在浅井段，钻井过程中多采用这种工作状态。

额定泵压状态的条件为：

$$\begin{cases} p_s = p_r \\ Q \leqslant Q_r \end{cases} \quad (4-23)$$

式中　p_r——钻井泵额定泵压，MPa；

　　　Q_r——钻井泵额定排量，L/s。

代入泵压条件得到：

$$V_m = \frac{K}{K_b} Q^{\alpha - \frac{\beta}{2}} (p_r - K_L Q^{1.8})^{\frac{\beta}{4}} \quad (4-24)$$

为获得目标函数极值，令：

$$\frac{\alpha V_m}{\alpha Q} = 0 \quad (4-25)$$

解得：

$$p_r = \frac{2\alpha - 0.1\beta}{2\alpha - \beta} p_L \quad (4-26)$$

式(4-26)表明了获得目标函数极值的条件。显然，排量指数 α 和喷嘴直径指数 β 不同，获得目标函数极值的条件是不一样的。而不同排量指数 α 和喷嘴直径指数 β，又对应着不同的工作方式，如冲击力、水马力、喷射速度、漫流速度等。在不同的工作方式下，获得目标函数极值的条件见表 4-1。

表 4-1　获得目标函数极值的条件

目标函数	α	β	$\frac{2\alpha - 0.1\beta}{2\alpha - \beta}$
冲击力 F_j	2	2	1.9
水马力 N_0	3	4	2.8
喷速 V_0	1	2	∞

相对于目标函数极值条件，最优排量 Q_t 和最优喷嘴直径 d_t 即可得到：

$$Q_t = \left[\frac{(2\alpha - \beta) p_r}{(2\alpha - 0.1\beta) K_L} \right]^{\frac{1}{1.8}} \quad (4-27)$$

$$d_t = \left(K_b \frac{Q_t^2}{p_r - K_L Q_t^{1.8}}\right)^{\frac{1}{4}} \tag{4-28}$$

事实上,最优排量 Q_t 和最优喷嘴直径 d_t 是目标函数极值条件的另一种表达形式。只要采用了最优排量 Q_t 和最优喷嘴直径 d_t,也就满足了目标函数极值条件,目标函数就能达到极值。

值得注意的是,由于额定泵压状态的条件,最优排量 Q_t 不能超过额定排量 Q_r;再由于钻井液携岩机理研究结果,最优排量 Q_t 不能小于钻井液携岩所需的最小排量 Q_a。由此得到最优排量 Q_t 的限制条件:

$$Q_a \leqslant Q_t \leqslant Q_r \tag{4-29}$$

(四) 钻头喷嘴组合

三牙轮钻头一般有 $n(n=1,2,3)$ 个水眼,可以安装 n 个喷嘴,计算出的最优喷嘴直径,是指 n 个喷嘴的当量直径,与各个喷嘴直径的关系如下:

$$d_t^2 = \sum_{i=1}^{n} d_i^2 \tag{4-30}$$

显然,在已知最优喷嘴直径 d_t 后,满足上式的 n 个喷嘴直径有多种组合形式,到底哪种喷嘴组合比较好,能充分发挥破岩和清岩的水力作用,需要进行井底流场的研究。

研究井底流场是用流体力学的理论和试验方法来研究井底水力能量的合理分布,即在一定的条件下,在最合理地分配整个循环系统水力能量的基础上,通过科学地设计钻头喷嘴组合布置方案,把钻头喷嘴所能得到的井底总水力能量进行最合理分布,从而在井底获得最好的净化效果和破岩效果,提高钻井速度。

由于射流的作用和井壁的限制,井底流场存在滞流、漩涡和逆流等各种流动状态,增加了井底流场的复杂性,很难单纯用数学和力学的理论方法进行分析,而多借助于试验的研究方法。自20世纪60年代以来,国外许多家研究机构一直在进行有关井底流场的试验研究工作,逐步揭示了井底流场的复杂现象和机理,使井底流场成为极为重要的、不断深入的研究领域,研究成果成功地用于钻井生产,收到了明显的效益。

试验表明,不同的喷嘴数目、不同的喷嘴组合对射流的井底压力和速度分布影响极大,见表4-2。

表 4-2 喷嘴组合影响

喷嘴组合	当量直径, mm	压力梯度, MPa/cm
等径三喷嘴	17.82	0.016
不等径三喷嘴	16.98	0.025
等径双喷嘴	16.97	0.032
不等径双喷嘴	17.49	0.061
单喷嘴	15.00	0.138

压力梯度越大,射流对井底岩屑的清岩效果就越好。由表4-2可知,使用不等径双喷嘴(直径比0.6~0.7左右)和单喷嘴,会收到很好的效果,而使用常规的等径三喷嘴组合,清岩效果就比较差。这个结论已作为一种行之有效的生产措施,广泛应用于钻井中,有力地支持了喷

射钻井的推广使用。

改变钻头喷嘴组合能提高钻进速度的机理还不完全清楚,根据目前的研究成果,有如下看法:

(1)喷嘴组合使得钻头水力能量相对集中,增加了水力作用的频率和幅度,使之更有利于井底清岩和破岩;

(2)喷嘴组合减少了各喷嘴射流的相互影响,改善了井底流场的流动状态,加强了横向漫流的推举作用,这种作用效果对单喷嘴的情况是最为明显的。

第四节 防斜打直技术

衡量井身质量的最主要标准就是井斜问题。除了定向井、水平井之外,只要是直井,就希望把井打得笔直,但在实际工作中,这是不可能的,因为影响井斜的因素很多,且十分复杂。开发一个油田,要制定开发方案,在地面上按一定的规则布置井位,希望地面与井下能符合一致,但如果井身质量不能控制,其结果将超乎人们的预想,达不到合理开发的目的。在小而复杂的断块油田,井斜与方位的偏差,可能导致钻探的完全失败。

井钻斜了,给钻井工作本身也增加不少困难,甚至造成严重事故。在斜井内,钻柱易靠井壁,产生摩阻;在弯曲井段,钻柱易产生弯曲,发生疲劳折断;在井斜突变处,易产生键槽,发生卡钻;井斜大了,下套管困难且不能居中,固井质量不能保证;更有甚者,井斜超过合同要求,达不到钻井目的,被迫填井重钻,既报废了部分井眼,又拖延了施工时间,造成的直接经济损失是非常大的。

斜井也会给以后的采油作业带来麻烦,如井口偏磨、起下封隔器困难等。

一、井斜产生的原因

(一)地质因素

1. 地层倾角的影响

石油钻井多在沉积岩中进行,沉积岩呈层状结构,开始沉积时是水平状态,以后经过地壳运动,发生了倾斜,最大的倾斜角可能达 70°~80°。同时由于各个时期的沉积环境不同,物料来源不同,压实程度不同,充填性质不同,油气水的饱和度和压力系数不同,就构成了千差万别的地层特性,有的地层硬,有的地层软,这就为钻直井带来了一系列的困难。在诸多因素中,起主要作用的是地层倾角。大量的钻井资料证明,在一些具有明显层理的地层中钻进时,在平行于层理方向,岩石的破碎比较困难;在垂直于层理方向钻进时,破碎岩石比较容易。这种平行与垂直层理方向可钻性的相对差异,称为钻井的各向异性指数。由图 4-8 可以看出,由于钻井的各向异性指数和地层倾角的影响,钻头所受的阻力在各个方向上是不均匀的,地层下倾方向的阻力大于上倾方向的阻力。因此,钻头必然受到一个来自地层下倾方向的力的作用,迫使钻头向上倾方向倾斜,这就是井斜产生的主要原因。当地层倾角小于 45°时,井眼一般沿上倾方向偏斜;当地层倾角大于 60°时,井眼将顺着地层面下滑发生偏斜;而地层倾角在 45°~60°之间是不稳定区,即有时向上倾斜,有时向下倾斜,这个不稳定区的范围是随各地区地层条件而不同。

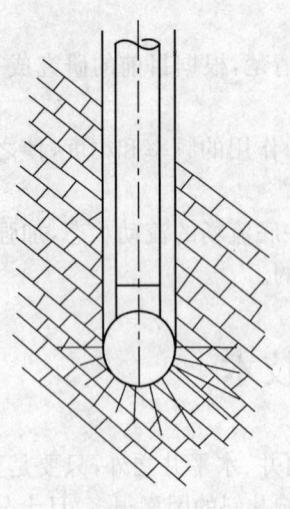
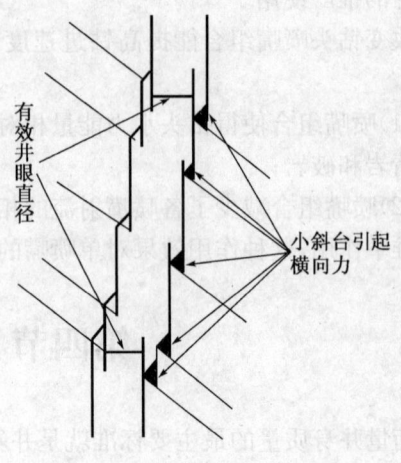

图 4-8　地层倾角对井斜的影响　　　　图 4-9　层状地层对井斜的影响

2. 地层层状结构的影响

地层的层状结构是沉积岩的特性，井斜多发生在泥页岩、砂岩等层状地层中，而较少发生在石灰岩等均质地层中。如图 4-9 所示，当钻头在倾斜的层状地层中钻进时，当钻至每个层面交界处时，此处岩层不能长时间支持所加的钻压而趋向沿垂直层面发生破碎，在井眼上倾一侧的小斜台很容易被钻掉。相反，在井眼下倾一侧却残留一个小斜台；它就像变向器一样，对钻头施加一个横向力，把钻头推向上倾的一侧，从而引起井斜。这样，当钻头逐层钻进时，将使井斜不断增大，但最大也只能等于地层倾角。当使用的钻压增大时，破碎速度加快，在每一层中形成更大的小斜台，从而引起更大的横向力，使井斜增长更快。所以，地层倾角越大，成层性越强，钻压越大，则井斜也越大。

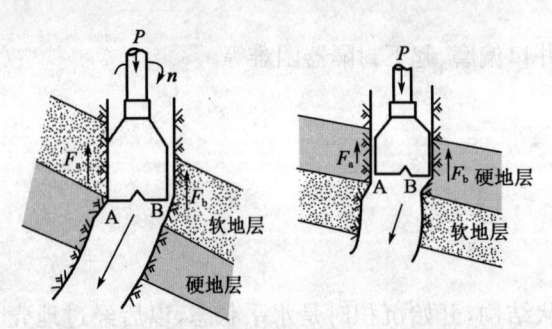

(a) 钻头从软地层进入硬地层　(b) 钻头从硬地层进入软地层

图 4-10　地层岩性变化对井斜的影响

F_a、F_b—A、B 两侧地层对钻头的支反力；
P—钻压；n—转速

3. 岩性交替变化的影响

当钻头从软地层进入硬地层时，如图 4-10(a) 所示，钻头在 A 侧接触到硬岩石，而在 B 侧还是软岩石，在钻压作用下，A 侧吃入少，B 侧吃入多，迫使钻头沿地层上倾方向倾斜。当钻头由硬地层进入软地层时，如图 4-10(b) 所示，开始时，由于钻头在软地层一侧吃入多，而在硬地层一侧吃入少，井眼有向地层下倾方向倾斜的趋势。但当钻头快钻出硬地层时，此处岩石不能再支承钻头的重负荷，岩石将沿着垂直于层面方向发生破碎，在硬层一侧留下一个台肩，迫使钻头回到地层上倾方向。所以，钻头由硬地层进入软地层也有可能仍然向地层上倾方向发生倾斜。

此外，断层也常常会引起井斜。这是由于多数断层在发生错动时，往往不是沿着一个面，而是沿着一个破碎带。由于破碎带的岩石疏松，钻头进入破碎带后，受力不均，工作不稳定，也容易产生井斜。

(二)下部钻柱对井斜的影响

井下钻柱弯曲状态是造成井斜的主要原因之一。在一定的钻具结构下,当钻压超过一定的数值后,下部钻柱就产生弯曲,钻头及其相邻连接部分钻柱的中心线就会偏离井眼轴线,钻压不再沿着原来井眼轴线方向施加给钻头,而是偏离了一个角度,因而使井眼发生偏斜。常用钻铤的临界钻压见表4-3。

表4-3 常用钻铤的临界钻压

钻铤尺寸,mm		空气中质量 kg/m	第一次弯曲临界钻压 kN	第二次弯曲临界钻压 kN
外径	内径			
203	100	192	72.0	143.0
203	75	219.3	80.0	158.0
197	90	189	69.0	136.0
177.8	80	156	52.0	103.0
177.8	75	164.3	55.0	109.0
158.75	57.15	135.11	41.1	81.6
146.05	75	97	29.0	58.0
146.05	70	111.2	32.0	64.0
120.65	50.8	69.49	18.0	37.0

钻进时,是靠下放部分钻柱的重量给钻头加压。当钻压较小时,下部钻柱保持直线稳定状态。当钻压增至第一次临界钻压时,下部钻柱丧失稳定而发生弯曲,称之为一次弯曲。当钻压继续增大到第二次临界钻压时,钻柱的弯曲形状极不稳定,由原来弯曲时的一个半波变为两个半波,称之为二次弯曲。有些实验表明,钻压继续增大时,下部钻柱还可以发生三次以上的多次弯曲,但其形状和规律在理论上还不十分清楚。实际钻井时,一般也很少使用那么大的钻压。钻柱的一次弯曲和二次弯曲临界钻压可以计算。

由以上分析可知,钻柱弯曲对井斜的影响有以下两点:

(1)钻压小于一次弯曲临界钻压时,钻柱不弯曲,钻头无倾斜角,井容易钻直。在一次弯曲和二次弯曲之间时,钻头倾斜角最大,容易把井钻斜;

(2)当钻头直径一定时,钻铤直径越大,环形间隙越小,越容易钻直。因此,应选用直径大、刚性大的钻铤,并尽可能减小下部钻柱与井眼的间隙。

(三)其他因素对井斜的影响

其他因素主要是人为的因素,主要有:

(1)安装质量不好,天车、转盘、井口不在一条垂线上,转盘形成一个拐点,促使钻头斜向一边,一开钻就造成了井斜角。

(2)司钻加压不匀,致使钻压在一次弯曲与二次弯曲临界钻压之间波动,不利于打直。而且钻头受压时大时小,钻头倾斜角经常变化,方位角也不好控制。

(3)在硬软交错的夹层中钻进时,不及时改变钻进参数,很容易形成井斜。胜利油田在"破除恐斜病,勇敢打直井"时,曾总结出十六字法,即"地变我变,均匀送钻,以满保直,以快制胜",至今仍有指导意义。

(4)在软地层中钻进,不宜长期在井底循环冲洗,因为这样容易把井径扩大,再加压钻进时,钻头容易偏离井眼轴心。

二、纠斜和防斜的主要措施

首先,要了解地质情况,如地层分层的岩性、构造状态、地层倾斜角、断层走向、地层可钻性、地层压力、破裂压力和坍塌压力等,以此作为下部钻柱设计及钻进参数设计的依据。然后,要对症下药,采取防斜或纠斜的有力措施。

(一)利用光钻铤加压钻进

光钻铤即钻铤上不带任何稳定器,在地层倾角较小时,依然可以打直打快,但需注意:

(1)钻铤直径要大。钻铤外径与井眼之间的间隙要小,既增加了钻柱刚度,又减少了钻头偏斜角,有利于防斜。

(2)钻压要适当。吊打,即在一次弯曲临界压力以内钻进,是可以把井打直的,但机械钻速太慢,经济上不合算,只有在纠斜钻进时才有适用价值。为了加快钻速,只有将钻压控制在二次弯曲临界钻压以上,才可以减少钻头的造斜力。

(3)塔式钻具。即外径不同的两种或两种以上钻铤的组合,或者是钻铤与加重钻杆的组合。其紧接钻头处的钻铤直径最大,最好相当于准备要下的套管接箍的外径,使其后的套管易于下入,往上依次递减。这种钻具组合的特点是下部钻具的重量大、刚度大、重心低,钻柱重心要低于全部钻铤长度的1/3。与井眼的间隙小,一方面能产生较大的钟摆力来防止井斜,另一方面是稳定性好,有利于钻头的平稳工作,同时又留有较畅通的钻井液返回流道,在深井和超深井中应用较多。

(二)钟摆钻具

由图4-11可知,在钻进时,钻头上有三个方向不同的力,F_d是因钻柱弯曲所形成的造斜力,F_z是施加于钻头上的钻压,F_j是切点以下的钻铤所产生的减斜力。由于该力有促使钻头向垂直方向钻进的趋势,很像钟摆的运动,又称为钟摆力。利用这一原理组成的钻具称为钟摆钻具。钟摆力F_j随切点以下钻柱重量W和井斜角α的增大而增大,即$F_j=W_{\sin\alpha}$。因此,可以得出:

(1)直井时,$F_j=0$。只有在井斜稍大时,才产生F_j,才会有明显的减斜作用。

(2)使用钟摆钻具,允许在一定的范围内,将钻压值提高,从而加快钻进速度,而井斜角变化不大或有所减少。若钻压稍大,形成的F_d与F_z的合力大于F_j,钻头倾斜角ϕ大于井斜角α,则井斜要增加。

(3)提高切点,增加切点以下的钻铤重量,是钟摆钻具的一个关键问题。因此,考虑在第一弯曲切点略高一些的位置上,安装一个稳定器,以提高切点位置,增加其下部钻铤重量,使减斜作用增大。同时,稳定器还对其下部钻铤起扶正作用,可以减小钻头倾斜角,限制增斜力。当

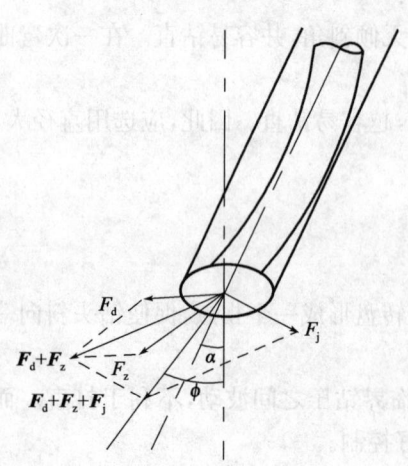

图4-11 钟摆钻具原理示意图

然,最理想的办法是大尺寸钻铤加稳定器,这样所组成的钟摆长度大、重量大,其减斜效果最好。

对钟摆钻具来说,稳定器的安放位置十分重要。如果安放位置偏低,则减斜力小,效果差;如果安放位置偏高,则稳定器以下钻铤可能与井壁形成新的切点,使钟摆钻具失效。

稳定器的安放位置取决于钻铤尺寸、钻压大小和井眼斜度等因素。当钻铤尺寸大时,在同一钻压下钻具发生弯曲后的切点位置比小尺寸钻铤要高一些,因此,稳定器也应安放得高一些,以增大钟摆降斜作用。

钻压对稳定器的安放位置影响也很大。当钻压增大时,切点下移,稳定器也应随之下移,否则,会在稳定器以下形成切点;反之,钻压减小时,切点上移,稳定器也应上提,以便发挥钟摆作用。井斜度也有影响,井斜度大,在钻具自重下的水平分力也大,易与井壁接触,因而切点相对低一些,稳定器位置也应随之下降一些。另外,稳定器外径与井眼间隙的大小也有关系,如间隙小,稳定器应上移;间隙大,则稳定器应下移。实际工作中,还应考虑井径的扩大和稳定器的磨小,所以稳定器的安放位置应比理想位置下降5%~10%。

(三)偏重钻铤

偏重钻铤有三种形式:

第一种是偏中心钻铤,是由普通钻铤两端车制偏心接头而成,其优点是不降低钻铤的弯曲刚度,缺点是加工比较困难。

第二种是开槽偏重钻铤,是由普通钻铤外壁开槽而成,加工比较容易。

第三种开孔偏重钻铤,是在普通钻铤的一侧钻一排孔眼,减少其重量。或者,在其孔内灌铅,以增加其重量。总之,是造成一边重一边轻的偏心钻铤。

偏重钻铤在旋转时围绕井眼中心公转,就产生一个朝向重边的离心力,这个离心力始终贴向井壁,且转速越高,离心力越大。离心力与物体质量、圆半径及角速度的平方成正比。所以,为了发挥偏重钻铤的防斜作用,宜采用高转速。同时,在组合钻具时,希望把重量差集中在钻具下部,尽量接近钻头,并使偏重钻铤减去部分重量,应位于距离轴线尽可能远的部位(使 r 加大),才产生较大的冲击纠斜力,使井斜角减小。

偏重钻铤弯曲方向与重力方向一致时,侧向力具有最大值。当 ω 等于 π 时,即偏重钻铤弯曲方向与重力方向相反时,侧向力具有最小值。当 $\omega=\pi/2,3\pi/2$ 时,即偏重钻铤弯曲方向与重力方向垂直时,侧向力仅为离心力的作用。由上所述,可知偏重钻铤在公转的过程中,侧向力的大小在不断地变化。如以与重力方向一致的侧向力为纠斜力,以与重力方向相反的侧向力为增斜力,那么,纠斜力远大于增斜力。因此,在斜井中使用偏重钻铤有纠斜的效果。而横向载荷及侧向力在圆周上的不一致性,则是偏重钻铤在斜井中纠斜的原理。

由于偏重钻铤在进行公转,钻具每转一圈,就会有一次钟摆力和离心力的重合,同时由于这种周期性的旋转不平稳,使下部钻具发生强迫振动,这种弹性的横向振动,大大提高了钻头切削井壁下侧的纠斜能力,从而消除了自转时对井斜的影响,这样就使得偏重钻铤在直井中更具有防斜作用。

钻铤重边和轻边的重量差不宜过大或过小,有的资料推荐为 $0.5\%\sim5\%$。实践证明,偏重钻铤不需要太长,一般一根 9m 长的偏重钻铤就能起到良好的纠斜作用。

偏重钻铤是一种有效的防斜工具,可用于易斜地区,并能使用较大钻压。当井斜角达到规定限度前,可用偏重钻铤在较高钻压下纠斜,效果很好,随着转速的增大,离心力也增大,防斜能力更好。偏重钻铤结构简单,使用方便,一般在偏重钻铤之上接普通钻铤即可,不需要安放稳定器,便于起下钻。在易发生井漏地区,如果使用满眼钻具,因环形间隙小,泵压高,易引起井漏,而使用偏重钻铤就不会出现这种危险。另外,如果发生了卡钻,也容易处理。

在钻定向井时,如需减斜或将井眼恢复垂直,使用偏重钻铤也很有效。

(四)满眼钻具

满眼钻具又称刚性配合钻具,是指钻头上部的一段钻柱其外径和井眼直径接近或者具有较小的间隙。这种钻具最显著的特点是间隙小、刚度大,在较大钻压下不发生多次弯曲,或者弯曲之后仍能保持钻头在井眼内基本居中,即钻头中心线和井眼中心线之间的夹角很小,从而大大减少了增斜力。另外,由于间隙很小,即使钻头受到地层造斜力的作用,钻头的侧向运动也会受到很大的限制,这就是满眼钻具防斜的基本原理。满眼钻具有多种型式,下面介绍两种常见的。

1. 方钻铤满眼钻具

方钻铤的横截面是正方形,与圆截面的钻铤相比,具有较大的截面惯性矩和每米重量,一次弯曲和二次弯曲的临界压力均比圆钻铤大。也就是说,方钻铤具有较大的刚度和较强的抗弯能力,这不仅对防斜有利,而且对提高钻压实现快速钻进创造了有利条件。另外,方钻铤和井壁是连续接触,能更有效地抵抗钻头上所受的地层造斜的横向力,以利于把井打直。

方钻铤满眼钻具,一般由1~3根方钻铤组成,在方钻铤下部装一个扩大器,方钻铤上部要接一个稳定器,其目的在于减少方钻铤棱角的磨损,延长满眼钻具的有效使用期和保证防斜效果。使用方钻铤时,要保证方钻铤的对角线尺寸与钻头直径之差小于或等于1.6mm。实践证明,当这个间隙值大于5mm时,防斜效果将显著降低甚至失败。

方钻铤可以直接接在钻头上,可以接一根,也可以接两根,还可以在方钻铤上下各接一个稳定器,以上再接常规钻铤。

应当注意的是,这种钻具结构环空小,泵压较高,易造成卡钻,而且卡钻以后也不好处理,因此,对钻井液的性能要求比较严格。另外,其棱角刮削井壁,扭矩大,憋钻比较严重,令它的使用受到了一定的限制。

2. 稳定器组成的满眼钻具

稳定器组成的满眼钻具一般是用2~3个稳定器,稳定器安装在钻柱下部的一定位置。根据几何原理,三点才能决定一条定形的曲线,因此,钻头和两个稳定器保持和井壁三点接触,可以限制钻头的侧向移动,从而达到减少井斜变化率的目的。满眼钻具组合示意图如图4-12所示。

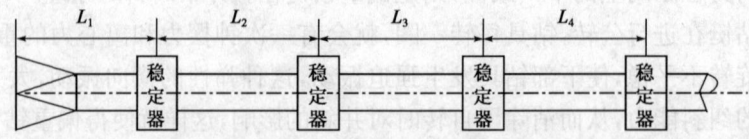

图 4-12 满眼钻具组合示意图
L_1,L_2,L_3,L_4—间距

在较硬、支撑力较好的地层,可用短刮刀稳定器;在较软、支撑力较差的地层,使用长刮刀稳定器。刮刀式稳定器又分为整体式和可换式两种。其中,可换式刮刀稳定器可根据井眼尺寸和磨损情况,随时更换不同尺寸的扶正套或掌翼,因而对井眼尺寸的适应性强。

不旋转橡胶套筒式稳定器由抗油耐磨橡胶制成,可随井眼尺寸换装合适的橡胶套。它与稳定器本身无键连接,但橡胶筒内硫化有带牙嵌的钢衬套芯,能与心轴的下牙嵌咬合。这种稳定器的优点是对井眼尺寸的适应性强,它的橡胶筒不随钻具转动,不会吃入或破坏井壁,扶正和耐磨性能较好。它的缺点是不能扩眼。

牙辊扩大器是在硬地层或研磨性地层中进行扩眼和稳定钻头的有力工具。它由本体、滑块、中心杆、滚轮组成。可换的滚轮固定在中心杆上,而中心杆通过滑块与稳定器本体装在一起,这种扩大器有三轮和六轮两种。六轮扩大器适用于要求稳定性更高或扩眼能力更强的地方。在易斜地区钻井,使用六轮扩大器有利于防止井斜突变。

影响满眼钻具效果的主要因素有:

(1)稳定器与井眼的间隙值。实践证明,井斜变化率与间隙大小成正比。间隙为零,效果最好,但这是不可能的。间隙如能保持在1.6mm以内,就算是比较好的满眼钻具。如果大于5mm,满眼钻具就基本失效。

(2)下部钻具的刚度。下部钻具刚度越大,越不容易弯曲,防斜效果越好。因此,应在保持足够的钻井液循环通道的情况下,尽量采用大尺寸钻铤。

(3)井壁的支撑情况。在硬地层和中硬地层中钻进,井壁支撑是较好的,选用稳定器时,不必考虑过多的接触面积。而在软地层中钻进,由于井径扩大及稳定器吃入地层等因素,容易使稳定器支撑作用失效,选用稳定器时应考虑有足够多的接触面积。

(4)满眼钻具结构的长度。这是一个比较复杂的问题。因为它与间隙大小、刚度及与井壁接触情况有关。从理论上讲,如间隙为零,则满眼部分长度为井径的十倍即可。当间隙增大时,长度也应增加,长度增加后,刚度也应随之增加。另外,从和井壁的接触看,如果从钻头起和井壁连续接触,则所需长度较间断接触可以短一些,采用多稳定器结构时,稳定器位置需要经过计算。理论上说,钻铤直径越大越好,但要考虑钻井的安全因素,万一出了事故,要为套铣打捞留有余地,同时也要考虑设计的套管能否顺利下入。

三、垂直钻井系统

由于山前构造地层倾角大(15°~80°),使用各种防斜钻具组合和工具都不能从根本上解决井斜控制问题。近年来,在山前地区推广使用了垂直钻井系统,取得了很好的效果,不仅井斜得到了很好的控制(基本控制在2°以下),而且由于使用该系统解放了钻压,使机械钻速提高一倍以上,大大加快了钻井速度。

垂直钻井系统是一种主动防斜工具,其工作性能较稳定可靠,但在使用中也需加强井斜监测,以防止工具失效,井斜快速增大。

常用的垂直钻井系统有 Power-V、ZBE5000、VertiTrak。这里仅以 Power-V 为例简要介绍。

Power-V 是斯伦贝谢公司生产的一种旋转导向工具,它可用于在旋转钻进中实现对井斜和方位的控制。该系统是由控制器和偏置器两部分组成的。其中,控制器是由一根无磁钻铤及固定在内部轴承上的控制部件组成的,该控制部件轴向固定在无磁钻铤内,并通过以下部件实现其控制作用。控制部件与一个偏转装置连接(图 4-13)。

偏置装置由三个支撑块组成,它可以通过钻井液压力的作用,使其伸缩来作用于井壁,从而达到改变钻井方向的目的。控制部件可以通过控制装在偏置装置内的一个旋转阀,以该旋转阀在偏置装置中的相对位置来决定使哪一个支撑块作用于地层。通过将控制部件控制在一个特定的角度上,当偏置装置旋转时,能使不同的支撑块作用于同一个方向的地层,这样就可以使钻进朝同一个固定方向进行,从而达到降斜和控制井眼轨迹的目的。

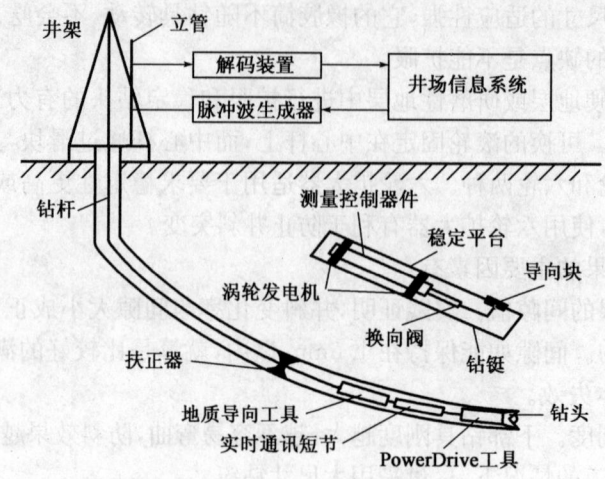

图 4-13 Power-V 结构示意图

控制部件的控制是通过对所需要的角度与从磁力仪和重力加速计等所得到的角度进行比较来实现的。BHA 的导向方位是通过对控制部件与地层的相对角度来控制的。

当控制部件起出井眼后,可以输出自动存储在内部存储器内的数据并进行分析,通过对数据的详细分析,可以了解工具的工作情况。通过顶部可对其编程,输入指令及导出数据。

第五节 定向钻井技术

一、定向井钻井技术概述

定向井是指按照事先设计的具有井斜和方位变化的轨道钻进的井。一口直井打斜了,也具有井斜角和井斜方位角的变化,但那不是定向井。

(一)定向井的用途

1. 地面环境条件的限制

地面上是高山、湖泊、沼泽、河流、沟渠、海洋、农田或重要的建筑物等,难以安装钻机进行钻井作业,或者安装钻机和钻井作业费用很高,为了勘探和开发它们下面的油田,最好是钻定向井。

2. 地下地质条件的要求

(1)对于断层遮挡油藏,定向井比直井可发现和钻穿更多的油层。

(2)对于薄油层,定向井和水平井比直井的油层裸露面积要大得多。

(3)对于垂直裂缝的构造带,打直井很难钻遇裂缝,若钻定向井或水平井,则钻遇裂缝的机会就大得多。

(4)侧钻井、多底井、分支井、大位移井、侧钻水平井、径向水平井等定向井的新类型,显著地扩大了勘探效果,增加了原油产量,提高了油藏的采收率。

(5)用钻井方法提高油藏采收率。

3. 处理井下事故的要求

(1)当井下落物或断钻事故最终无法捞出时,可从上部井段侧钻打定向井。

(2)当遇到井喷着火常规方法难以处理时,在事故井附近打定向井(称作救援井),与事故井贯通,进行引流或压井,从而可处理井喷着火事故。

随着定向井钻井技术的发展,定向井建井周期和总成本已接近钻直井的水平,定向钻井已成为油田勘探开发极为重要的手段。

(二)井眼轨迹的基本概念

1. 井眼轨迹的基本参数

井眼轨迹是指一口井实际钻出来后的井眼轴线形状,为空间曲线。为了进行井眼轨迹控制,就要了解这条空间曲线的形状,并进行轨迹测量,即测斜。目前常用的测斜方法并不是连续测斜,而是在每隔一定长度的井段测一个点,这些井段被称为测段,这些点被称为测点。

井眼轨迹基本参数为:井深、井斜角、井斜方位角。

(1)井深 L,指井口(通常以转盘面为基准)至测点的井眼长度,也有人称之为斜深,国外称为测量井深(MeasureDepth,MD),井深是以钻柱或电缆的长度来测量的。

(2)井斜角 α,在井眼轴线上某测点作井眼轴线的切线,该切线向井眼前进方向延伸的方向为井眼方向线,井眼方向线与重力线之间的夹角就是井斜角。

(3)井斜方位角 ϕ,某测点处的井眼方向线投影到水平面上,称为井眼方位线,或井斜方位线。以正北方位线为始边,顺时针方向旋转到井眼方位线上所转过的角度,即井斜方位角,简称方位角。

如图 4-14 所示,A 点的井斜角为 α_A、方位角为 ϕ_A,B 点的井斜角为 α_B、方位角为 ϕ_B。

2. 井眼轨迹的计算参数

井眼轨迹计算参数可用于描述轨迹的形状和位置,可用于轨迹绘图。计算参数包括:

(1)垂直深度 H,简称垂深,是指轨迹上某点至井口所在水平面的距离。垂深的增量 ΔH 称为垂增。如图 4-14 所示,A、B 两点的垂深分别为 H_A、H_B,AB 井段的垂增 $\Delta H = H_B - H_A$。

(2)N 坐标和 E 坐标,N 坐标和 E 坐标是指井眼轨迹上某点在以井口为原点的水平面坐标系里的坐标值。如图 4-15 所示,A、B 两点的坐标值分别为 N_A、E_A 和 N_B、E_B,坐标增量以 ΔN、ΔE 表示。

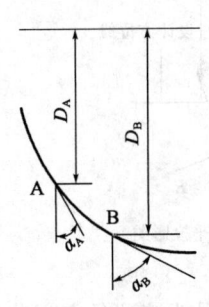 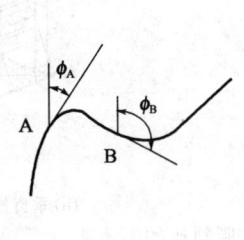 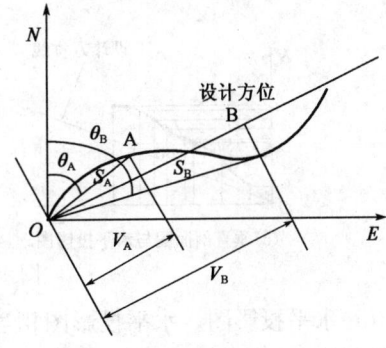

图 4-14 井斜角与井斜方位角   图 4-15 平移及平移方位角

(3)水平长度 L_p,简称平长,是指井眼轨迹上某点至井口的长度在水平面上的投影,即井深在水平面上的投影长度。水平长度的增量称为平增 ΔL_p 表示。平长和平增是指曲线长度。

(4)水平位移 S,简称平移,是指井眼轨迹某点至井口所在铅垂线的距离,或指轨迹上某点至井口的距离在水平面上的投影。此投影线称为平移方位线。如图 4-15 所示,A、B 两点的水平位移分别为 S_A、S_B。国外将水平位移称作闭合距,而我国油田现场常特指完钻位置的水平位移。

(5)平移方位角 θ,是指平移方位线所在的方位角,即以正北方位为始边,顺时针至平移线上所转过的角度。如图 4-15 所示,A、B 两点的平移方位角为 θ_A、θ_B。国外将平移方位角称作闭合方位角,而我国油田现场常特指完钻位置的平移方位角。

(6)视平移 V,也称投影位移,是指水平位移在设计方位线上的投影长度。如图 4-15 所示,A、B 两点的视平移分别为 V_A、V_B。

(7)井眼曲率 K,是指井眼轨迹曲线的曲率。由于实钻井眼轨迹是任意的空间曲线,其曲率是不断变化的。对一个测段(或井段)来说,上、下两测点处的井眼方向线是不同的,两条方向线之间的夹角(注意是在空间的夹角)称为"狗腿角",也有人称为"全角变化",相应地将井眼曲率称作狗腿严重度、全角变化率。

3. 井眼轨迹的图示法

一种是垂直剖面图与水平投影图相配合,如图 4-16(a)所示;一种是垂直投影图与水平投影图相配合,如图 4-16(b)所示。

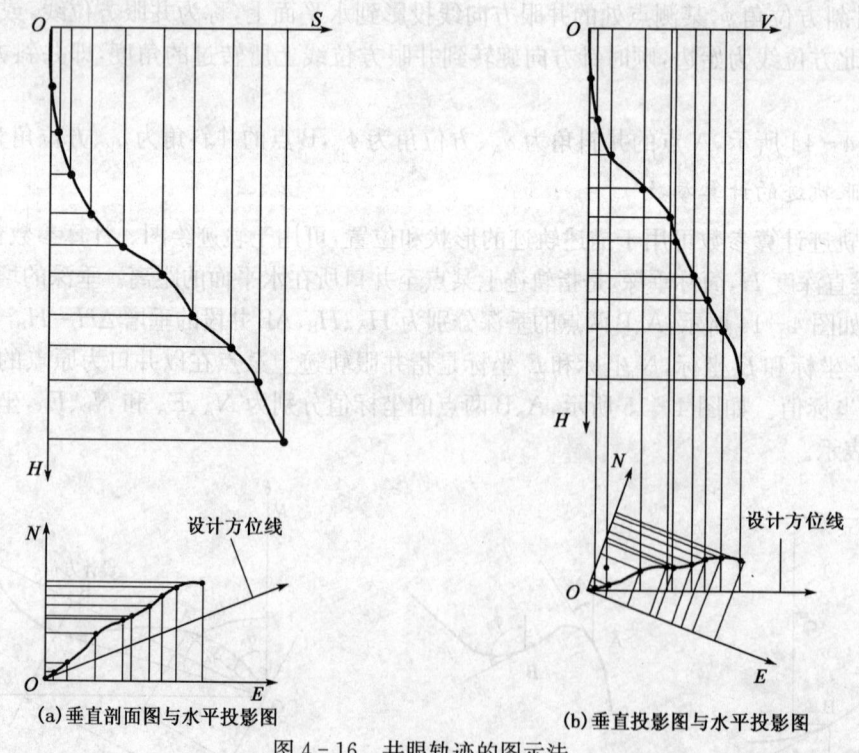

(a)垂直剖面图与水平投影图　　(b)垂直投影图与水平投影图

图 4-16　井眼轨迹的图示法

(1)水平投影图。水平投影图相当于机械制图中的俯视图,就是将井眼轨迹这条空间曲线投影到井口所在的水平面上。图中的坐标为 N 坐标和 E 坐标,以井口为坐标原点。在水平投影图上,方位角是真实的。

(2)垂直投影图。垂直投影图相当于机械制图中的侧视图,即将井眼轨迹这条空间曲线投影到设计方位线所在的那个铅垂平面上。图中的坐标为垂深 D 和视平移 V,也是以井口为坐标原点。垂直投影图与设计的垂直投影图进行比较,可以看出实钻井眼轨迹与设计井眼轨迹的差别,便于指导施工中轨迹控制。

(3)垂直剖面图。垂直剖面图可以这样来理解:设想在经过井眼轨迹上每一个点作一条铅垂线,这些铅垂线就构成了一个曲面,这种曲面在数学上称作柱面,当此柱面展平时就形成了垂直剖面图。垂直剖面图的两个坐标是垂深 D 和水平长度 L_p。在垂直剖面图上,井斜角是真实的。

二、定向井井眼轨迹计算

(一)井眼曲率的计算

由于实钻井眼轨迹是任意的空间曲线,其曲率是不断变化的,所以在工程上常常计算井段的平均曲率。所取测(井)段越短,平均曲率就越接近实际曲率。

根据空间微分几何原理推导出:

$$K = \sqrt{\left(\frac{\Delta \alpha}{\Delta L}\right)^2 + \left(\frac{\Delta \phi}{\Delta L}\right)^2 \sin^2 \alpha_c} \tag{4-31}$$

其中,测段平均井斜角 $\alpha_c = \dfrac{\alpha_1 + \alpha_2}{2}$。

(二)测斜计算方法

1. 测斜计算概述

1)测斜计算的意义

(1)指导施工。将计算结果绘图,可及时掌握井眼轨迹发展的趋势,并采取有效措施。

(2)资料保存。井眼轨迹数据,是一口井的最重要数据之一,对钻井、采油、修井、开发等都有重要意义。

2)测斜计算的基本依据

测斜数据为:L, α, ϕ。

3)测斜计算的一般过程

第一步,假设测段形状。

第二步,计算测段的坐标增量($\Delta H, \Delta N, \Delta E$)、水平长度增量($\Delta L_p$)和井眼曲率($K$);

第三步,根据测段增量计算测点坐标参数和其他参数,包括 $H, N, E, L_p, S, \theta, V$ 共计 7 项。

$$\begin{cases} H_2 = H_1 + \Delta H; L_{p2} = L_{p1} + \Delta L_p \\ N_2 = N_1 + \Delta N; E_2 = E_1 + \Delta E \\ S_2 = \sqrt{N_2^2 + E_2^2}; V_2 = S_2 \cos(\theta_0 - \theta_2) \\ \theta_2 = \begin{cases} \tan^{-1}(E_2/N_2) & (N_2 > 0) \\ 90° & (N_2 = 0, E_2 \geqslant 0) \\ 270° & (N_2 = 0, E_2 < 0) \\ \tan^{-1}(E_2/N_2) + 180° & (N_2 < 0) \end{cases} \end{cases} \tag{4-32}$$

2. 测斜计算方法

1) 平均角法（又称角平均法）

如图 4-17 所示，假设测段为一直线，其方向的井斜角和方位角分别为上、下两测点的平均井斜角和平均方位角。

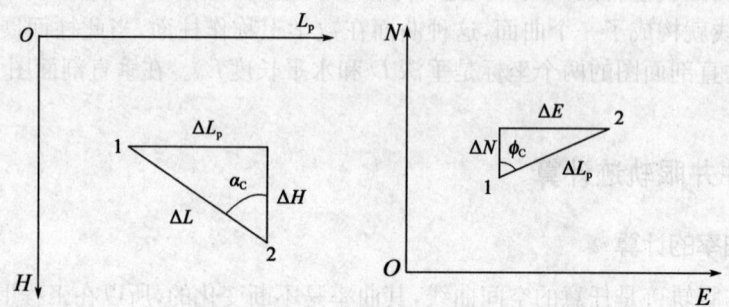

图 4-17 平均角法的假设

$$\begin{cases} \Delta H = \Delta L \cos\alpha_c \\ \Delta S = \Delta L \sin\alpha_c \\ \Delta N = \Delta L \sin\alpha_c \cos\phi_c \\ \Delta E = \Delta L \sin\alpha_c \sin\phi_c \\ \alpha_c = \dfrac{\alpha_1 + \alpha_2}{2} \\ \phi_c = \dfrac{\phi_1 + \phi_2}{2} \end{cases} \quad (4-33)$$

2) 圆柱螺线法（曲率半径法）

1968 年，美国 G. J. Wilson 提出了曲率半径法，如图 4-18 所示。其假设条件为：测段为一圆滑曲线，该曲线与上、下两测点处的井眼方向相切，而且该曲线在垂直剖面图和水平投影图上都是圆弧。

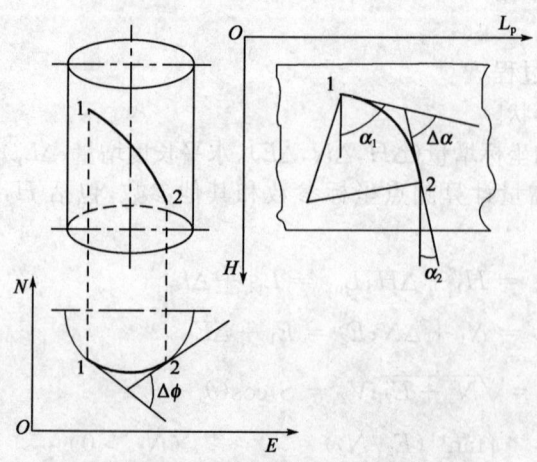

图 4-18 圆柱螺线法的假设

1975 年，我国郑基英教授提出了圆柱螺线法。其假设条件是：两测点间的测段是一条等变螺旋角的圆柱螺线，螺线在两端点处与上、下两测点处的井眼方向相切。

可以证明，曲率半径法和圆柱螺线法的假设是一致的。

$$\begin{cases} \Delta H = \dfrac{\Delta L(\sin\alpha_2 - \sin\alpha_1)}{\Delta\alpha} \\ \Delta L_p = \dfrac{\Delta L(\cos\alpha_1 - \cos\alpha_2)}{\Delta\alpha} \\ \Delta N = \dfrac{\Delta L(\cos\alpha_1 - \cos\alpha_2)(\sin\phi_2 - \sin\phi_1)}{\Delta\alpha \cdot \Delta\phi} \\ \Delta E = \dfrac{\Delta L(\cos\alpha_1 - \cos\alpha_2)(\cos\phi_1 - \cos\phi_2)}{\Delta\alpha \cdot \Delta\phi} \end{cases} \quad (4-34)$$

3) 校正平均角法

三角函数 $\sin x$ 可以展开成马克劳林无穷级数的形式：

$$\sin x = x - \frac{x^3}{3!} + \frac{x^5}{5!} - \frac{x^7}{7!} + \frac{x^9}{9!} - \cdots$$

当 x 小于 1 时，此级数收敛很快，可近似取前两项，即：

$$\sin x = x - \frac{x^3}{3!} = x - \frac{x^3}{6}$$

当 x 为 $\Delta\alpha/2$ 或 $\Delta\phi/2$ 时，则有：

$$\sin\frac{\Delta\alpha}{2} = \frac{\Delta\alpha}{2}\left(1 - \frac{\Delta\alpha^2}{24}\right) \qquad \sin\frac{\Delta\phi}{2} = \frac{\Delta\phi}{2}\left(1 - \frac{\Delta\phi^2}{24}\right)$$

将此二式代入到圆柱螺线法公式中，可得：

$$\begin{cases} \Delta H = \left(1 - \dfrac{\Delta\alpha^2}{24}\right)\Delta L\cos\alpha_c \\ \Delta L_p = \left(1 - \dfrac{\Delta\alpha^2}{24}\right)\Delta L\sin\alpha_c \\ \Delta N = \left(1 - \dfrac{\Delta\alpha^2 + \Delta\phi^2}{24}\right)\Delta L\sin\alpha_c\cos\phi_c \\ \Delta E = \left(1 - \dfrac{\Delta\alpha^2 + \Delta\phi^2}{24}\right)\Delta L\sin\alpha_c\sin\phi_c \end{cases} \quad (4-35)$$

这就是校正平均角法的计算公式：

$$f_H = 1 - \frac{\Delta\alpha^2}{24} \qquad f_A = 1 - \frac{\Delta\alpha^2 + \Delta\phi^2}{24}$$

两个系数 f_H 和 f_A 可以看作是平均角法的校正系数。

校正平均角法的优点为：

(1) 校正平均角法是从圆柱螺线法公式经过简化而推导出来的。因此，校正平均角法的计算精度几乎与圆柱螺线法的计算精度完全相同。

(2) 方法简单，不存在特殊情况处理问题。

(3) 当式中的括弧等于 1 时，公式变为平均角法。

我国定向井标准化委员会规定，当使用电算进行测斜计算时，要使用校正平均角法。

三、定向井井身剖面设计

(一) 井眼轨迹设计原则

1. 保证实现钻定向井的目的

根据不同的定向井钻井目的，对定向井井身剖面进行合理设计。例如，对于裂缝性油藏轨迹设计应横穿裂缝；薄油层油藏应采用大斜度井或水平井；低渗块状油层可考虑采用多底井；救援井应根据目标层位、靶区半径的要求，设计简单、快速、经济的井眼轨迹；落鱼侧钻仅需要设计井眼轨迹避开落鱼，有一定的水平位移；对于整块油藏，应按开发井网布置要求设计井眼轨迹。

2. 考虑地面条件限制

地面条件限制是确定定向井井位和丛式井平台位置的重要依据，需考虑交通、采油、油气集输等方面的要求。

3. 正确选择造斜点、井眼曲率和最大井斜角

(1) 造斜点应选在比较稳定、均匀的地层。尽量在软—中硬地层造斜，并考虑钻头类型。尽量在方位漂移不大的地层造斜，应考虑垂深、水平位移与最大井斜。造斜点高，则水平位移大、井斜小，造斜点低则相反。最大井斜角小于 $15°$，则方位不稳，最大井斜角大于 $45°$，则测井、完井施工难度大，扭方位困难，扭矩大，井壁不稳，因此一般最大井斜角为 $15°\sim 45°$。

(2) 井眼曲率不宜过小，以免造斜井段过长，增加轨迹控制工作量。井眼曲率不宜过大，以免造成钻具偏磨，摩阻过大，键槽以及其他井下作业（如测井、固井、射孔、采油等）的困难。因此井眼曲率一般宜为 $(5°\sim 12°)/100m$，最大不超过 $16°/100m$。井眼曲率应能保证井下动力钻具顺利通过（动力钻具刚度较大不允许弯曲而保持直线状态），同时应保证套管的安全。

4. 剖面设计应有利于安全、快速钻进，降低钻井成本

在满足钻井目的前提下，尽量选用比较简单的剖面类型；尽量利用地层自然造斜规律；尽量利用拥有的造斜工具的造斜能力；尽量使井身轨迹短；尽可能保持较长的直井段。

(二) 井眼轨迹设计

1. 二维定向井井眼轨道类型

二维定向井井眼轨迹指设计井眼轴线处于设计方位线所在铅垂平面上的定向井井眼轨迹。常规二维定向井轨道有四种类型：三段式、多靶三段式、五段式和双增式，如图 4 - 19 所示。

其中，三段制井眼轨迹和五段制井眼轨迹较为常用。

(1) 直、增、稳三段制井眼轨迹。这是一种最常用和最简单的井眼轨迹，其造斜点较浅（可减少最大井斜角），靶点较浅，水平位移较大时常采用。因造斜段完成后井斜角和方位角变化不大，轨迹控制容易，一般井斜角为 $15°\sim 45°$。

(2) 直、增、稳、降、稳五段制井眼轨迹。这种井眼轨迹常用于靶点较深、水平位移较小、入靶点有井斜要求的定向井（小水平位移深定向井采用三段制井眼轨迹难控制）、多目标井等。其难度较三段制井眼轨迹剖面大，主要原因是有降斜段，降斜段会增大扭矩、摩阻。

2. 三维定向井井眼轨道

三维定向井井眼轨迹指设计的井眼轨迹既有井斜角的变化，又有方位角的变化。它常用于在地面井口位置与设计目标点之间的铅垂平面内存在井眼难以通过的障碍物（如已钻的井眼、盐丘等），设计井需要绕过障碍钻达目标点的情况。在实钻井眼偏离设计轨迹时要进行的纠偏设计也是三维设计。

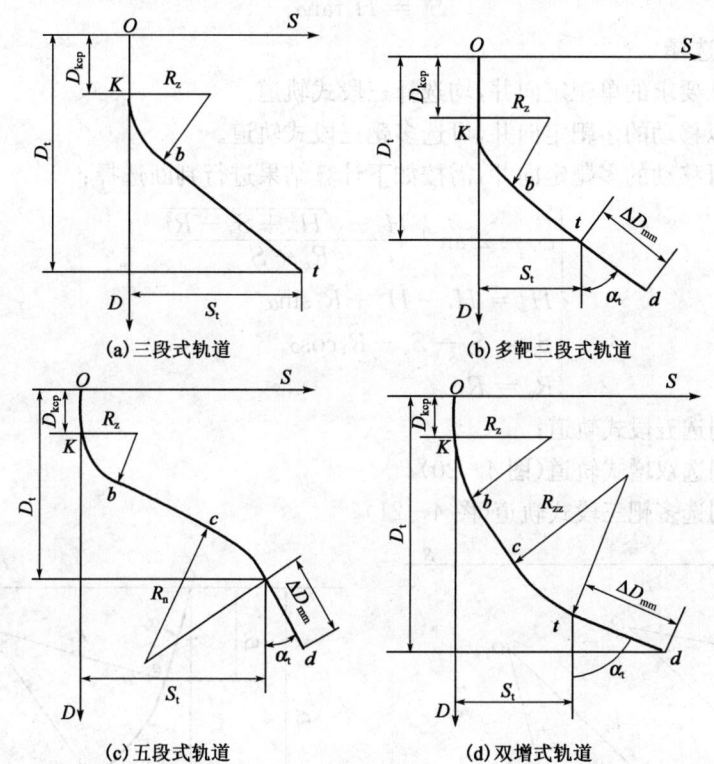

图 4-19 常规二维定向井轨迹剖面类型

D_t—目标点或目标段入口点的垂深,m;S_t—目标点或目标段入口点的水平位移,m;D_{kop}—造斜点垂深,m;
R_z—造斜段的造斜率,(°)/30m;R_n—降斜段的造斜率,(°)/30m;R_{zz}—双增轨道的第二增斜段的造斜率,(°)/30m;
α_t—目标段井斜角,(°);ΔD_{mm}—目标段长度,m;K—造斜点;b—增斜结束点;
t—目标点;c—五段式降斜始点或双增式第二次造斜点;d—多目标井终点

3. 井眼轨迹的设计步骤

(1)掌握原始资料,包括地质要求、地面限制、地质剖面、地层造斜规律、工具能力,钻井技术、故障提示、井口及井底坐标。

(2)确定井眼轨迹类型。

(3)确定造斜点、造斜率。

(4)计算最大井斜角。

(5)计算剖面上各井段井斜角、方位角、垂深、水平位移、段长。

(6)校核曲率。

4. 二维定向井轨迹设计计算

1)初始条件

(1)目标点的垂深 H_t、水平长度 S_t(井口可移动时相当于没给定)、井斜角 α_t(单靶时无要求)及设计方位角 θ_0。

(2)造斜点井深 H_a 及造斜点处的井斜角 α_a。

(3)造斜半径 R_1 和 R_2。

(4)一般情况下,造斜点以上设计成垂直井段,$\alpha_a=0$;如果使用斜井钻机,则 $\alpha_a \neq 0$,可根据给定的 H_a 和 α_a 计算出 S_a。

$$S_a = H_a \tan\alpha_a$$

2)轨迹形状选择

(1)凡无特殊要求的单靶定向井,均选择三段式轨道。

(2)井口可以移动的多靶定向井,可选多靶三段式轨道。

(3)井口不可移动的多靶定向井,需按如下计算结果进行判断选择:

$$\begin{cases} \alpha_b = 2\tan^{-1}\dfrac{H_e - \sqrt{H_e^2 + S_e^2 - R_e^2}}{R_e - S_e} \\ H_e = H_t - H_a + R_1\sin\alpha_a \\ S_e = S_t - S_a - R_1\cos\alpha_a \\ R_e = R_1 \end{cases} \quad (4-36)$$

若 $\alpha_b > \alpha_t$,则选五段式轨道;

若 $\alpha_b < \alpha_t$,则选双增式轨道(图 4-20);

若 $\alpha_b = \alpha_t$,则选多靶三段式轨道(图 4-21)。

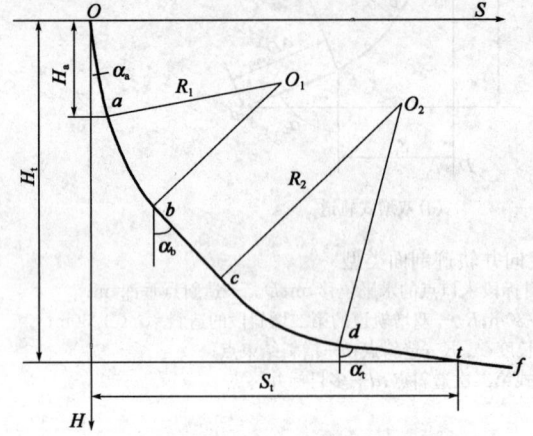 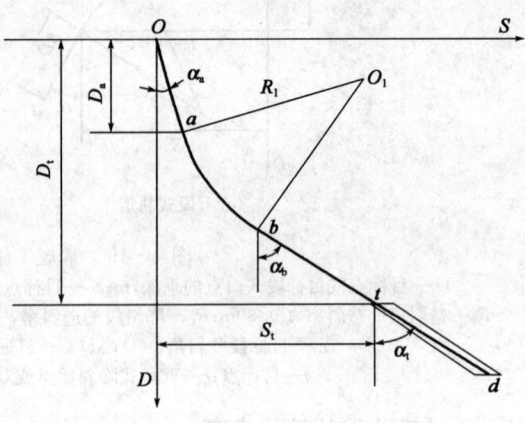

图 4-20 双增式轨道设计图　　图 4-21 多靶三段式轨道设计图

3)多靶三段式轨道设计

(1)已知条件。

①目标点的垂深 H_t、井斜角 α_t 及设计方位角 θ_0。

②造斜点井深 H_a 及造斜点处的井斜角 α_a。

③造斜半径 R_1。

(2)建立约束方程。

$$H_a + R_1(\sin\alpha_t - \sin\alpha_a) + L_w\cos\alpha_t = H_t$$

(3)求出关键参数 L_w。

$$L_w = \frac{H_t - H_a - R_1(\sin\alpha_t - \sin\alpha_a)}{\cos\alpha_t} \quad (4-37)$$

(4)各节点参数计算(将节点以上各段增量累加即可得到各节点参数)。

①直线段增量公式:

$$\begin{cases} \Delta L = L_w \\ \Delta H = L_w\cos\alpha_t \\ \Delta S = L_w\sin\alpha_t \end{cases}$$

②二维圆弧段增量公式:
$$\begin{cases} \Delta L = R(\alpha_下 - \alpha_上) \\ \Delta H = R(\sin\alpha_下 - \sin\alpha_上)(增斜段取正,降斜段为负) \\ \Delta S = R(\cos\alpha_上 - \cos\alpha_下) \end{cases}$$

(5)分点参数计算。

①二维圆弧段:
$$L_j = L_a + \Delta L_j$$
$$\alpha_j = \alpha_a + \Delta L_j/R$$
$$H_j = H_a + R(\sin\alpha_j - \sin\alpha_a)$$
$$S_j = S_a + R(\cos\alpha_a - \cos\alpha_j)$$
$$N_j = S_j\cos\theta_0$$
$$E_j = S_j\sin\theta_0 (增斜段 R 取正,降斜段 R 为负)$$

②二维直线段:
$$L_j = L_a + \Delta L_j$$
$$\alpha_j = \alpha_a$$
$$H_j = H_a + \Delta L_j\cos\alpha_a$$
$$N_j = S_j\cos\theta_0$$
$$E_j = S_j\sin\theta_0$$

4)双增式轨道设计

(1)已知条件。

①目标点的垂深 H_t、水平长度 S_t、井斜角 α_t 及设计方位角 θ_0。

②造斜点井深 H_a、造斜点处的井斜角 α_a 及造斜半径 R_1 和 R_2。

③目标点的井深 L_{dt}。

(2)建立约束方程组。
$$\begin{cases} H_a + R_1(\sin\alpha_b - \sin\alpha_a) + L_w\cos\alpha_b + R_2(\sin\alpha_t - \sin\alpha_b) + L_{dt}\cos\alpha_t = H_t \\ S_a + R_1(\cos\alpha_a - \cos\alpha_b) + L_w\sin\alpha_b + R_2(\cos\alpha_b - \cos\alpha_t) + L_{dt}\sin\alpha_t = S_t \end{cases}$$

(3)求关键参数 α_b 和 L_w。
$$\begin{cases} H_e = H_t - H_a + R_1\sin\alpha_a - R_2\sin\alpha_t - L_{dt}\cos\alpha_t \\ S_e = S_t - S_a - R_1\cos\alpha_a + R_2\cos\alpha_t - L_{dt}\sin\alpha_t \\ R_e = R_1 - R_2 \end{cases}$$

$$\begin{cases} R_e\sin\alpha_b + L_w\cos\alpha_b = H_e \\ -R_e\cos\alpha_b + L_w\cos\alpha_b = S_e \end{cases}$$

$$\begin{cases} \alpha_b = \arctan\dfrac{R_e}{\sqrt{H_e^2 + S_e^2 - R_e^2}} + \arctan\dfrac{S_e}{H_e} \\ L_w = \sqrt{H_e^2 + S_e^2 - R_e^2} \end{cases}$$

以上公式同样适用于三段式和五段式轨道。

对于三段式轨道,$R_2 = 0$;$L_{dt} = 0$;

对于五段式轨道,R_2 为负值(因为第二段为降斜段)。

四、定向井造斜工具

已设计好的定向井剖面中规定了井身轴线在各井深时的井斜角和方位角,在定向井施工时,需用造斜工具迫使井眼轴线发生弯曲,使各井深处的井斜角与方位角符合设计要求。

由于旋转钻井方法有转盘钻钻井法和井底动力钻井法,因此造斜工具也分为转盘钻造斜工具与井底动力造斜工具。

(一)转盘钻造斜工具

转盘钻造斜工具主要是指下部钻具组合。下部钻具组合包括增斜钻具组合、稳斜钻具组合、降斜钻具组合。其利用靠近钻头的钻铤,调节稳定器用量,来达到增斜、稳斜、降斜的目的。

1. 增斜钻具

增斜钻具利用杠杆原理,一般采用双稳定器或三稳定器钻具组合,以近钻头足尺寸稳定器作为支点,第二个稳定器与钻头之间的距离,应根据两稳定器之间钻铤的刚度和要求的增斜率大小而定,一般距离较长,如图4-22所示。

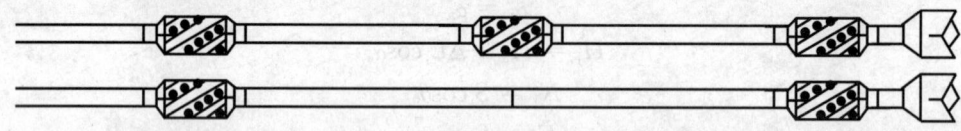

图4-22 增斜钻具组合

2. 稳斜钻具

稳斜钻具的作用是使井眼轨迹沿当前井底切线方向,保持井斜角和方位角不变钻进。

稳斜钻具采用刚性满眼钻具结构,通过增大下部钻具组合的刚性,使下部钻具组合在外力作用下达到稳定井斜和方位的效果。常用的稳斜钻具组合为:钻头+近钻头稳定器+短钻铤+稳定器+单根钻铤+稳定器+钻铤+钻杆,如图4-23所示。

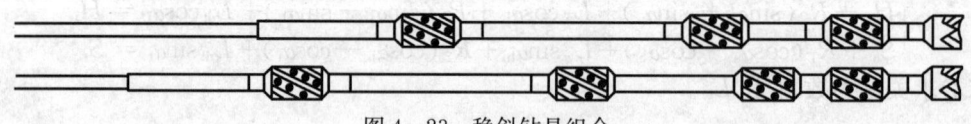

图4-23 稳斜钻具组合

3. 降斜钻具

降斜钻具在定向井中用于降低井斜角。降斜钻具一般采用钟摆钻具组合,利用钻具自身重力产生的钟摆力来实现降斜,根据井眼轨道设计的井斜角大小,设计钻头与稳定器之间的距离,来改变钟摆力的大小,如图4-24所示。

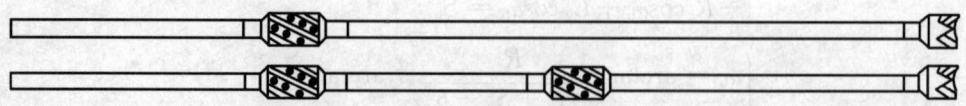

图4-24 降斜钻具组合

(二)井底动力钻具造斜工具

动力钻具又称井下马达,包括螺杆钻具、涡轮钻具、电动钻具三种。目前我国常用的是前两种。动力钻具接在钻铤之下,钻头之上。在钻井液循环通过动力钻具时,驱动动力钻具转动并带动钻头旋转破碎岩石。动力钻具以上的整个钻柱都可以不旋转,这种特点对于定向造斜是非常有利的。

螺杆钻具根据外壳的形状可分为普通螺杆钻具、弯外壳螺杆钻具、反向双弯外壳螺杆钻具、同向双弯外壳螺杆钻具等。

涡轮钻具适合在复杂地质条件下的防斜打直及深井直井、小井眼井、超深井和高温井的钻井作业。

1.造斜工具

井底动力钻具造斜工具包括弯接头、弯外壳、偏心垫块。

1)弯接头

弯接头又称斜接头,为接在动力钻具上面的造斜工具,分固定式弯接头和可变弯接头两类。固定式弯接头常用的弯度角有 0°30′、1°、1°30′、2°、2°30′、3°、3°30′、4°,更大弯度不易下井。

在动力钻具和钻铤之间接一个弯接头,使此部位形成一个弯曲角,这种结构一方面迫使钻头倾斜,造成对井底的不对称切削,从而改变井眼方向;另一方面井壁迫使弯曲部分伸直,使钻头受到钻柱的弹性力的作用,从而产生侧向切削,改变井眼方向。

2)弯外壳

将动力钻具的外壳做成弯曲形状,有螺杆马达有单弯、同向双弯、异向双弯外壳。其中,单弯螺杆常与定向直接头配合使用。

3)偏心垫块

在动力钻具壳体下端一侧加焊一垫块,垫块偏心高度越大,造斜率越大。其造斜原理是利用杠杆原理,以垫块作为支点,使钻头产生侧向力进行造斜。

2.造斜钻具组合

为了使斜井达到一定的造斜率,可通过选用不同造斜能力的造斜工具及相应的钻具组合来实现,如图 4-25 所示。

五、井眼轨迹控制

(一)基本概念

以图 4-26 为例,解释以下几个基本概念。

(1)工具面。在造斜钻具组合中,弯曲工具的两轴线所形成的平面,称为工具面。

(2)工具弯角。在造斜钻具组合中,拐弯处上下两轴线的夹角,称为工具弯角。

(3)高边方向线。定向井井底是个倾斜平面,呈圆形,即井底圆。井底圆显然存在一个最高点,从井底圆心到井底圆最高点的连线称为高边方向线。

(4)工具面角。造斜钻具下到井底以后,工具面所在的角度即为工具面角。其表示有两种方法,一是正北(或磁北)工具面角,二是高边工具面角。

(5)高边工具面角。以井眼高边方向线为始边,顺时针转到工具面与井底圆平面的交线所转过的角度称为高边工具面角。

(6)正北(或磁北)工具面角。以正北(或磁北)方向线为始边,顺时针转到工具面与井底圆平面的交线在水平面上的投影线上所转过的角度称为正北工具面角。

(7)装置角 ω。高边模式工具面角,即高边工具面角。

(8)装置方位角 ϕ_ω。正北(或磁北)模式工具面角,即正北(或磁北)工具面角。

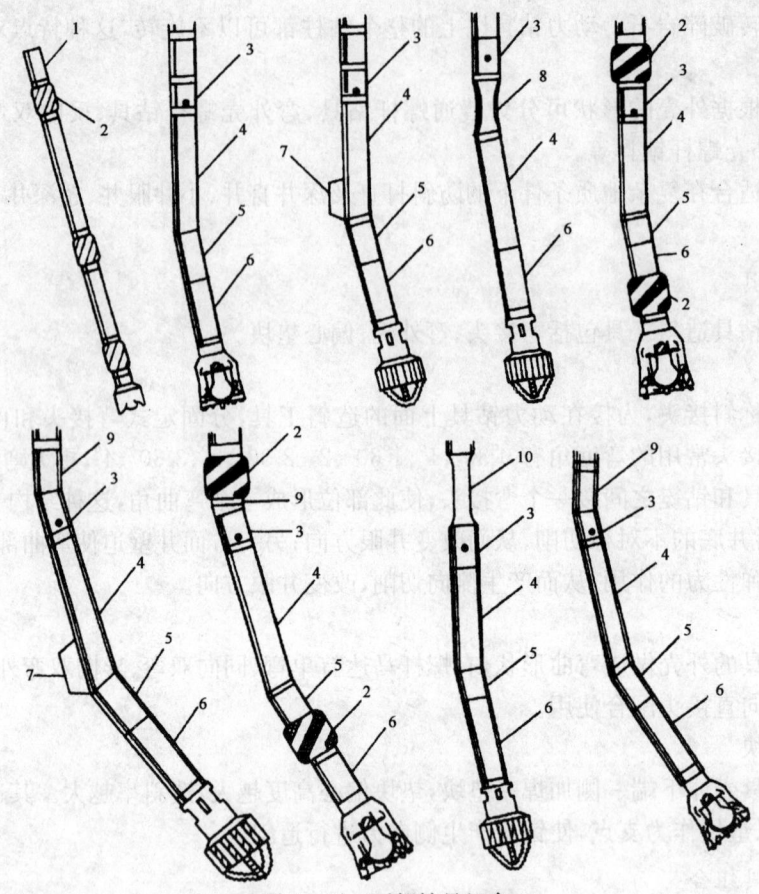

图 4-25 下部钻具组合
1—钻铤;2—稳定器;3—旁通阀;4—动力段;5—弯外壳;6—轴承外壳;7—垫块;
8—变接头;9—弯接头;10—柔性连接

(9)反扭角 ϕ_n。使用井底马达及弯接头进行定向造斜或扭方位时,动力钻具启动前的工具面与启动后加压钻进时的工具面之间的夹角,称为反扭角。反扭角总是使工具面逆时针转动。

(10)定向方位角 ϕ_s。造斜工具定向时的方位角称为定向方位角。

(二)装置角轨迹控制

按设计进行定向井施工时,由于各种因素的影响,实钻轨迹与设计轨迹完全一致是不可能的,二者总会存在一定的偏差,如果偏差较大,就要强行改变井眼轨迹前进方向,使之恢复到能中靶的方位上来,即扭方位。扭方位的方法有多种,如可利用钻具组合的方位漂移来自然扭方位,也可利用动力钻具带弯接头强行扭方位,还可同时使用上述两种方法。

在定向井方位控制中,造斜工具装置角非常

图 4-26 装置角示意图

重要,其决定新钻井眼是增斜、降斜、稳斜、增方位、减方位、稳方位。

1. 装置角对井斜角和方位角的影响

如果偏差在允许范围之内,只需对钻进参数或钻具组合进行适当调整,便可继续钻进。如果偏差较大,则必须对待钻井眼作出新的设计,井眼轴线可能不符合要求,就需要纠正。不管是开始造斜,还是进行纠正,都要用到造斜工具,应当根据要求的井斜角、方位角、造斜率,选用合适的造斜工具。

(1)当装置角为 0°,即与原井斜方位相同时,造斜工具引起井斜角增加,方位角不变。装置角为 180°时,引起井斜角的减小,方位角不变。如果造斜工具是按 0°或 180°安放,则可得到最大井斜角变化,而方位角不变。

(2)当装置角为 90°或 270°时,则仅有方位角变化,井斜角不变,方位角变化最大。

(3)当装置角是除 0°、90°、180°、270°以外的其他角度时,方位角与井斜角同时改变,改变情况决定于装置角的大小。装置角 ω 对井斜角 α 和方位角 ϕ 的影响如图 4-27 所示。从图 4-27 中可知:第一象限内增斜,减方位;第二象限内增斜,增方位;第三象限内减斜,增方位;第四象限内减斜,减方位。

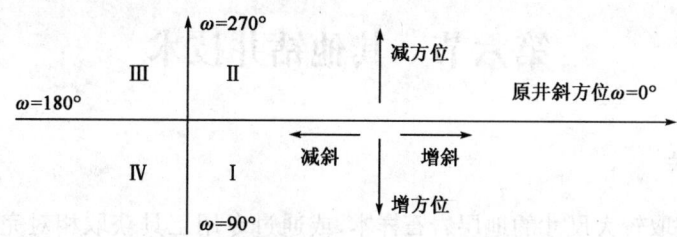

图 4-27 装置角膜 ω 对井斜角 α 和方位角 ϕ 的影响

2. 扭方位计算

扭方位计算包括三部分:(1)装置角的计算;(2)动力钻具反扭角的计算;(3)定向方位角的计算。

1)装置角的计算

已知目前井斜角 α_1,欲达到井斜角 α_2,变化方位角 $\Delta\phi$,工具造斜率 K_c,计算造斜工具的装置角 ω 及达到要求还需钻进深度 ΔD_m。

可通过下述三式进行求解:

$$\cos\gamma = \cos\alpha_1\cos\alpha_2 + \sin\alpha_1\sin\alpha_2\cos\Delta\phi \qquad (4-38)$$

$$\cos\omega = \frac{\cos\alpha_1\cos\gamma - \cos\alpha_2}{\sin\alpha_1\sin\gamma} \qquad (4-39)$$

$$\Delta D_m = \frac{\gamma}{K_c} \qquad (4-40)$$

式中 γ——狗腿角;

α_1——井底井斜角;

α_2——期望钻进一段长度后的井斜角;

$\Delta\phi$——期望钻进一段长度后的井斜方位角与现井底方位角之差;

ω——装置角。

首先根据式(4-39)计算出狗腿角 γ,将求得的狗腿角 γ 代入式(4-40)即可计算出造斜工

具的装置角 ω,最后由式(4-41)计算出达到要求还需钻进深度 ΔD_m。

2)动力钻具反扭角和定向方位角的计算

动力钻具在工作中,液流作用于转子并产生扭矩,传给钻头去破碎岩石,液流同时也作用于定子,使定子受到一反扭矩,此反扭矩将有使钻柱旋转的趋势。但由于钻柱在井口处是被锁住的,所以只能扭转一定的角度,此角度称为反扭角。反扭角将使已确定好的装置角减小,为了弥补反扭角的影响,在给造斜工具定向时,需要在原计算的装置角上加上此反扭角,称作定向方位角,以 ϕ_s 表示。

$$\phi_s = \phi_w + \phi_n = \phi_1 + \omega + \phi_n \tag{4-41}$$

式中,ϕ_1 是目前井底的井斜方位角,ω 是根据扭方位要求计算的装置角,只要能确定反扭角就可以求得定向方位角。

影响反扭角的因素很多,如反扭矩的大小、钻柱的长度、钻柱断面的极惯性矩、钻柱与井壁之间的摩擦力以及装置角的大小等。由于有些因素很难确定,所以难以建立计算模式,在工程上可采用经验数据法或资料反算法。资料反算法是先给定一个定向方位角,试钻一个井段,然后根据实钻资料反算实际的反扭角,再据此反扭角计算正确的定向方位角。

第六节　其他钻井技术

一、取心技术

从井底地层获取较大尺寸的地层岩石样本,或通过专用工具获取相对完整的井壁岩石样本称之为钻井取心。

取心作业与取心分析对于油气勘探、开发和开采至关重要,是了解储层、预测储层动态的基础。岩心应该保存好,钻井之后若干年内,岩心仍将在开发中发挥作用。

在石油工程领域,取心方式可分为全尺寸取心和井壁取心。全尺寸取心是指使用不同的取心工具,可完成直井、定向井、水平井和侧钻井取心,岩心直径通常为 1¾~5¼in,单次取心长度可达 9~18m。井壁取心是指使用侧向小取心筒,通过撞击(发射方式)或旋转钻进方式,取得直径 1in 左右、长度 2in 左右的岩心样本。

(一)取心目的与取心质量评价

岩心是油气田勘探开发重要的第一手基础资料,岩心分析数据是制定开发方案及相关作业方案的重要参考依据。即使有先进的测井资料,甚至是可用于储层描述的核磁测井资料,更为直接和准确的岩心分析资料依然重要。

取心的主要目的包括:发现油气层,了解含油气情况与储集特征,并确定油气层岩性、物性、厚度、面积等基础数据;建立地层剖面,研究岩相及生、储特征;了解岩性与电性关系。

通常,岩心分析资料可用于地质评价、完井评价和工程评价三个方面。

(1)地质评价包括岩性、沉积环境、成矿、地层年代与地质层序、裂缝、地质特征、地球化学、古地磁、荧光等。

(2)完井评价包括酸化处理特性、压裂增产特性、水平与垂直渗透率、地层损害敏感性、岩石粒度分布、残余油饱和度及分布、孔隙度及其分布、黏土类型与含量及其分布、矿物特征等。

(3)工程评价包括渗透率分布、渗透率与孔隙度关系、流动单元划分、地层非均质性、油水界面、储层流体饱和度及其分布、测井校正用途(岩石密度、声波速度、矿物组成、电特性、伽马响应)、特殊岩心分析(润湿性、相对渗透率、毛细压力、孔隙体积压缩率、岩石与流体的相容性)、储层动态特性(一次采油、二次采油、三次采油)、岩石性质(抗压强度、杨氏弹性模量、泊松比、硬度)等。

取心质量评价上要求按照既定的取心工艺,尽可能完整地获取要求取心井段的岩心,通常用岩心收获率表示:

$$\text{岩心收获率} = \frac{\text{收获岩心长度}}{\text{取心钻进长度}} \times 100\% \tag{4-43}$$

同时,要求在满足取心特定要求条件下,尽可能保持岩心的尺寸和完整性。

(二)取心类型

1. 常规取心

对岩心无其他特殊要求的取心称为常规取心。无论是何种油气藏,在勘探阶段或开发阶段都要进行大量的常规取心。常规取心方式包括:

(1)短筒取心,是指钻进中途不需要接单根的常规取心。取心工具中只包含一节岩心筒,结构简单。短筒取心在整个取心作业中所占的比例最大,在任何地层条件下均可进行。

(2)中、长筒取心,是指钻进中途要接单根的取心。工具中包含有多节岩心筒,通常只有当地层岩石的胶结性与可钻性较好时,才适合进行中、长筒取心。

2. 特殊取心

对岩心有一定特殊要求的钻井取心称为特殊取心。特殊取心多用在油田开发阶段,按照目的及方式可分为油基钻井液取心、密闭取心、海绵取心、保压密闭取心、保形取心、定向取心、全闭式取心、绳索式取心等。

(1)油基钻井液取心:使用油基钻井液钻进取心,目的是取得不受水基钻井液污染的岩心,获得较为准确的储层原始含油饱和度资料,为合理制定油田开发方案提供依据。由于油基钻井液性能稳定、润滑性好,岩心不存在吸水膨胀或剥落的问题,也不易断裂或磨损,取出的岩心规矩、完整,成柱性好,收获率高。对储量较大的砂岩、泥页岩油气藏,在开发之前一般都要进行油基钻井液取心以获取高质量的岩心资料。

(2)密闭取心:对于注水开发的砂岩油田,在开发过程中为检查油田注水开发效果,了解地下油层水洗情况及油水动态,为制定合理的开发调整方案提供依据,可采用密闭取心工具与密闭液进行取心,能在水基钻井液条件下获得几乎不受钻井液滤液污染的岩心。由于油基钻井液取心成本高、环保问题突出,密闭取心也可代替油基钻井液取心。

(3)海绵取心:岩心内筒装有特制的海绵衬管,内筒抽真空后,海绵衬管中注入预饱和液,在水基钻井液条件下,能取得含油饱和度相对准确的岩心。这是近年来发展起来的一种取心工艺,其工艺结构不太复杂,但成本高,适用于中硬—硬地层。

(4)保压密闭取心:在砂岩油田的开发后期,为准确获取储层流体饱和度、储层压力、润湿性及其他储层资料,为制定合理的开发调整方案、提高油田最终采收率提供依据,采用保压密闭取心工具与密闭液,在水基钻井液条件下,获取保持储层流体完整性的岩心。保压密闭取心工艺比较复杂,成本高。

(5)保形取心:疏松砂岩地层岩心强度低,不成柱,岩心出筒后往往成为一堆散砂,无法获得岩心物性资料。保形取心采用了多级双瓣组合式岩心筒、橡胶保护套、玻璃钢内筒以及复合材料衬筒,能保持岩心柱出筒形状为地层状态的柱状。

(6)定向取心:为直观了解储层岩石的构造参数,取出岩心上刻划有标识岩心所处位置(方位)的标志,通过岩心分析数据,还能反映地层倾角、倾向、走向等构造参数。定向取心只适用于岩心成柱性较好的地层。

(7)全闭式取心:一种适用于软地层、非胶结地层,克服常规取心工具容易出现的诸如碎裂、松散砾石、岩心缩径等问题,获得较理想岩心的方法。取心工具中常包括可调旋转总成和封闭式岩心筒。

(8)绳索式取心:其特点是岩心内筒可以使用钢丝绳打捞,实现不起钻连续取心。当井深大、裸眼井段稳定、岩心成柱性好且不要求大直径岩心时,可采用绳索取心。连接钻头的岩心外筒与容纳岩心的岩心内筒采用弹簧卡销锁定。取完一筒岩心后,自地面钻杆内用钢丝绳下入打捞工具,抓住岩心内筒的打捞头,然后上提脱开卡销,使岩心内、外筒分离,从钻杆内将岩心内筒提出;地面取出岩心后,还可以重新将连接打捞接头的岩心内筒从钻杆内投入,继续进行取心钻进。绳索岩心筒比普通岩心筒的取心速度快得多,但岩心的尺寸受到钻杆与钻铤内径的限制,通常要求所用钻杆、钻铤通径大于95mm。当只需要地层的渗透率、孔隙度等资料时,采用绳索式取心是可行的。

(三)取心工具

取心工具的种类较多,虽然在工具结构上各有特点,但其基本组成都包括取心钻头、岩心筒、岩心爪、悬挂岩心筒的旋转总成(旋转密封)等主要部件及分水装置总成、稳定器等辅助装置(图4-28)。分水装置保证了取心前循环钻井液冲洗清洁岩心筒,直井投球后钻井液流道切换到内外筒环空直达钻头。

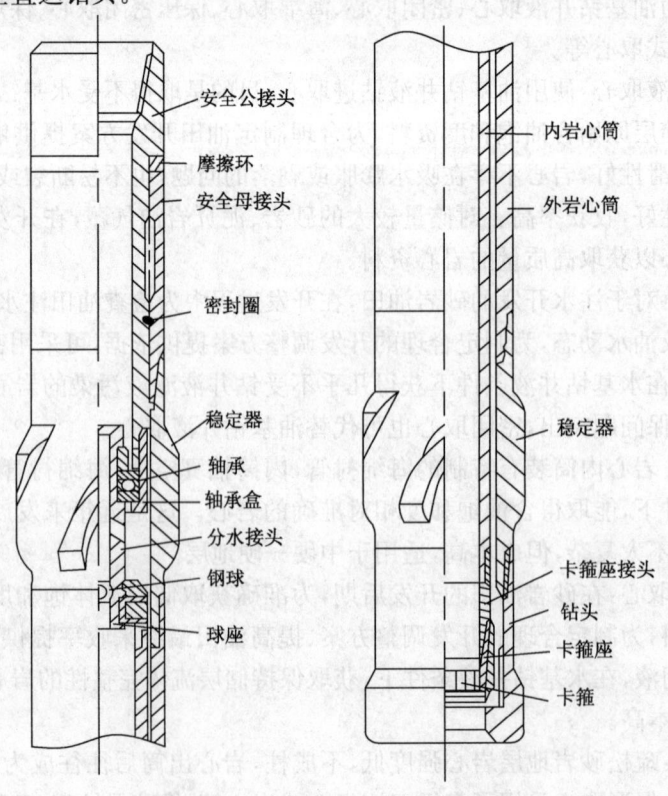

图4-28 常规取心工具结构示意图

根据割心方式的不同,取心工具可分为自锁式和加压式。

(1)自锁式取心工具采用了自锁式岩心爪,取心钻进完成后,只需上提钻具即完成割心。

(2)加压式取心工具则是依靠加压机构来实现加压割心,主要用于软地层取心。加压机构上接钻具、下接取心工具,特殊的结构设计保证了在取心钻进过程中能传递扭矩和钻压。取心钻进完成后,缓慢上提钻具,保留钻压5~10kN,在立管上部投球丝堵处分次投入4个钢球,然后滑放钻具加压,通过钢球下传剪断内筒悬挂销钉;继续增加100~200kN钻压,迫使内筒底部岩心爪沿钻头内腔锥面上行收缩。保留钻压10kN,卡紧岩心,间断转动转盘即完成割断岩心。

根据SY/T 5347—2005《钻井取心作业规程》,取心工具分类、名称及代号见表4-4。

表4-4 取心工具分类、名称及代号

分 类	名 称	代 号	
		分类代号	特殊代号
常规取心	加压式常规取心工具	QXJ	—
	自锁式常规取心工具	QXZ	—
特殊取心	软地层密闭取心工具	QXT	RM
	硬地层密闭取心工具	QXT	YM
	保形取心工具	QXT	BX
	保形密闭取心工具	QXT	BM
	保压密闭取心工具	QXT	BY
	定向取心工具	QXT	DX
	海绵筒取心工具	QXT	HM
	水平井取心工具	QXT	SP
	全闭式取心工具	QXT	QB
	绳索式取心工具	QXT	SS

1. 取心钻头

取心钻头以环形破碎地层的方式钻取岩心。无论短筒取心,还是中、长筒取心,钻头进尺、机械钻速、取心收获率的高低,都与取心钻头的类型、特性有着十分密切的关系。取心钻头按材质可分为旋转取心钻头(牙轮)、聚晶金刚石复合片(PDC)钻头和天然金刚石钻头三类。取心钻头按破岩方式可分为切削型、微切削型和研磨型三类。

(1)切削型取心钻头破岩方式以切削为主。早期这种钻头多为钢体结构的刮刀式切削型取心钻头,工作面呈阶梯型、镶焊硬质合金,刀片均匀分布在同心圆的环形面上。为了提高取心效率,根据岩石可钻性的不同,刀具有不同的切削角,刀片的底刃面与钻头中心线相垂直。另外,要求岩心爪离钻头岩心入口近,岩心形成后就能很快进入岩心内筒被保护起来。随着取心技术的发展,目前在软地层取心已经普遍使用PDC取心钻头,适用于泥灰岩、盐岩、松砂岩和页岩等地层。

(2)微切削型取心钻头破岩方式以微切削为主。钻头多为胎体结构,工作面呈单锥曲面、双锥曲面、抛物线曲面等多种圆弧形曲面,表镶天然金刚石、人造聚晶金刚石或人造聚晶金刚石复合片。钻进速度中等,但钻进平稳,岩心收获率高,适用于各种中硬至硬地层取心。

(3)研磨型取心钻头破岩方式以研磨为主。钻头为胎体结构,工作面多为半圆曲面,低出刃表镶或孕镶天然金刚石或人造金刚石。钻进平稳,但钻速很慢,适用于各种高研磨性地层取心。

2. 岩心筒

根据取心目的、取心方式和取心长度的不同,岩心筒具有不同的尺寸规格,包括普通岩心筒和特殊取心作业用的岩心筒(保形岩心筒、保压岩心筒、海绵岩心筒与绳索岩心筒等)。

岩心筒包括外筒与容纳岩心的内筒。外筒外径与井眼应有一定间隙,可保证钻井液的正常循环,清洗井底,携带岩屑。根据岩心筒的长度,可以安装 2~6 个稳定器。取心过程中,外筒承受钻压,传递扭矩,带动钻头旋转和保护岩心内筒。它是连接取心钻头和上部钻具的扭带,要求强度高、壁厚均匀、无弯曲和变形。

内筒储存和保护岩心。为了防止洗井液冲刷岩心,并使内筒的液体能够排出,内筒上端接有分水装置。为避免磨心,内筒悬挂在外筒的顶部,在悬挂装置与内筒之间,装有承转轴承,内筒不随外筒旋转。

取心钻具下到井底,先开泵洗井,将淤积在内筒中的泥砂和在下钻过程中从井壁刮切下来的岩屑等冲洗干净,然后投球,切换取心筒内流道。取心钻进时,钻井液从分水接头进入内外筒间的环空流道,护内筒的岩心不受冲刷。为使岩心能顺利进入内筒,要求内筒变形小、内壁光滑、壁厚均匀、重量轻,且悬挂灵活、可靠。

钻井液从球阀经过分水接头转向流入内筒与外筒之间的环形空间,然后到达岩心爪外部,最后到达取心钻头的切削面。内外筒间环空流道较小,所以取心钻进要求钻井液充分净化,具有良好的流变特性,一般钻具内装配钻杆过滤器。有可能出现严重的井漏时,取心筒容易被卡,通常要先进行井筒承压堵漏作业。

3. 岩心爪

岩心爪的作用是取心钻头钻取预定长度的岩心后,卡住并割断岩心,在起钻时承托已割取的岩心柱。常规取心方式所用的岩心爪有卡瓦式、卡箍式、卡板式和卡簧式等类型。

(1)卡瓦式岩心爪由岩心爪体、卡瓦块、盖板等组成。岩心爪体内开有 18°倾角的槽,并装有四片卡瓦。卡瓦块可在斜槽内自由滑动,上升内径变大,下滑内径变小。另一种结构的岩心爪由挂套、销轴、扭簧及卡瓦片组成,卡瓦片可以依赖扭簧的力量张开,钻进中紧贴钻头体内壁。当割心时,在外力作用下使岩心爪收缩,包卡岩心。卡瓦式岩心爪适用于中硬或硬地层取心,有的用丝扣直接和内筒连接。

(2)卡箍式岩心爪形状如圆箍,一圈开有数道缺口,把它分成许多瓣,每瓣内壁车有数圈卡牙。该类岩心爪适用于较软及中硬地层取心。

(3)卡板式岩心爪结构由外座、扭簧和刀片状的卡板所组成。该类岩心爪一般和其他岩心爪复合使用,适用于中硬或硬地层取心。

(4)卡簧式岩心爪在石油钻井中很少使用,多用于地质钻探取心。

4. 悬挂装置

悬挂装置用于悬挂内筒。内筒悬挂失灵,会造成取心钻井过程中内筒下落,在取心钻头岩心入口处发生岩心堵塞,取不上岩心或出现其他钻井事故。悬挂的方式取决于工具的结构,常用的悬挂装置有丝扣式悬挂、销钉式悬挂、球挂式悬挂和销座式悬挂。

(1)丝扣式悬挂是用螺纹丝扣将岩心内筒悬挂起来,割心时靠岩心爪与岩心的摩擦,上提钻具,岩心爪产生相对位移,收缩自锁卡紧并拔断岩心。

(2)销钉式悬挂是用两个对称的销钉,通过定位接头和丝堵把岩心内筒及承转部分悬挂起来。销钉式悬挂对销钉材料的选择和直径的大小要求很严,销钉强度太大,割心时销钉剪不断,太小则会提前剪断。

(3)球挂式悬挂是用钢球通过悬挂套等部件,把岩心内筒全部悬挂起来。球挂式悬挂承力较大,悬挂较牢。

(4)销座式悬挂是用悬挂销,通过悬挂套座把岩心内筒及承转部分悬挂起来。这种悬挂方式割心时,不需剪断悬挂销,在整个取心过程中,内筒始终处于悬挂状态。

上述四种悬挂方式中,以丝扣式悬挂和销座式悬挂最为可靠,可满足中长筒取心悬挂及钻井取心技术要求。

5. 稳定器

在进行中长筒取心时,岩心筒长,井眼间隙大,岩心筒容易弯曲变形。有必要对岩心内、外筒加以扶正,保证取心钻头在井底工作平稳。

岩心外筒扶正器位于扶正短节,外部加工有螺旋扶正条,扶正条镶焊硬质合金块,扶正条之间有螺旋状水槽,便于钻井液循环和岩屑的上返,构成直径比钻头外径小 $1\sim2mm$ 的刚性满眼取心钻具结构。

岩心内筒扶正器用于防止因取心钻具的旋转摆动使内筒失稳,所造成的岩心成柱性差、岩心断裂、破碎或堵心,影响取心收获率。在进行中长筒取心时,一般安装常由钢球和扶正块组成的内筒扶正器。

二、套管开窗

井眼的侧钻技术一般分为两种类型:一是裸眼井内侧钻技术,即在裸眼井内打入水泥造成人工井底,然后侧钻或条件允许时,直接进行悬空侧钻形成侧向井眼的工艺技术;二是套管开窗技术,即依据设计要求,在套管内某位置开一窗口或铣掉一段套管,侧向钻出一新井眼,实现重新完井的工艺技术。

侧钻技术是在普通定向钻井技术的基础上发展起来的,除具有普通定向井和水平井的共性之外,也有其独特性,由此形成了专门的侧钻工艺技术。侧钻的主要目的是实现死井复活,提高采收率,降低成本。侧钻技术主要应用于:

(1)钻井过程中套管内有落鱼或落物而无法打捞,不能继续进行钻井、完井作业;

(2)钻井及采油过程中,套管变形,影响生产;

(3)采油过程中,砂堵砂埋严重,通过修井作业无法恢复生产的井;

(4)直井落空,偏离油层位置,经勘探其周围还有开采价值的油藏;

(5)有特殊作业要求的多底井和泄油井等;

(6)油田开发后期,为了节约钻井成本,充分挖掘已无开采价值的井潜力,利用原井眼开窗侧钻成定向井开采边角油气藏。

开窗工具主要分为两大类:

一是锻铣式开窗工具,主要由锻铣器和锻铣刀片组成;

二是斜向器式开窗工具,分为固定式地锚斜向器和一体化地锚斜向器两种类型。

(一)锻铣开窗

锻铣工具在近年来的开窗侧钻中应用比较广泛,锻铣开窗工艺是一种比较有效、可靠的工艺形式,它通过铣掉一段套管,使地层裸露出来,从而实现普通造斜工具造斜的目的。

在用锻铣工具铣套管时,对钻井液性能和地面净化设备的要求比较严格。因为在锻铣操作时,容易出现鸟窝状铁屑。所谓鸟窝状铁屑,是指在锻铣式开窗过程中,由于钻井液携带铁屑的能力差或钻井液性能不好,铁屑不能及时随钻井液返出井眼,在环空内上下翻滚形成的团状铁屑。如不及时清理这种铁屑,极易造成卡钻事故。

1. 锻铣器的结构和工作原理

如图4-29所示,套管锻铣器主要由上接头、割断压降机构、活塞、弹簧、本体、刀片和下接头组成。

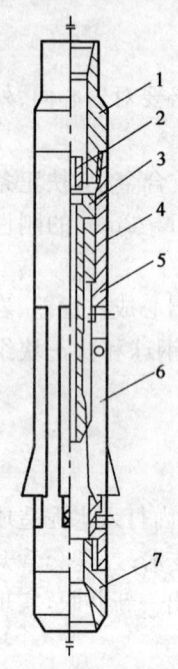

图4-29 套管锻铣器
1—上接头;2—割断压降机构;3—活塞;4—弹簧;5—本体;6—刀片;7—下接头

锻铣器下入设计井深后,启动转盘、开泵。此时钻井液流经活塞上的喷嘴产生压力降,形成的压力推动活塞下行,支撑6个刀片外张切割套管。当套管切断后,刀片达到最大外张位置,泵压将明显下降,这时可加压进行套管磨铣作业。作业完毕后,停泵、压力降消失,活塞在反弹力的作用下复位,刀片凭自重或外力收回刀槽内。

2. 锻铣器结构设计的特点

(1)锻铣器有6个刀片,可同时伸出切割或锻铣,寿命长、速度快。

(2)采用水力活塞结构,依靠压力降推动活塞运动,设计有泵压显示装置,当刀片切割套管后,在立管用力表上立即反映出2MPa的压力降,易于判断。

(3)锻铣器下部增设稳定器,限位块中设有扶正块,两处形成两点扶正系统,以保证扶正器工作平稳,延长了刀片的使用寿命,提高了磨铣速度。

3. 套管锻铣开窗步骤

(1)下井前安装调试锻铣工具,开泵检查刀片能否全部涨开,停泵刀片能否收回。

(2)检查工具灵活好用后,将刀片捆住,防止下井过程中刀片误打开,损坏套管及刀片。

(3)钻具下井过程中控制下放速度,严禁猛刹猛放,中途不得开泵循环,不能转动转盘。

(4)下钻中途遇阻,不能硬压硬冲,否则应起钻通井,井眼畅通后再下开窗工具。

(5)保护好井口,严格防止井口落物,以防发生重大井下事故。

(6)开窗锻铣工具下到开窗位置,开泵转动转盘,20~30min,慢慢加压0.5~1t,观察钻具能否吃住钻压。

(7)钻具能承受住钻压后,继续磨铣,并观察有无碎铁屑返出,根据铁屑返出量和形状分析锻铣工具工作状况。

(8)磨铣过程中,钻压不能超过规定值,防止压坏锻铣工具,致使工具不能完全磨穿套管,出现套管内拔皮现象。

(9)每磨铣套管0.5m,停止转盘转动,增大钻井液排量,循环清洗井眼,观察铁屑返出情况及数量,防止铁屑在井内相互缠绕,形成鸟窝状铁屑团,造成卡钻事故。

(10)每磨铣套管1~2m,停泵停转盘,慢慢上提钻具,检查锻铣工具刀片闭合开启情况,上提钻具,观察锻铣工具经过窗顶时有无挂卡现象。

(11)时刻注意记录磨铣速度,当磨铣速度明显降低时,应及时起钻检查锻铣工具以及刀片磨损情况,分析原因并制定下一步措施。

(12)确定原因,换锻铣刀片继续磨铣,直至磨完设计段长,满足侧钻要求为止。

(13)每次换刀片下钻到上窗口集团,开泵转动转盘,反复进行划眼,以保证套管锻铣质量。

(14)锻铣完后,调整钻井液性能,增大排量,循环洗井,下入强磁打捞器清除井底铁屑,并用稠水泥浆将锻铣段封往。

(二)磨铣开窗

固定锚侧钻工艺是一种应用较早的侧钻工艺。起初,该套工具主要应用于钻定向井,采用钻杆记号累加到井口、地面定向的方法,工艺极为复杂。由于测量仪器的发展,使得固定锚系统的定向方法大为改观。随着井下马达和弯接头的相继出现,普通定向工艺得到了长足进展,基本上淘汰了固定锚系统在普通定向井中的应用。但是,固定锚系统应用于井眼的侧钻,仍有其存在的空间。

其一,对于那些地层较硬的裸眼井,由于目的层的偏误、井下事故等原因造成必须侧钻时,若打入水泥造成人工井底,使用定向马达侧钻,钻头的侧向力不足以克服坚硬的地层而容易导致钻头沿着老井眼下滑。而一体式斜向器难以保证在裸眼中座稳,这时使用固定锚斜向器无疑是最佳选择。

其二,由于某种原因需要在大尺寸套管中侧钻时,由于井眼半径较大使得扭矩大增,从而降低锻铣器的使用效率,有时需要多副刀片才能锻铣出十多米的套管,使侧钻成本大大增加。而采用一体式斜向器难以保证后期作业中松动,一旦松动,就会前功尽弃,甚至造成不堪设想的后果。而使用固定锚系统恰恰克服了上述两个弱点。

但是固定锚系统也存在着一些弱点:

(1)侧钻工艺复杂。由于固定锚系统需要固定锚体,对接斜向器,开窗、修窗等,造成工艺繁琐,耗费时间长,不能适应现代钻井的快节奏、高效率。因此,在一般的侧钻井中,该种侧钻工艺已不作为首选。

(2)斜向器与锚体的对接困难。由于斜向器下端和锚体上端连接处无引导部件,需多次转动转盘才能对接上。特别是井眼倾斜时,对接更为困难,而且尚不注意,会因转盘倒转而损伤连接销钉。

(3)在定向井中不易磨开窗口。由于斜向器与锚体的连接方式是铰接,因此,在斜井眼中,斜向器易于偏离中心线,从而降低启始铣的侧向切削力。

1.固定锚磨铣工具的结构和工作原理

如图4-30所示,固定锚磨铣工具主要由固定地锚、斜向器、启始铣、开窗铣、锥形铣、钻柱铣、西瓜铣、小磨鞋组成。

在套管内将斜向器固定,通过仪器测量定向,使斜向器斜面方向与设计开窗侧钻方位一致,下入磨铣工具,利用斜向面施加给磨铣工具的侧向力,将套管磨铣出一椭圆形窗口,用扩眼工具将窗口扩大,使钻具能顺利通过,侧钻成新井眼重新完钻。

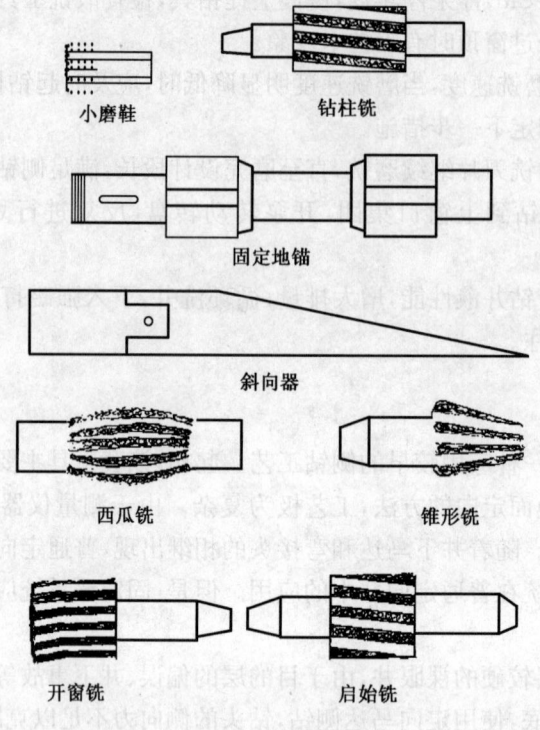

图 4-30 固定锚磨铣工具示意图

2. 定向开窗步骤

1) 工具的地面检查

(1) 检查工具是否齐全,配足、配齐所需备件,并对所有工具进行包装,防止运输过程中损坏。

(2) 检查地锚护送装置是否灵活、好用,内外定向键方向是否一致,是否完好,悬挂钢球是否齐全,有无损坏。

(3) 检查完后,各部位涂好黄油,装配好备用。

2) 下地锚作业及注意事项

(1) 把尾管连接起来,在尾管的底端焊接一盲眼旧钻头,并在尾管的下部割三个直径为 15~20mm 的旋流孔。

(2) 选择开窗位置要尽量避开套管接箍,根据开窗位置与井底的深度定出尾管长度。

(3) 下尾管一定紧好扣,并用丝扣胶粘住或用电焊焊住,隔一根尾管加一个扶正器,尾管顶部连接地锚。

(4) 下地锚尾管一定要控制下钻速度,严格禁止猛刹猛放,遇阻不能超过 1t,防止尾管落井。

(5) 下钻过程中,严禁转动转盘,所有下井工具必须用直径 65mm 的通径规,全部探伤后方可下井。

(6) 下钻过程中,注意井口安全,防止井口落物。钻台上所有仪表必须灵活好用。

(7) 准备长钻杆(12m)和短钻杆(3m)各两根,用以调节转盘面以下钻杆长度以符合设计开窗位置要求。

(8) 工程技术人员要坚持守在钻台上,加强责任心,监督检查井队严格执行技术措施。

3)定向固地锚作业及注意事项
(1)下钻完接触井底,加压不得超过1t,小排量慢慢开泵,不得调整钻井液性能。
(2)陀螺测量仪器下井定向工作期间不得停电断电,定向完后座好钻具,锁住转盘,各方人员要积极配合协调工作。
(3)固井人员检查并装好水泥头及钻杆胶塞,固井管汇要用软管线连接,以保证在替钻井液时能上提活动钻具。
(4)水泥浆稠化时间大于360min,流动度大于20cm,水泥浆相对密度为1.80~1.90。
(5)注水泥浆前注入前置液一方,水泥浆量根据封固井段,相对密度达到要求后开始计量,注完水泥浆立即压胶塞替泥浆剪销钉,保证整个作业过程连续进行。
(6)剪销钉后,钻具座在转盘上继续循环清洗地锚头20~30min后,上提钻具1m,继续循环,将多余水泥浆全部替出井口。
(7)接方钻杆循环钻井液清洗井眼,每隔5min活动一次钻具,循环两周后起钻候凝48h。
4)通井探地锚头作业
(1)下钻过程一定要平稳缓慢,防止溜钻,严禁猛刹猛放,遇阻下压不得超过1t,注意井口安全,防止井口落物。
(2)地锚对接内筒一定要清洗干净,斜向器与送入接头之连接销钉要焊牢,斜向器吊往钻台时要用绷绳抬起。
(3)各方技术人员要密切配合,听从开窗技术人员指挥,对接地锚时,司钻操作一定要平稳。
(4)整个下钻过程中,不得转动钻具,以保证斜向器与地锚安全对接一次成功。
(5)下钻至锚头顶部位置,加压0.5t,慢慢转动转盘,进行对键,钻压回零后继续下放钻具。
(6)测量方入是否与计算方入相吻合,转动转盘3~5圈,观察转盘到车情况,上提钻具悬重是否增加。
(7)若方入相吻合,转盘全部回车,上提钻具悬重增加5~8t提不脱,说明斜向器与地锚已对接好。
(8)下放钻具,慢慢加压,观察指重表当灵敏表突然回零,说明销钉已剪断,斜向器已甩下。
5)启始铣下井作业
(1)钻具结构:启始铣+钻铤三柱+钻杆。
(2)详细测量启始铣内外径,绘制草图,下钻速度一定要缓慢,中途遇阻不能硬压,应起钻通井。
(3)下钻至斜向器顶端以上10m,开泵循环,探方入及遇阻深度,空钻压转动钻具30min。
(4)加钻压1~2t,转盘转速50~60r/min,钻井液性能应满足携带铁屑的能力。
(5)磨铣到启始铣死点位置,起钻并计算目前窗口能否满足下开窗铣的要求,若不能满足,则再下导向杆直径小的启始铣。
(6)满足下开窗铣的条件是,启始铣所开窗口底部套管外壁到斜向器斜面的距离应小于开窗铣的直径。
6)开窗铣下井作业
(1)钻具结构:开窗铣+钻铤三柱+钻杆。
(2)下钻过程中不能转动钻具,开窗铣下到斜向器顶部位置时,要缓慢下放钻具,遇阻转动转盘3~5圈继续下放。

(3)开窗铣下至启始铣所开窗口底部,加压3~5t磨铣,转盘转速控制在60r/min左右,钻井液排量及性能应满足携岩要求。

(4)磨铣过程中,钻压一定要平稳,送钻要均匀,应及时捞取井口返出的铁屑,分析开窗铣井下工作状况。

(5)当开窗铣磨铣到上死点位置时(套管内壁至斜向器斜面的距离等于开窗铣半经),起钻下小磨鞋过死点段。

(6)小磨鞋磨过下死点位置后,继续下开窗铣,把下部窗口开完,开下窗口时,钻压降到3t,防止开窗铣滑入地层。

(7)开窗过程中磨铣速度变慢,应起钻检查开窗铣或换开窗铣后继续磨铣,否则可能将斜向器磨坏。

(8)窗口开完后,利用开窗铣钻进地层3~5m,为修窗口作业做好准备。加大排量循环洗井,降低钻井液中固相含量。

7)小磨鞋下井作业

(1)钻具结构为小磨鞋+钻铤三柱+钻杆。

(2)下钻至开窗铣上死点位置,转动转盘,加压3t,转盘转速率0r/min。

(3)小磨鞋磨过下死点位置,起钻检查小磨鞋磨损情况,确认小磨鞋过下死点位置后,换开窗铣继续磨铣。

8)修窗口作业注意事项

(1)钻具结构为锥形铣+西瓜铣+钻柱铣+钻铤三柱+钻杆。

(2)锥形铣、西瓜铣、钻柱铣之间螺纹上紧段焊牢固,防止作业过程中脱扣落入井眼内。

(3)下钻到斜向器顶部位置遇阴加压1~2t,转盘转速60r/min,修窗口。

(4)反复划修窗口,直至上提下放钻具过窗口无任何显示,起钻换钻具组合,侧钻钻进。

(5)作业过程中要注意井口安全,防止井口落物造成复杂事故。

(三)一体式地锚斜向器开窗

一体式地锚斜向器是近年来在固定锚斜向器的基础上发展起来的一种新型工具,它在我国东部油田特别是辽河油田、胜利油田得到了较好的应用。它具有施工工艺简单、成本低、效率高等特点,在今后的废弃井再利用工程中有着良好的发展前景。

1.一体式地锚斜向器的结构和工作原理

如图4-31所示,一体式地锚斜向器主要由护送器、导向器和地锚总承组成,地锚总承由悬挂系统、液压系统等部分组成,护送器和导向器之间用销钉连接,并有安全销,从而保证在地锚遇阻时,销钉不被剪断,导向器与地锚之间用液压管连接。

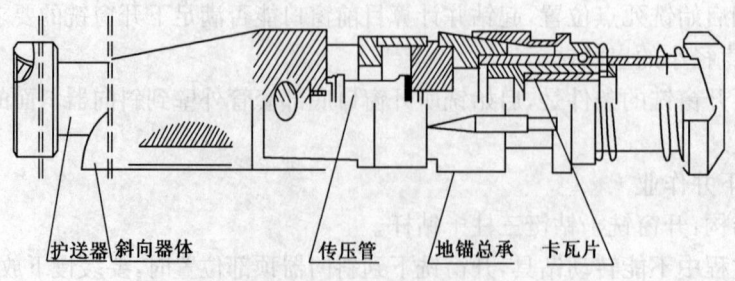

图4-31 一体式地锚斜向器

地锚斜向器下到设计井深后,通过护送器内定向键与斜向器斜面在同一方向上这一特定结构,下入测量仪器定向,把斜向器斜面面对开窗方位,然后缓缓开泵,液体通过斜向器背面的传压管传递压力,推动液压系统中的活塞下行。活塞推倒传压杆,使剪切套剪切销钉,小球落入井内,激活悬挂系统,在压缩弹簧的作用下,推动卡瓦片上行,接触套管并产生一定的外挤力。而后下放钻柱加压,剪切护送螺栓,完成地锚斜向器的锚定工作。

2. 一体式地锚斜向器开窗侧钻工艺

一体式地锚斜向器开窗井眼的准备同套管锻铣开窗一样。

1) 下一体式地锚作业

(1) 在地面检查一体式地锚是否完好,有无损坏。

(2) 选择开窗位置,尽量避开套管接箍。

(3) 下地锚时控制下放速度,严禁猛刹猛放,遇阻不超过20kN。

(4) 下放过程中,严禁开泵,以防提前坐封。

2) 定向坐封地锚斜向器

(1) 一体式地锚斜向器下入预定位置后,下入陀螺测量仪进行定向。

(2) 开泵循环,靠液力剪断安全销,地锚打开卡瓦。

(3) 加压剪断护送销钉,甩掉地锚斜向器,完成坐封。

3) 下复式铣锥

(1) 下入如下钻具组合:复式铣锥+钻柱铣+钻铤三柱+钻杆。

(2) 下钻至斜向器顶端以上10m,开泵循环,探方入。

(3) 缓慢启动钻盘,低速旋转,慢慢下方,先磨出一个均匀光滑的接触面。

复式铣锥结构如图4-32所示。

图4-32 复式铣锥结构

4) 开窗磨铣

(1) 开窗第一阶段:从铣锥磨铣斜向器顶部到铣锥底部与套管内壁接触为开窗第一阶段。此段开始要轻压慢转,然后中压中速磨铣,钻压应控制在1~5kN,转速60~80r/min,目的是使铣鞋先磨铣出一个均匀接触面并达到磨铣切削的目的。

(2) 开窗第二个阶段:从铣锥底圆接触套管内壁到底圆刚出套管外壁为开窗第二阶段。此段加大钻压很容易提前外滑,但不加钻压又不容易磨铣切削套管,因此钻压应控制在5~15kN,转速80~120r/min,使铣锥沿套管外壁均匀磨铣,保证窗口长度。

(3) 开窗第三阶段:从铣锥底圆出套管到铣锥最大直径全部铣过套管为开窗第三阶段。此段是保证下套管圆滑的关键阶段,只要稍一加压就会滑出套管,因此钻压应控制在1~5kN,转速120~150r/min,定点快速铣进,其长度等于一个铣锥长度。

以上三个阶段,修井液上返速度均应大于0.6m/s,否则磨铣套管过程中的碎物不宜携带出来。

思 考 题

1. 简述钻井液的基本功能。
2. 钻井液的基本性能有哪些?如何表征与控制?

3. 影响钻进机械钻速的主要因素有哪些？分别是如何影响的？
4. 提高钻进机械钻速的工程技术措施有哪些？
5. 简述射流对井底的清洗作用。
6. 简述提高钻头水力参数的途径。
7. 引起井斜的原因有哪些？
8. 满眼钻具组合控制井斜的原理是什么？它能使井斜角减小吗？
9. 钟摆钻具组合控制井斜的原理是什么？为什么使用它钻速很慢？
10. 井眼轨迹的计算参数有哪些？
11. 垂直投影图与垂直剖面图有何区别？
12. 动力钻具造斜工具有哪几种形式？它们的造斜原理有何共同之处？
13. 装置角有什么重要意义？
14. 动力钻具反扭角是如何产生的？为什么反扭角总是使装置角减小？
15. 取心的目的是什么？什么是取心收获率？
16. 常规取心类型有哪些？
17. 简述常规取心工具的基本组成。
18. 套管开窗侧钻的用途是什么？
19. 简述常见套管开窗工具组成及工艺流程。

第五章 油气井压力控制

当钻遇油气层时,如果井底压力低于地层压力,地层流体就会进入井眼。大量地层流体进入井眼后,就有可能产生井涌、井喷,酿成重大事故。因此,在钻井过程中,采取有效措施进行油气井压力控制是安全钻井的一个重要环节。

概括起来,油气井压力控制(简称"井控")的任务主要表现在两个方面:一是通过控制钻井液密度,使钻井在合适的井底压力与地层压力差下进行;二是在地层流体侵入井眼过量后,通过更换合理的钻井液密度及控制井口装置,将环空内过量的地层流体安全排出,并建立新的井底压力与地层压力差。

常规井控技术的一般原则是:保持钻井液柱压力接近或略高于地层压力,以保证钻井施工的顺利进行。先进的井控理念则是:根据油井安全、顺利、快速钻进和发现、保护油气层的需要,使工艺和装备有机配合,在钻井液柱压力小于、等于或高于地层压力时,维持钻井与完井施工安全顺利进行的井控工艺和装备的综合应用。

本章主要介绍油气井井控的基本概念、井筒压力平衡关系、溢流与关井方法、常用的压井工艺技术等内容。

第一节 概 述

一、井控相关术语及定义

1. 井控的定义

井控是指采取一定的方法和装备,控制钻井流体当量密度和井口压力,使井筒压力维持一定的系统平衡关系,保证钻井与完井施工顺利进行的工艺技术。

定义中所说的"一定"包括以下几个方面的内容:

(1)一定的技术手段,如准确的地层压力检测技术、合理的井身结构设计技术、有效的井筒压力控制技术;

(2)一定的井控装备,如足够强度的套管柱、合乎要求的井口防喷器系统和地面管汇、先进的地面压力控制系统;

(3)一定的压力系统平衡关系,如欠平衡、近平衡、过平衡;

(4)一定的井控管理,包括具有相应资质或技能的井控设计、人员、设备维修、培训等。

2. 井控分级

根据井筒压力系统的失衡程度、井涌的规模和采取的控制方法,井控作业分为三级,又称为三次,即一级(次)井控、二级(次)井控和三级(次)井控。

1)一级井控

一级井控是指在正常钻进和钻进高压油气层时,利用井内钻井液柱压力来控制井内地层压力的方法。通过采用合理的钻井液密度和技术手段,使钻井液柱压力与地层压力维持在一定的、可控的、维持钻井与完井工作顺利实施的平衡关系上。

一级井控的核心是确定一个合理的钻井液密度和一套与井筒压力系统平衡关系相适应的地面装备。一级井控提供的钻井液液柱压力和井控装备应能为安全钻井提供有效保障。常规井控工艺条件下,确定钻井液当量密度的原则是液柱压力能平衡或大于地层压力,井口敞开条件下能安全施工。特殊工艺条件下,如欠平衡钻井、气体钻井、泡沫钻井、控制压力钻井等,确定井筒压力系统平衡关系的原则是根据工艺需要,选择钻井流体类型和与之相配套的地面装备,使井筒压力平衡关系维持在能保证钻井与完井施工顺利和安全的范围内。

2)二级井控

二级井控是指出现溢流后,采用井控工艺、设备,恢复对地层压力控制的工艺技术。

由于某些原因造成井底压力小于地层压力,发生了非主观希望的溢流,可以利用地面设备和适当的井控技术来控制溢流,并能重建压力平衡,使井筒压力系统的平衡关系重新达到一级井控状态。

实施二级井控技术的关键是:具有合理的井身结构设计,满足要求的井控装备,正确的关井、压井工艺和方法。

3)三级井控

三级井控是指井喷失控后的井控抢险。三级井控是在二级井控失败后,井身结构,或是地面装备,或是薄弱地层,或是井控人员的技术和能力,无法满足对井涌控制的需要,发生了地面或地下井喷,甚至出现着火、塌陷等恶劣状况。此类情况发生后,需要专门的技术、专门的设备,调动专门的人员,乃至紧急配置特殊的装备及人员,通常需要一定乃至大量的人力、物力、财力投入,才能重新恢复对井筒压力系统的控制,达到一级井控状态。有时需要通过抢险、灭火、打救援井等特殊的手段来制服井喷。三级井控往往需要的人力、财力、物力巨大,有时甚至会对环境及社会造成一定的影响;偶尔也会出现虽然制服了地面井喷,但却造成了井眼报废和对油气资源的严重损害。

因此,搞好井控工作的原则是:立足一级井控,搞好二级井控,杜绝三级井控。应努力使所钻井处于一级井控状态,同时做好一切应急准备,一旦发生井侵,能迅速、有效地作出反应,及时加以控制和处理,快速有效地重建井筒压力系统的平衡。要尽力避免因为失察、推诿、懈怠、失职、无知、误操作等人为因素造成的将井涌变成井喷,以致井喷失控,甚至着火等恶性事故。

3. 井侵

井侵是指当地层孔隙压力大于井底压力时,地层流体(油、气、水)侵入井内的现象。

4. 溢流

溢流是指因地层流体侵入井内引起井口返出的钻井液量比泵入量大,或停泵后井口钻井液自动外溢的现象。

5. 井涌

井涌是指溢流进一步发展到钻井液涌出防溢管口的现象。

6. 井喷

井喷是指地层流体(油、气、水)流入井内并引起井内流体喷出钻台面的现象。

7. 地下井喷

地下井喷是指溢流关井后,将某一薄弱层压破,高压层流体大量流入被压裂地层的现象。

8. 钻柱井喷

钻柱井喷是指流体从钻柱内涌出的井喷。

9. 井喷失控

井喷发展到了一定程度,井身结构、井控装备、薄弱地层、井控人员的技术和能力等无法有效阻止高压地层流体进入井筒,或喷出井口,或窜入其他层位,称为井喷失控。

10. 井喷着火

井喷后,失去控制的地层可燃流体在地面着火的现象,称为井喷着火。

井喷着火分为两种情况,一种是喷出可燃地层流体,达到了燃爆条件,意外失火;另一种是喷出地层流体含有毒、有害气体,特别是喷出地层流体中含有大量的 H_2S,在井口不能得到及时、有效的控制,危及到周边地区居民生命和环境安全时,为降低对社会和环境的伤害,人为点燃喷口。

井喷失控、井喷着火往往是钻井与完井施工中的恶性事故,如果不能得到及时、有效的处理,会对资源、环境、装备、人员乃至社会造成重大危害。

井侵、溢流、井涌、井喷、井喷失控,反映了地层压力与井底压力失去平衡以后,井下和井口所出现的各种现象及事件发展变化的严重程度。

二、井喷的危害

大量实例说明,井喷及井喷失控是钻井过程中性质最为严重、损失最为巨大的灾难性事故。这种事故有些是由于技术原因,钻遇了当前或当时技术条件下难以控制的油气水层;有些是由于人为因素。但归根到底,大多数井喷或多或少地与人为因素有关,原因在于许多大的失误都是与许多小错误的累积和巧合有关。一旦出现井喷失控,其危害常常是惨痛的:

(1)可能扰乱正常工作秩序,影响全局生产。
(2)可能伤害油气层,破坏地下油气资源。
(3)可能使钻井故障复杂化。
(4)可能造成设备毁坏、人员伤亡,带来巨大的经济损失。
(5)可能造成油气井报废,浪费巨额的国家财产。
(6)可能造成极其严重的环境污染,影响农田水利、渔场、牧场、林场等基础设施建设。
(7)可能造成负面的社会影响。严重的井喷失控,如果危害了环境,影响了周边居民的正常生活,导致了人员的伤亡,势必对业主和作业者的声誉造成负面影响。

第二节 井筒压力系统平衡关系

一、波动压力

1. 波动压力的定义

波动压力是指由于井内钻具或流体上下运动而引起井底压力增加或减少的压力值,它是激动压力和抽汲压力的总称。激动压力是指当钻柱向下运动时,井内钻井液向上流动,使井底压力增加,由此而增加的压力值。抽汲压力是指当钻柱向上运动时,井内钻井液向下流动,使井底压力减少,由此而减少的压力值。

2. 波动压力对钻井安全的影响

由于钻井液具有一定的黏度和切力,当快速提升钻柱(尤其是出现缩径、钻头泥包)时,都将引起过大的抽汲压力。当抽汲压力达到一定值时,就会引起井喷和井眼垮塌,因此应引起足够重视。当下钻速度过快时,同样会引起过大的激动压力,造成井漏,影响井眼安全。

3. 引起波动压力的主要因素

(1)钻井液静切力。钻井液静止时间越长,其网状结构强度越大,静切力就越大,钻井液从静止状态到流动状态所克服的流动阻力就越大。此时,井内钻柱上下运动,就会造成过大的波动压力。

(2)起下钻速度。起钻时,钻具底部产生负压,使井底压力减少;下钻时,钻具底部排挤钻井液向上流动,使井底压力增加。

(3)惯性力。在起下钻具或接单根等作业中,钻柱的运动有加速和减速的过程,由此产生惯性力,使井内压力产生波动。惯性力越大,波动压力就越大。

4. 减小波动压力的措施

(1)严格控制起下钻速度,防止过快,尤其是裸眼段起下钻或钻头在井底附近时,更应高度重视。

(2)起下钻具时,严禁猛提猛刹,防止产生过大的惯性力和波动压力。

(3)起钻前,充分循环井内钻井液,使其性能均匀,进出口密度差小于 0.02g/cm^3。同时,调整好钻井液性能,防止因切力、黏度过大产生较大的波动压力。

(4)应保持井眼畅通,防止缩径、泥包等引起严重抽汲。

二、井底压力

井底压力是指作用在井底上的各种压力的总和。不同钻井作业工况中的井底压力如下。

1. 井内钻井液处于静止时的井底压力

$$p_b = p_m = \rho_m g H_m \times 10^{-6} \tag{5-1}$$

式中　p_b——井底压力,MPa;
　　　p_m——钻井液静液柱压力,MPa;
　　　ρ_m——钻井液密度,kg/m³;
　　　g——重力加速度,m/s²;
　　　H_m——钻井液静液柱高度,m。

钻井液静液柱压力是构成井底压力和维持井内平衡最主要的部分,是实施一级井控的唯一保证。

2. 钻进时的井底压力

$$p_b = p_m + p_{bp} = \rho_m g H_m \times 10^{-6} + p_{bp} \tag{5-2}$$

式中　p_{bp}——循环时的环空流动阻力,MPa。

3. 起钻时的井底压力

$$p_b = p_m - p_{sb} - p_{dp} \tag{5-3}$$

式中　p_{sb}——抽汲压力,MPa;
　　　p_{dp}——未及时灌满井口而产生的静液柱压力减少值,MPa。

安全提示：

(1)起钻时,应及时灌满钻井液,现场每起3~5柱钻杆或一柱钻铤就应灌满一次。目前国外已配备自动灌浆监测报警系统,在起钻时能实时检测、校核起出量与泵入量,发生异常能及时报警。

(2)只有起钻作业时,井底压力才会小于静液柱压力,所以起钻时应格外谨慎,以防抽汲。在近平衡中,规定的安全余量就考虑了p_{sb}和p_{dp}的影响。在设计钻井液密度时,应以起钻工况时的井底压力为准。

4. 下钻时的井底压力

$$p_b = p_m + p_{sw} \tag{5-4}$$

式中 p_{sw}——激动压力,MPa。

三、井底压差

井底压差是井底压力p_b与地层压力p_p之差。

$$\Delta p = p_b - p_p \tag{5-5}$$

式中 Δp——井底压差,MPa。

当$p_b \gg p_p$时,$\Delta p \gg 0$,井底为过平衡;

当p_b稍大于p_p时,Δp稍大于0,井底为近平衡;

当$p_b = p_p$时,$\Delta p = 0$,井底压力与地层压力平衡;

当$p_b < p_p$时,$\Delta p < 0$,井底为欠平衡,出现负压差。

四、钻井液密度的确定

平衡压力钻井中,以地层孔隙压力当量钻井液密度为基数,再增加一个安全附加值来确定钻井液的密度。具体设计时,根据全井压力剖面(地层压力剖面、地层破裂压力剖面和坍塌压力剖面)及浅气层资料,分段设计确定钻井液密度,附加值可由下列两种方法之一确定：

(1)密度附加值：油水井为0.05~0.10g/cm³,气井为0.07~0.15g/cm³；

(2)压力附加值：油水井为1.5~3.5MPa,气井为3.0~5.0MPa。

具体选择附加值时,应综合考虑地层孔隙压力预测精度、油气水层的埋藏深度、地层油气水中H_2S的含量、地应力、地层破裂压力和井控装备配套等因素。浅气井一般采用3.0~5.0MPa的压力附加值。

第三节 溢 流

一、产生溢流的原因

发生溢流时,地层流体大量进入井眼,为了保证井眼的安全,必须立即停止正常作业,采取关井的办法来控制地层流体的流动。在正常钻进或起下钻作业中,地层流体向井眼内流动必须具备下面两个条件：

(1)井底压力小于地层流体压力；

(2)地层具有允许流体流动的条件。

当井底压力比地层流体压力小时,就存在负压差值,这种负压差值在遇到高孔隙度、高渗透率或裂缝连通性好的地层,就可能发生溢流。所以,要维持一口井处于有控状态,就必须保证适当的井底压力。在不同工况下,井底压力是由一种或多种压力构成的一个合力。因此,任何一个或多个引起井底压力降低的因素,都有可能最终导致溢流发生。其中最主要的原因是:

(1)起钻时,井内未灌满钻井液;
(2)钻井液漏失;
(3)钻井液密度低;
(4)抽汲;
(5)地层压力异常。

钻井液密度偏低,是造成溢流最常见的原因。根据统计,溢流和井喷事故多发生在起下钻作业过程中。

二、不同施工阶段的溢流征兆

在钻井各种作业中,当发生气侵或者油水侵后,侵入井内的油气水便推动井内钻井液从井口向外溢出,可以在地面上发现从井内溢出的钻井液液流的各种显示,即溢流显示。通过这些溢流显示,就可以正确判断井侵情况。及时发现溢流,并采取正确的操作迅速控制井口,是防止井喷发生的关键。钻井人员要能够识别溢流的各种显示,及时发现溢流,并能在各自的岗位上采取正确的行动,迅速控制井口,这是钻井队每名员工的重要职责。

在不同的钻井作业中,溢流显示是不同的,现分别介绍如下。

(一)下钻时溢流的征兆

1. 返出的钻井液体积大于下入钻具的体积

正常情况下,每一根钻柱下入井眼内,都会有相当于该钻柱体积的钻井液向外返出,如果返出的钻井液体积大于下入钻柱的体积,就证明有一定数量的地层流体侵入井内。从井口返出的钻井液可以流到钻井液罐、溢流检测罐中,可以通过钻井液罐内返出钻井液体积大于下入钻具体积增量来判断井侵情况。

2. 下放停止接立柱时井口仍有钻井液外溢

如果下放停止,带负荷吊卡坐在转盘面上时,井口仍向外溢出钻井液,就说明发生了井侵。随着井侵的增加和气体的上升,溢流量会越来越大,有时还会发生井眼不停地外溢钻井液的现象。下钻中,下放停止观察溢流是最直观、最有效的方法。因此,下钻中应有专人观察下放停止时的溢流状况。

3. 井口不返钻井液或环空液面下降

如果下钻速度太快,就会产生较大的激动压力,而造成井漏,使钻井液外溢量减小。井漏严重时,环空液面会下降,使井内钻井液柱高度降低,井底压力减小,当井底压力小于地层压力时,就会发生井涌。井漏是井涌的前兆,当发现井漏后,必须立即采取措施制止井漏,防止井涌的发生。

(二)钻进时溢流的征兆

1. 出口管钻井液流速的变化

在排量不变的情况下,地层流体侵入井内后,钻井液返出量增多。另外,若为天然气井侵,钻井液出口管流速会越来越大。钻井液出口流速增加是溢流的第一个显示，当发现钻井液出口流速增加时，应立即停钻、停泵，并认真观察钻井液静止时井口是否有外溢现象，如果有外溢，应立即关井。

在浅气层的钻井中，如果发生了气侵，首先是出口流速的增加，而钻井液池液面升高的显示则要滞后于流速变化时间，这对于迅速控制溢流是不允许的。钻井液流速测量仪表是实现井控的第一个重要工具，应保证它的灵敏、可靠。

2.钻井液罐液面的变化

在钻井过程中，当没有改变循环系统容积或者没有人为增加钻井液体积时，如果钻井液罐液面升高，说明钻井液池内的钻井液体积增加，有地层流体侵入井内。如果钻井液受到气侵后，钻井液池液面升高速度逐渐加快。当天然气接近地面时，钻井液罐液面有较明显的升高，井喷也会很快来临。

钻井的其他作业也可以使钻井液池液面发生变化，例如：

(1)向钻井液中加入添加剂，特别是加重剂和水；

(2)倒灌、调性能等；

(3)钻井液固控设备的启动与停止；

(4)钻井液除气设备的启动与停止；

(5)振动筛跑浆。

在判断是否有溢流时，应排除上述原因。

3.停泵后出口管钻井液的外溢

在钻进过程中，因接单根、检修设备等工作停泵后，如果出口管仍然不停地外溢钻井液，则说明地层流体正在侵入井内，应立即关井。

在钻进时，如果怀疑可能有溢流现象，可以停钻、停泵，并观察出口管是否有向外溢流钻井液现象。停泵会导致井底压力降低，溢流更容易发生，如果停泵 5~15min 后没有溢流现象，则表明没有发生井侵。

停泵观察出口管是否有钻井液外溢现象时，应排除下述情况：

(1)因钻柱内钻井液比环空钻井液重所产生的钻井液外溢现象。起钻之前，向井内打入一段重钻井液塞以后，这种现象很明显。

(2)停泵以后，水基钻井液继续流动的时间很短，油基钻井液比水基钻井液继续流动的时间长一些，但一般不超过 3min。其原因有可能是油基钻井液比水基钻井液的可压缩性大。

4.钻井液的变化

(1)井内返出的钻井液中有油滴、油迹、气泡、硫化氢味，烃类含量增多、氯离子含量增高。井侵量大时，地面显示比较明显，可以发现有一缕缕黑色油迹、一堆堆泡沫，或者是钻井液变稠。而井侵量小时，就不易发现，只有借助仪器才能测量出油、气、水的存在。用气测仪器测出烃类增加，则证明钻井液中有油侵；用氯根测量仪器测量出氯根含量增加，则证明钻井液中有盐水侵。硫化氢气体侵入井内并随钻井液返至地面时，人们会闻到很刺鼻的硫化氢味，采用相关的仪器设备，可以检测到这种变化。

(2)钻井液密度下降。当钻井液中侵入油气水后，钻井液密度就会下降。

(3)钻井液黏度的变化。当钻井液中侵入油气水后，钻井液黏度会发生变化。

(三)起钻时的溢流征兆

起钻过程是溢流检测的关键时段,由于抽汲作用的影响,以及井内钻具逐渐减少和可能出现的长时间停止循环,处理溢流的能力也越来越低,因此起钻前的准备和起钻时的检测对井控尤为重要。

1. 灌入井内的钻井液体积小于起出钻柱的体积

如果地层流体侵入井内,地层流体就会占据一部分井眼空间,使灌钻井液量减小。

2. 钻具静止时,出口管外溢钻井液

在灌浆后出口管外溢钻井液,表明有地层流体侵入井筒。如果未灌浆仍有流体外溢,说明地层流体的侵入量很大,或者侵入井筒的气体已经滑脱上升到了离井口较近的位置(一般小于1000m),这时可能马上就要井涌,应立即关井。

3. 钻井液池液面不减少或者升高

在起钻时,由于钻柱不断地从井眼起出而不断地向井眼灌入钻井液,钻井液池的钻井液量应逐渐减少。如果井口总是充满钻井液,使钻井液灌不进井内,或钻井液池内的钻井液体积不按一定的规律减少,甚至液面升高,这些都说明地层流体已大量侵入井内,应立即关井。

4. 井漏

如果在起钻时发生灌入井内的钻井液体积大于起出钻柱体积的现象,则说明发生了井漏,应采取堵漏措施。如果井漏不能早期发现和有效遏制,会增大井喷的风险。

(四)空井时的溢流征兆

(1)出口管外溢钻井液。

(2)钻井液池液面升高。

(3)环空液面下降。空井时,发现环空液面逐渐下降,表明井漏发生,应立即实施堵漏措施,防止发生井喷。

三、溢流监测

先进的钻机和综合录井设备都会配备比较完备的溢流监测设备,常见的直接监测手段有钻井液体积、进出口流量、钻井液含烃变化;常见的间接监测手段有钻速、钻井液电导、钻井液温度、立管压力等。

1. 钻井液体积监测

从理论上讲,当地层流体侵入井眼后,钻井液体积会减少,在钻井液罐容积一定的情况下,液罐的液面会增高。对于油、水侵入情况,如果忽略其在环空中的压缩性,地层油、水侵入多少,在钻井液罐内的液体体积就增加多少。但如果出现气侵,由于其可压缩性,当气体上升到一定深度时才会有明显膨胀,钻井液液面才会有较明显的变化。目前,监测钻井液液面高度是监测油气水侵的主要方法之一,常用的监测仪器有浮子式液位计、超声波液位计等。通过测量一个钻井液罐的液体高度变化,将液位变化的信号传输给综合录井仪或其他的液面监测设备,通过一定的手段记录、显示、报警液面的变化,是液面监测的主要手段。

2. 钻井液进出口流量监测

对比钻井液的进、出口流量变化,可以发现是否发生井侵。常见的进口流量监测方法是通过泵冲计算进口流量；常见的出口流量监测方法有靶式流量计和电磁流量计。一般情况下，测量钻井液的进出口流量变化比测量钻井液体积变化快捷。由于出口流量的监测精度较低，若地层流体侵入速度低，很难靠出口流量计监测到返出量变化。由于钻井液体积监测具有累计作用，通过液面监测法比流量监测方法更有效、更可靠。

3. 声波法溢流监测基本理论

在常温常压下，声波在水中的传播速度约为1500m/s，在空气中的传播速度约为340m/s，而在空气—水两相流中的传播速度低达每秒几十米。据此，声波法溢流监测比现有其他方法能更加有效地监测溢流。

第四节 关 井

发现溢流并准确无误地迅速关井，这是防止井喷的最关键的一步，也是重建井筒压力平衡的基础措施。第一时间发现溢流，第一时间迅速控制井口，有利于制止地层流体继续进入井内，有利于井内保持较多的钻井液，有利于制止井内气体的快速膨胀，有利于减少钻台人员的恐惧心理，有利于保持环空钻井液柱压力，有利于减小关井套压值，有利于计算地层压力。

一、关井原则

1. 关井要及时、果断

一旦发现溢流，关井越迅速，溢流量越小，越容易控制。因此，钻台人员应该按钻关井程序各司其职，反应迅速，行动果断，在最短的时间内控制井口。关井操作通常需要多人配合，特别是一旦出现井喷先兆，会对井队人员造成心理压力，如果动作不熟练，就会手忙脚乱，一旦出现错误动作，可能会给后续的关井、压井操作带来更大的难题。因此，各岗位必须十分熟练各自的职责和动作，做到正确、快速关井。应该强化井队相关人员的井控培训和演习，将关井的相关动作作为本能反应。

2. 非特殊需要，关井后不能压破地层和套管

传统井控理论指出，井口套压由井口装备承压能力、套管抗内压强度的80%和套管鞋处的破裂压力三个因素确定。任何情况下，井口套压不能大于井口装备的承压能力，不能大于液柱压力之和，不能大于套管压力的80%，任何情况下不能压漏地层。一般情况下，如果在关井或压井的过程中发生井漏，会导致地下井喷；如果地下井喷在浅层发生，油气窜至地面将造成无法控制的地面井喷，造成机毁人亡、环境污染，乃至社会问题，这是要力图避免的。通常一口井的薄弱部分在最后一层套管的套管鞋附近。确定地层破裂压力梯度的最好办法，是在下套管后进行地层破裂压力试验，以获得地层破裂压力梯度，并由此确定最大允许关井套压。最大允许关井套压不仅与地层破裂压力有关，还要受到钻井液密度的影响，井内钻井液密度越高，关井最大允许关井套压越低。

3. 特殊情况下，关井后可以压漏地层

现阶段的高含硫气井的井控实践表明，如果地层产能很高并含有高浓度的毒性气体，一旦这些气体到达地面，采用现有的装备和技术去有效控制和处理会有很大的困难和风险。万一控制失效，可能会带来十分严重的环境污染、人员和装备伤害，甚至是社会恐慌。对于这类特

殊井,只要井筒和地层条件允许,一般可采用压回的方式,即将侵入到井筒内的有害气体压入到地层中。在这种情况下,压裂或压漏地层在所难免,这也有悖于传统井控理论的不压破原则。因此,井控理论和方法不是一成不变的,需根据实际需求作相应的改变,当压漏地层比放出有毒气体的风险更小时,则应该选择风险更小的方法。

二、关井方法

1. 软关井

先保持节流阀在一定的开度,发现井涌后,先关闭防喷器,再关闭节流阀。此方法对井口装置及环空水击作用最小,但关井时间稍长,地层流体侵入量会高于硬关井,由此增加的地层流体侵入也会在一定程度上增加压井的困难。软关井适用于下列情况:

(1)井口井涌速度过高;
(2)井口装置承压较低;
(3)地层破裂压力过低。

2. 硬关井

节流管汇处于关闭状态,发现井涌后,直接关闭环形或闸板防喷器。此方法关井迅速,地层流体侵入井眼最少。但在防喷器关闭期间,由于环空流体由流动突然变为静止,对井口装置将产生水击作用,水击又会反作用于整个环空、套管鞋处和裸眼地层。如果水击严重,可能损坏井口装置,并有可能压漏套管鞋处地层及下部裸眼地层。硬关井适用于下列情况:

(1)井口溢流速度不高;
(2)井筒情况紧急;
(3)井口装置和井筒能够承受较大的压力。

3. 半软关井

发现井涌后,先适当打开节流阀,再关闭防喷器,然后关闭节流阀。此方法的特点介于硬关井与软关井之间。

三、关井作业常见的错误做法

1. 发现溢流后,不及时关井仍继续观察

此做法的结果会使侵入井内的地层流体越来越多,溢流更加严重。特别是天然气溢流,由于其向上运移速度快,体积膨胀率高,会排出更多的钻井液,很容易导致液柱压力低于地层压力,诱发井喷。井控技术要求发现溢流,无论严重与否,都应立即关井,弄清情况以后再作处理。

2. 发现溢流后起钻

产生此做法的原因是操作者由于担心关井后,钻具处于静止状态而发生黏吸卡钻,所以力图把钻头起到套管内再关井。这样做既延误了关井时间,又因起钻时的抽汲压力而使地层流体更容易侵入井内。其实,从有利于井控和重建井筒压力系统平衡的角度,钻柱在井内越深,对压井越有利。特别是当发生天然气溢流时,前期受气体压缩的影响,溢流很难发现,后期受气体快速运移和滑脱的影响,特别是还有酸性气体时,气体的膨胀更快,很容易在短时间发生井涌。留给接回压阀和方钻杆的时间本来就很短,如果由于起钻耽搁了时间,就更容易造成井

喷乃至井喷失控。

3. 因为担心卡钻,在关井后频繁活动钻具

这样做极易造成防喷器密封失效。在发生溢流关井的条件下,关键的问题是避免井喷的发生,卡钻已经是次要的问题。关井后,除特殊需要,最好不要频繁活动钻具,保证井口装备的密封性和有效关闭井口是首要任务。

4. 起下钻中途发现溢流,不区分情况强行下钻

常规井控方法中,如果条件允许,可以强行下入部分钻具,以利于重建井筒压力平衡。因此,若发生溢流的流体性质是油或水,且油、水与实际使用的钻井液密度差不大,理论上可以利用由溢流发展到井涌、井喷这段时间,强行多下入一些钻具,有利于后续的压井施工;若发生的是天然气溢流,无论是在起钻还是在下钻状况,都应该采取立即关井的措施,以防止事态进一步恶化。因此,新的井控给定要求,不论是什么情况下发现溢流,只要有关井条件,都应该立即关井,待弄清井筒状况后再采取措施。但是,如果井口未安装防喷器(原则上不允许这种情况出现),则不管是什么性质的溢流,都应立即强行下钻,最好能够下钻至井底,然后采用边循环边加重的方法控制溢流规模的扩大。

5. 防喷器闸板与钻具外径规范不配套

此做法在使用复合钻具时尤其容易发生。因此,在使用复合钻具时,应多安装一套半封闸板,或准备一根外径与防喷器芯子尺寸一致的防喷单根,以便在发生溢流时接在井口,能够按照常规关井方法关井。

6. 钻柱高度不合适,闸板关在钻杆接头上,导致挤坏半封闸板,无法关闭井口

一旦发生此情况,处理方法一般为打开闸板,调整接头位置,重新试关井,前提是闸板及其密封依然完好。预防此类事故发生的方法是,严格执行关井操作,把握好起出钻杆接头至转盘面以上 500mm,以便在溢流发生时准确关井。

7. 储能器没有打压

产生此状况的原因是疏于对井控装置待命工况的检查、保养,井控管理存在漏洞,一旦发生溢流,只能仓促应战,但已丧失了最有利的关井时机。井控管理相关规定中明确要求,井控装置在钻井施工生产的各个环节中都应该始终处于良好的状态,加强井控管理和井控装置的检查、维护,是保证井控工作有备无患的基础。

8. 长期关井,没有及时排出受侵钻井液,没有随着井口压力的升高而调节关井压力

长期关井,气体滑脱,井口压力会上升。当上升到某一值时,防喷器特别是多效能防喷器会发生泄漏,如不及时采取措施,会导致严重的后果。关井后并不等于万事大吉,要密切注意井口动态,及时采取措施。

9. 在钻杆敞开时关闭环空

关井前没有安装内防喷工具,或内防喷工具失效,关井后溢流从钻杆内喷出,难以接内防喷工具。12·23事故中,没有安装内防喷工具是造成该井喷事故严重后果的原因之一。因此,首先应该正确使用内防喷工具;在溢流发生时,应先接回压阀和方钻杆,然后再关闭环空。

10. 接不上回压阀或方钻杆

在关井过程中若出现此情况,处理方法有两种。第一种方法是首先完全打开旋塞阀并强

行接在井口,关旋塞阀,再接回压阀,如果还有困难,可将完全打开的旋塞阀接在一根或一柱钻铤下面,利用钻铤的重量将旋塞阀接好,然后关闭旋塞阀,卸掉钻铤,再接好回压阀和方钻杆。第二种方法是打开高压管汇上的放空阀,抢接带下旋塞的方钻杆,待方钻杆接好之后再关闭放空阀。

11. 测井过程中溢流,强行起出测井工具

在欠平衡测井,井口装备能够保障井筒安全的前提下;或者在一般性测井时,如果测井工具已经起到井口附近,在非高压、非高产、非含气(有毒气体)且能够确保关井的情况下,可以考虑起出测井仪器。一般情况下,必须采取果断措施,斩断电缆,迅速关井,万万不可互相推脱责任,造成时机延误,错过最佳关井时机。

第五节 井控设备

一、井控设备的功用

在钻井过程中,为了防止地层流体侵入井内,总是使井筒内的钻井液静液柱压力略大于地层压力,这就是对油气井的初级压力控制。但在钻井作业中,常因各种因素的变化,使油气井的压力控制遭到破坏而导致井喷,这时就需要依靠井控设备实施压井作业,重新恢复对油气井的压力控制。因此,井控设备是实施油气井压力控制技术的一整套专用设备、仪表与工具。

井控设备具有以下功用:

(1)预防井喷。保持井筒内钻井液静液柱压力始终略大于地层压力,防止井喷条件的形成。

(2)及时发现溢流。对油气井进行监测,以便尽早发现井喷预兆,尽早采取控制措施。

(3)迅速控制井喷。溢流、井涌、井喷发生后,迅速关井,实施压井作业,对油气井重新建立压力控制。

(4)处理复杂情况。在油气井失控的情况下,进行灭火抢险等处理作业。

显然,井控设备是对油气井实施压力控制,对事故进行预防、监测、控制、处理的关键手段,是实现安全钻井的可靠保证,是钻井设备中必不可少的系统设备。

二、井控设备的组成

(1)以液压防喷器为主体的钻井井口,又称防喷器组合,主要包括液压防喷器组、套管头、四通、过渡法兰等。

(2)液压防喷器控制系统,主要包括司钻控制台、远程控制台、辅助遥控控制台。

(3)井控管汇,主要包括节流管汇及液动节流阀控制箱、放喷管线、压井管汇、注水管线、灭火管线、反循环管线。

(4)钻具内防喷工具,主要包括钻具止回阀、方钻杆上下旋塞、投入式止回阀、旁通阀。

(5)以监测和预报地层压力异常为主的井控仪器仪表,主要包括:

①钻井液返出温度监测报警仪;

②钻井液密度监测报警仪;

③钻井液返出流量监测报警仪;

④钻井液循环池液面监测报警仪;
⑤起钻时井筒液面监测报警仪;
⑥泵冲等参数的监测报警仪。

(6)钻井液加重、除气、灌注设备,主要包括:
①钻井液加重设备;
②钻井液/气体分离器;
③常规式或真空式钻井液除气器;
④起钻自动灌气钻井液装置。

(7)井喷失控处理和特殊作业设备,主要包括:
①不压井强行起下管串加压装置;
②自封头、旋转防喷器;
③灭火装置;
④拆装井口设备及工具。

典型的井控装置如图5-1和图5-2所示。

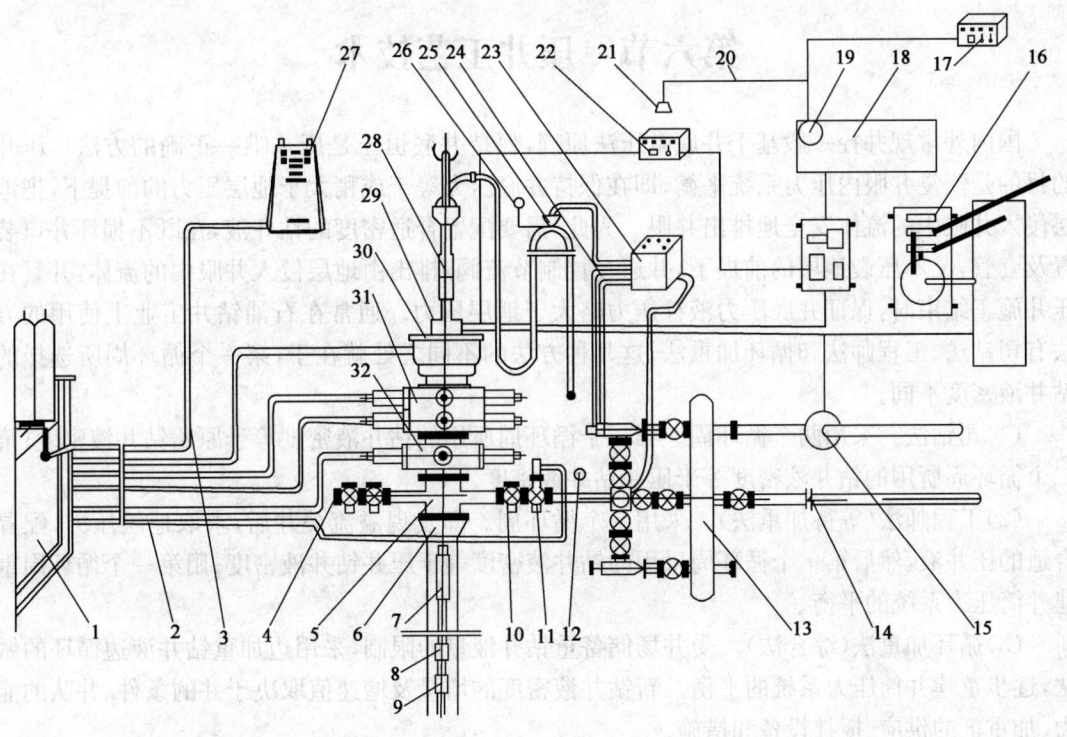

图5-1 井控装置配套示意图

1—防喷器远程控制台;2—防喷器液压管线;3—防喷器气管束;4—压井管汇;5—四通;6—套管头;7—方钻杆下旋塞;8—旁通阀;9—钻具止回阀;10—手动闸阀;11—液动闸阀;12—套管压力表;13—节流管汇;14—放喷管线;15—钻井液/气分离器;16—真空式钻井液除气器;17—钻井液液面监测仪;18—钻井液罐;19—钻井液池液面监测传感器;20—自动灌气钻井液装置;21—钻井液池液面报警仪;22—自灌装置报警箱;23—节流管汇控制箱;24—节流管汇控制线;25—压力变送器;26—立管压力表;27—防喷器司钻控制台;28—方钻杆上旋塞;29—防溢管;30—环形防喷器;31—双闸板防喷器;32—单闸板防喷器

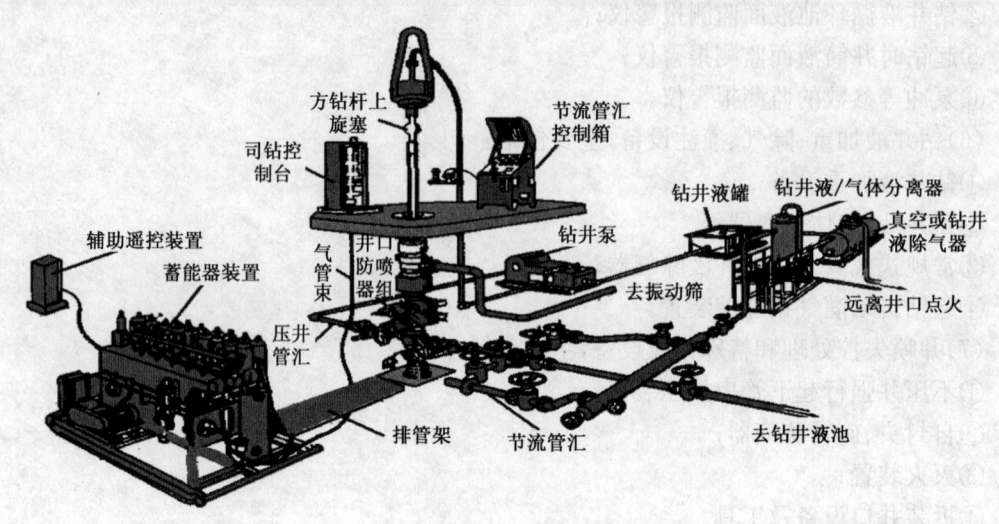

图 5-2 井控装置实物配套示意图

第六节 压井工艺技术

国内外常规井控一般基于井底常压法原理,保持井底恒压是压井唯一正确的方法。压井的目的是恢复井眼内压力系统平衡,即在保持井底压力等于或稍大于地层压力的前提下,把地层侵入井眼中的流体安全地排出井眼。为此,需要配置合适密度的钻井液,在既不损坏井口装置及套管,又不压裂地层的前提下,并通过控制节流阀,排出由地层侵入井眼中的流体,并且在压井施工结束时,保证井底压力液柱压力略大于地层压力。通常在石油钻井工业上使用的方法有司钻法、工程师法和循环加重法,这几种方法的不同之处就在于,第一个循环周所选择的钻井液密度不同。

(1)司钻法。采用两个循环周。第一个循环周所用的钻井液密度等于原始钻井液密度;第二个循环周所用的钻井液密度等于压井钻井液密度。

(2)工程师法(等待加重法)。采用一个循环周。即发现溢流关井后,求取地层压力,配置合适的压井液,然后第一个循环周采用的钻井液密度等于压井钻井液密度;用第一个循环周重建井筒压力系统的平衡。

(3)循环加重法(综合法)。受井场储备重钻井液量的限制,采用边加重钻井液边循环的做法,逐步重建井筒压力系统的平衡。新钻井液密度的增量及增速值取决于井的条件、井队的能力、加重剂的供应、搅拌设备和措施。

一、压井钻井液密度

1. 计算地层压力

$$p_p = p_{sp} + 0.00981\rho D \tag{5-6}$$

式中 p_p——地层压力,MPa;

p_{sp}——关井立管压力,MPa;

ρ——钻井液密度,g/cm³;

D——井的垂直深度,m。

2. 计算压井钻井液密度

$$\rho_k = \frac{p_p}{0.00981D} + \Delta\rho \tag{5-7}$$

式中 ρ_k——压井钻井液密度,g/cm³;
$\Delta\rho$——钻井液附加密度,g/cm³。

二、司钻法压井

司钻法压井又称二次循环压井,即用两个循环周将井压住。发现溢流后,首先关井,读取关井立管压力(以下简称"立压")和关井套管压力(以下简称"套压")值。第一个循环周,用原钻井液循环把井内受侵钻井液排出井筒,同时计算压井钻井液密度,配制压井钻井液;第二个循环周,替入压井重钻井液,排出井内的原钻井液,将井压住。

1. 立压变化规律

图 5-3 是气侵后司钻法压井的立压变化图。

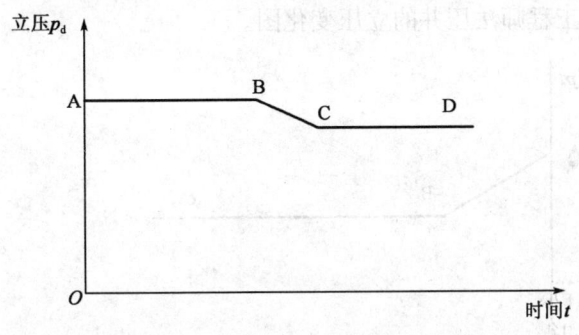

图 5-3 司钻法压井立压变化示意图

AB 段:第一循环周,用原钻井液排出溢流。溢流在环空上行并排出,立管压力基本保持不变,B 点溢流全部排出。

BC 段:第二循环周,用压井重钻井液循环压井。压井钻井液在钻柱内下行时,顶替原钻井液,立管压力不断下降,C 点重钻井液循环下行到达井底。

CD 段:压井重钻井液在环空上行,立管压力基本保持不变,D 点重钻井液从环空上行到达井口,压井结束。

2. 套压变化规律

图 5-4 是气侵后司钻法压井的套压变化图。

AB 段:第一循环周,用原钻井液排出溢流,受侵钻井液在环空上行,套管压力不断上升。B 点受侵钻井液到达井口,套压达到最大值。

BC 段:排出受侵钻井液,套管压力迅速下降。C 点受侵钻井液全部排出。

CD 段:第二循环周,改用压井重钻井液循环顶替原钻井液。压井重钻井液在钻柱内下行,套管压力基本不变。D 点压井重钻井液下行到达井底。

DE 段:压井重钻井液在环空上行,顶替出环空原钻井液,套压随之下降。E 点压井重钻井液上行到达井口,套压下降到零,压井结束。

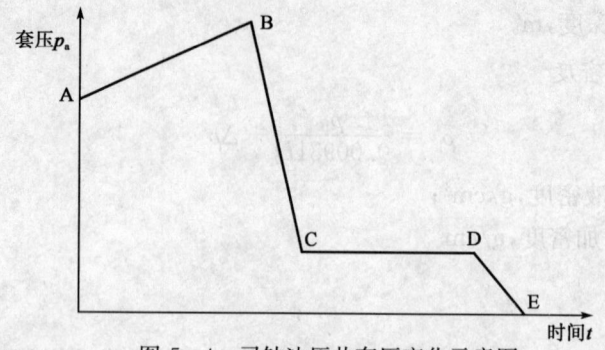

图 5-4 司钻法压井套压变化示意图

三、工程师法压井

工程师法压井又称一次循环法压井，即用一个循环周把井压住。发现溢流后，首先关井，读取关井立压和关井套压数据。关井等待，计算压井钻井液密度，配制压井钻井液。待压井钻井液配置完成后，用一个循环周将压井钻井液替入井内并将井压住。

1. 立压变化规律

图 5-5 是气侵后工程师法压井的立压变化图。

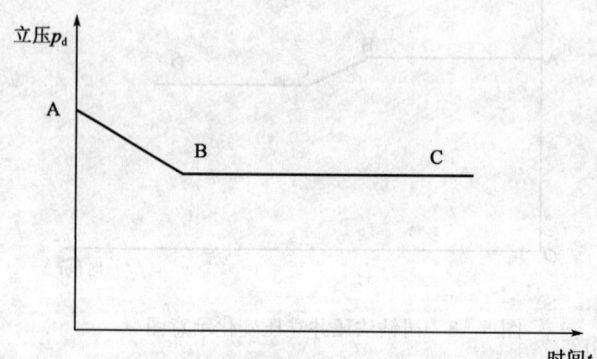

图 5-5 工程师法压井立压变化示意图

AB 段：泵入压井重钻井液，压井重钻井液在钻柱内下行，顶替出钻杆内的原钻井液，立管压力随之下降。B 点，压井重钻井液到达井底。

BC 段：压井重钻井液在环空上行，顶替出环空内的原钻井液，立管内液柱压力不变，立管压力基本不变。C 点，重钻井液循环上行到达井口，压井结束。

2. 套压变化规律

图 5-6 是气侵后工程师法压井的套压变化图。

AB 段：从钻柱内泵入压井重钻井液并沿钻柱内下行，受侵钻井液在环空上行，套管压力上升。B 点，压井重钻井液下行到达井底。

BC 段：压井重钻井液在环空上行，顶替环空中的原钻井液，受侵钻井液在环空上行，套管压力上升速度变慢。C 点，受侵钻井液上行到达井口。

CD 段：排出受侵钻井液，套压迅速下降，压井重钻井液继续在环空上行。D 点，受侵钻井液全部排出。

DE 段：压井重钻井液在环空内继续上行，顶替出环空中原钻井液，套压继续下降。E 点，压井重钻井液上行到达井口，套压下降到零，压井结束。

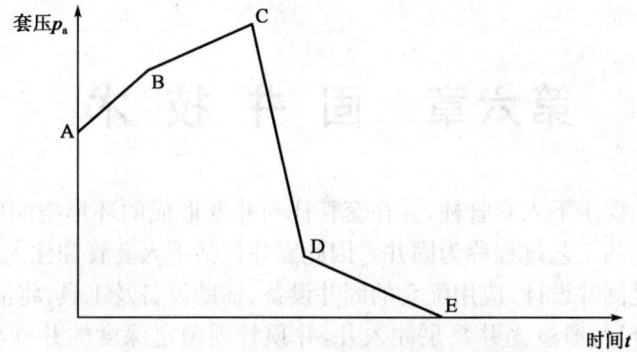

图 5-6　工程师法压井套压变化示意图

四、循环加重法压井

1. 边循环边加重法压井

较长时间关井,容易发生井壁垮塌、卡钻等复杂情况;高压气侵入,受滑脱影响,套压增长快,容易压漏地层。如果地面已储备足够的高密度钻井液,在关井并计算了压井钻井液密度以后,可以立即用重钻井液循环压井。压井期间,通过调节节流压力,保持井底压力略大于地层压力,并维持不变。此时,立压随重钻井液循环而下降,其值可参照司钻法第二循环计算。

由于用来压井的重钻井液密度不同于压井所需的钻井液密度,因此在压井期间,还必须按要求或按阶段,加重或调整钻井液密度,每加重并循环一次,立压就下降一次,直至重建井筒压力的平衡。该方法兼有司钻法与工程师法的优点,但压井期间立压、套压变换关系复杂,实施难度较大。

2. 循环并加重法压井

该方法是一种修正的司钻法。早期阶段,由于没有高密度的压井钻井液,先按照司钻法压井。第一循环周的开始阶段,先用原钻井液循环,同时迅速配制压井钻井液。一旦压井液配制完毕,立即改用加重钻井液压井,即中断司钻法的第一循环周,改用工程师法继续压井。压井前期,立(套)压变化值可参照司钻法的立(套)压值变化规律,一旦改用工程师法,立(套)压的变化按照工程师法计算结果。该方法兼有司钻法与工程师法的优点。

思　考　题

1. 在钻井中,确定钻井液密度的主要依据是什么?其重要意义是什么?
2. 在实际钻井中,如何处理平衡压力钻井与安全钻井的关系?
3. 简述地层流体侵入的原因及其预防措施。
4. 简述地层流体侵入井眼的征兆。
5. 试对地层流体侵入井眼检测方法进行比较。
6. 关井可以分为哪几种?什么情况下采用硬关井?
7. 什么叫压井?简述司钻法和工程师法压井的工艺流程。
8. 简述井控设备的组成及功用。

第六章 固井技术

在井眼内按设计要求下入套管柱,并在套管柱与井壁形成的环形空间的预定井段注入水泥浆使之固结在一起的工艺过程称为固井。因此固井包括下入套管和注入水泥浆两个内容。

固井作业是通过固井设计,应用配套的固井设备、辅助设备及工具,将油井水泥、水和添加剂按一定的比例混合后,通过固井泵泵注入井,并顶替到预定深度的井壁与套管、(套管与套管)的环形空间内,使套管与井壁、套管与套管之间形成牢固黏结。

一、固井的目的

一口油井深达数千米,在钻井过程中常常遇到井漏、井塌、井喷等复杂情况,影响正常钻进,严重时甚至导致井眼报废。遇到上述情况,就应下套管固井,封隔好复杂地层后,再继续钻进,直到建立稳定的油气通道为止。因此,为了优质快速钻达目的层,保证油气田的开采,就要采用固井,固井的主要目的有以下几个方面:

(1)在钻进过程中封隔易坍塌、易漏失等复杂地层,巩固所钻过的井眼,保证钻井顺利进行;
(2)封隔油气水层,防止层间互窜;
(3)支撑套管和井口装置,建立油气通道;
(4)保护上部砂层中的淡水资源不受污染;
(5)油井投产后,为酸化压裂进行增产措施创造有利条件;
(6)封闭暂不开采的油气层;
(7)为安装井口防喷装置创造条件,提供油气井压力控制的基本条件。

二、固井的要求

套管在一口井的总成本中,往往是各单项成本中最高的一项。固井是钻井工程中最关键、复杂的作业。固井质量的好坏关系到油井能否正常投产和油井寿命的长短。固井质量的关键就是下入井内的套管柱的强度和环形空间的密封问题。因此,对于固井的要求必须做到以下几个方面:

(1)套管柱的设计必须保证该套管串的任何部位在相应的井段有足够抗拉、抗挤、抗内压强度,以保证下入井内的套管不断、不裂、不变形。
(2)套管柱的连接必须保证用规定的上扣扭矩上紧螺纹,保证套管连接的密封性。
(3)环形空间的水泥环要求均匀和连续封固到预计的深度,且要求水泥环与井壁及套管之间胶结和密封良好,以保证环形空间不窜、不漏,满足油气井正常生产和分层作业的要求。

本章主要介绍套管柱、油井水泥和注水泥技术。

第一节 套管柱受力分析

套管柱从入井开始是否会破坏,对于随后的钻进或是以后的油气生产都是至关重要的。套管柱在井下是否会破坏,取决于作用在套管上的外载和套管本身强度的相对大小。套管柱所受的外载,从套管柱入井后是变化的,甚至套管本身的强度也要发生变化。套管柱强度设计的任务就是要事先设计出强度足够的套管柱,以保证能经受入井后各种外载的作用,同时在保证套管不破坏的前提下,还应使所设计出的套管柱在成本上是最低的,这就是通常所说的套管柱设计的既安全又经济的原则。

一、套管柱

(一)套管的钢级

油井套管是优质钢材制成的无缝管或焊接管,两端均加工有锥形螺纹。大多数的套管是通过套管接箍连接组成套管柱。表征套管的主要特性参数有套管尺寸、钢级和壁厚。

1. 套管的尺寸

通常所说的套管尺寸(又称名义外径、公称直径等)是指套管本体的外径,实际上套管尺寸已经标准化了。套管尺寸的确定是井身结构设计的重要内容之一。

2. 套管的钢级

我国现用的套管标准与美国 API 标准类似。API 标准规定套管本体的钢材应达到规定的强度,用钢级表示。套管钢级由字母及其后面的数码组成,字母没有特殊含义,但数码代表套管的强度,见表 6-1。API 套管规范及强度可参考相关手册。API 对套管进行了相应的分级(H、J、K、N、C、L、P、Q 八种共十级),即 H40、J55、K55、C75、L80、N80、C90、C95、P110 和 Q125,前六种类型为抗硫型,其余为非抗硫型。

表 6-1 API 套管强度数据

API 标准套管钢级	H40	J55	K55	C75	L80	N80	C90	C95	P110	Q125
最小屈服强度,MPa	275.79	379.21	379.21	517.11	551.58	551.58	620.53	655.00	758.42	861.84

API 规定钢级代号后面的数值乘以 1000,即为套管(以 psi 为单位,1MPa=145.04psi)的最小屈服强度。这一规定除了极少数例外,也适应于非 API 标准的套管。实践表明,只有套管屈服强度大于 10^5 psi 时才对 H_2S 敏感,而对 CO_2 则不敏感。

3. 套管的壁厚

套管壁厚是指套管本体处管体的厚度,有时候又称为套管名义壁厚。套管的壁厚也已标准化。和套管壁厚直接相关联的就是套管的名义质量(或名义重量),指的是单位长度套管的质量(或重量)。

(二)套管的连接

套管柱通常都是由同一外径、相同(或不同)钢级、壁厚的套管用接箍连接组成的。其连接通过螺纹来实现,因此螺纹连接是套管质量和强度检验的重点。套管螺纹分为五大类,见表 6-2。前四类属 API 标准,第五类系非 API 标准。

表 6-2 套管螺纹

标准	API 标准				非 API 标准
名称	短圆螺纹	长圆螺纹	梯形螺纹	直连形螺纹	特殊螺纹
符号	STC	LTC	BTC	XL	/

圆螺纹和梯形螺纹最为常用。圆螺纹加工简单、成本较低。由于长圆螺纹连接的螺纹牙数比短圆螺纹多，所以承受的轴向载荷要比短圆螺纹大。尽管这两种螺纹的设计基本相同。梯形螺纹由于是方形，所以能承受的轴向载荷要比长圆螺纹要大。

和圆螺纹及梯形螺纹管体采用接箍联接不同的是，直连形螺纹不采用接箍连接，套管之间是整体连接，所以又称为无接箍连接。其特点是套管两端管壁要厚一些，以便加工强度满足要求的螺纹。此种类型的连接一般用于环空间隙较小的工况下，为后续的注水泥等工序提供条件。

API 标准螺纹具有很多优点，如加工容易、成本低，易于修扣和现场处理，与优质密封脂配合使用，对流体密封性能良好，且可以重复上扣使用。但其也存在一些不足，如过高压力及气体不能满足密封要求，API 螺纹的连接强度仅是管体抗拉强度的 80%，在有腐蚀流体的环境中，容易产生接箍的氢脆应力、破坏或产生应变裂纹等。所以，实际中还发展了非 API 标准的特殊螺纹，其特点为连接强度大于或等于管体抗拉强度，能够提供更高级的密封，具有扭矩台肩，满足上扣扭矩强度要求，可控制过大的圆周应力（周向应力），连接处（或接箍）的外径能够达到尽可能小的程度等，在实际应用中取得了较好的效果。

二、套管柱外载分析

套管柱从入井开始就受到各种外载的作用，而且在以后的不同生产工序（或工作）情况（简称工况）下，其所受的外载大小是不一样的。为了使设计出的套管柱安全，必须对各种可能出现的工况下的外载作用情况及外载大小进行分析，找出最危险（即外载最大）的工况，按最危险工况计算套管柱所受外载值，以此进行套管柱强度设计。

套管柱在井下的受力是复杂的，但经过长期生产实践的分析和证明，其所受的基本外载可分为三种，即作用在管柱外壁上的外挤压力、作用在管柱内壁上的内压力和作用在管柱内方向与管柱轴线平行的轴向拉力。

（一）外挤压力

套管柱所受的外挤压力主要来自管外钻井液液柱压力（水泥不返到井口时，上部有一段套管外为钻井液，该段套管称为自由套管）、水泥浆液柱压力、地层中流体压力、易流动岩层的侧压力等。套管柱在受有外压力（外挤压力常简称为外压力）作用时，管内可能还作用有内压力，该内压力要抵消一部分外压力（该内压力习惯上称为支撑内压力），因此实际对套管起挤压作用的是减去该内压力后所剩余的外压力，称为有效外压力。对外挤压力分析计算，也就是要分析计算其有效外压力。有效外压力为：

$$p_{oe} = p_o - p_{ib} \tag{6-1}$$

式中　p_{oe}——有效外压力，MPa；
　　　p_o——外压力，MPa；
　　　p_{ib}——支撑内压力，MPa。

分析表明，对于表层套管和技术套管，如在下一井段钻进过程中发生井漏时，有效外压力将最大（这时管内压力很小）。但是井漏的情况不一样，对于表层套管，因为其一般下得比较浅，很可能井漏后井内钻井液液面（称为漏失面）在表层套管以下（这种情况称为全漏空，又称全掏空），这时就没有支撑内压力作用；对于技术套管，一般不会发生全漏空的情况，因此技术套管的下部还有支撑内压力作用。同样是技术套管，在不同地区，井内漏失程度也会有差别，有效外压力也会不一样。

而对于油层套管,一般在采油后期产层压力降得很低的时候,产生最大有效外压力(开发后期可能抽油或气举采油),因为这时套管内的内压力会降得很低。若近似认为内压力为零,则其受载情况与表层套管类似,即为全掏空。

1. 外挤压力

对于外挤压力的计算,很显然,在水泥面(环空内水泥的顶面)以上应按钻井液液柱压力计算。对于水泥封固段,当发生上述最大有效外压力时,管外环空中的水泥已经凝固,水泥环(水泥浆在环空内凝固后的环状水泥石称为水泥环)应有助于套管承受外压力,但难于准确计算,因此从安全角度考虑,一般将水泥面以下水泥环段的外压力也按钻井液液柱压力计算。

因此,套管柱的外压力计算式为:

$$p_o = 0.0098\rho_m H \tag{6-2}$$

式中　H——井深,m;
　　　ρ_m——固井时钻井液密度,g/cm³。

2. 支撑内压力

支撑内压力的计算要分情况。对于表层套管、油层套管可能全掏空的情况,支撑内压力为零:

$$p_{ib} = 0 \tag{6-3}$$

对于技术套管非全掏空的情况,在漏失面以上(即井深小于漏失面深度的套管段),支撑内压力为零,在漏失面以下(即井深大于漏失面深度的套管段)作用有管内钻井液液柱压力。要计算支撑内压力,首先要知道漏失面的深度。在实际生产中,漏失是尽量要避免的,但由于各种原因,井漏还是时有发生。就是对于开发井,尽管根据以往井或邻井的钻井情况,其在很大程度上都不会发生井漏,但是在套管柱设计时,往往还是要按井漏的情况进行设计。不管哪种情况,事先都不可能知道下次钻进时的实际漏失程度,因此,在套管柱设计时,人们往往是根据情况对漏失程度进行一定的假设和预计,然后按假设和预计的情况进行设计。对漏失程度的预计,具体体现就是对漏失面深度的预计。假设下一次钻进钻至下一层套管的下入深度(下一钻进井段的目的井深)时发生井漏,并假设漏失层的孔隙压力为地层盐水柱压力,于是根据压力平衡关系可得漏失面深度为:

$$H_L = H_n\left(1 - \frac{\rho_{sw}}{\rho_n}\right) \tag{6-4}$$

式中　H_L——漏失面深度,m;
　　　H_n——下次钻进目的井深,m;
　　　ρ_{sw}——地层盐水密度,g/cm³(取 1.07~1.17g/cm³);
　　　ρ_n——下次钻进时所用最高钻井液密度,g/cm³。

因此,对于技术套管非全掏空的情况,支撑内压力的计算式为:

$$p_{ib} = 0 \qquad (0 \leqslant H \leqslant H_L) \tag{6-5}$$

$$p_{ib} = 0.0098\rho_n(H - H_L) \qquad (H_L < H \leqslant H_B) \tag{6-6}$$

式中　H_B——套管下入深度,m。

如果下次钻进有可能发生裂缝、溶洞性漏失,或者探井地质情况不是很清楚,则技术套管也可以按全掏空考虑。

3. 有效外挤压力

由上所述，可得套管柱有效外压力的计算方法。对于表层套管、油层套管这种可能全掏空的情况，及需要按全掏空考虑的技术套管，有效外压力为：

$$p_{oe} = 0.0098\rho_m H \quad (6-7)$$

对于技术套管非全掏空的情况，有效外压力为：

$$p_{oe} = 0.0098\rho_m H \quad (0 \leqslant H \leqslant H_L) \quad (6-8)$$

$$p_{oe} = 0.0098[\rho_n H_L - (\rho_n - \rho_m)H] \quad (H_L < H \leqslant H_B) \quad (6-9)$$

图6-1是全掏空与非全掏空两种情况下的有效外挤压力对比示意图。

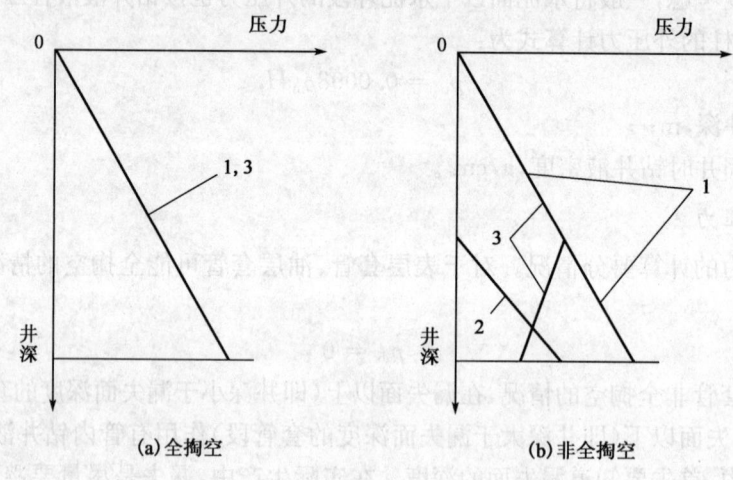

图6-1 有效外挤压力对比示意图
1—外压力；2—支撑内压力；3—有效外压力

可见，全掏空与非全掏空两种不同的情况下，套管柱所受的有效外压力不一样。对于全掏空情况，有效外压力是井底最大，井口最小（为零）；对于非全掏空情况，有效外压力是中间大，井口和井底小。显然，这种不同的外载情况会使套管柱设计的结果不同。

在具有高塑性的岩层，如盐岩层段、泥岩层段，在一定的条件下，垂直方向上的岩石重力产生的侧向压力会全部加给套管，给套管以最大的侧向挤压力，会使套管产生损坏，此时，套管所受的侧向挤压力应按上覆岩层压力计算，其压力梯度可按照23~27kPa/m计算。

（二）内压力

套管柱所受的内压力主要来自于钻井液、地层流体（油、气、水）压力以及特殊作业（如压井、酸化压裂、挤水泥等）时所施加的压力。与外挤压力类似，对内压力也是分析计算危险工况时的有效内压力。有效内压力为：

$$p_{ie} = p_i - p_{ob} \quad (6-10)$$

式中 p_{ie}——有效内压力，MPa；

p_i——内压力，MPa；

p_{ob}——支撑外压力，MPa。

分析表明，对于表层套管和技术套管，如果在下一井段钻进过程中发生井涌而进行压井时，套管柱所受的有效内压力最大。而对于油层套管，油井和气井的情况不一样，要根据采油、采气工艺情况考虑相关的危险工况。

1. 内压力

对于表层套管和技术套管,当在下一井段钻进过程中发生井涌而进行压井时,套管的内压力为井口内压力与管内流体(钻井液与涌入流体——气、水、油或混合物)的液柱压力之和。涌入流体的类型和井涌量的大小,对套管实际所受内压力的大小和分布情况都有很大的影响。在实际中,对于不同的油田、不同的区块、不同的构造,井涌量和涌入流体类型都可能会不一样。发现及控制及时,井涌量则小,发现及控制不及时,井涌量则大;涌入流体可能是气,可能是油,也可能是水,也可能是它们的混合物。由于井涌情况的多样性,所以关于套管内压力的计算有多种方法。

$$p_i = p_s + 0.0098\rho_n H \tag{6-11}$$

式中 p_s——井口内压力,MPa。

井口内压力采用以下三者之一:

(1)井口防喷装置(防喷器及压井管线等)许用最高压力。

(2)套管鞋处附近地层破裂压力所决定的许用井口压力。根据压力平衡关系,可得这种情况下的井口内压力计算式如下:

$$p_s = 0.0098(\rho_f - \rho_n)H_B \tag{6-12}$$

式中 ρ_f——套管鞋处附近地层破裂压力当量钻井液密度,g/cm^3。

(3)下部高压油气喷出时可能出现的井口内压力。

对于油层套管,油井与气井采用不同的计算方法,以下是关于油层套管内压力的计算方法之一。

对于油井,认为采油初期,产层压力较高,井口有内压力作用于套管,套管的内压力为井口内压力与原油的液柱压力之和(式中括号项即为井口内压力):

$$p_i = (p_p - 0.0098\rho_o H_B) + 0.0098\rho_o H \tag{6-13}$$

式中 p_p——产层压力,MPa;

ρ_o——原油密度,g/cm^3。

对于气井,井口也有内压力作用于套管。当考虑气体自重及其压缩性后,套管内任意深度处的内压力为(式中令井深 H 为零即得井口内压力):

$$p_i = p_p/e^{1.115\times10^{-4}\gamma(H_B-H)} \tag{6-14}$$

式中 γ——天然气相对密度,纯甲烷的相对密度为 0.55。

2. 支撑外压力

当发生前述最大有效内压力时,环空中的水泥浆已经凝固成水泥环,尽管在水泥面以上,套管所受的外压力可能会是钻井液液柱压力,水泥环也可以有助于套管承受内压力,但在支撑外压力计算中,一般无论是水泥面以上,还是水泥面以下,均按地层盐水柱压力计算。按盐水柱压力计算是基于这样的考虑:在无水泥段,因钻井液降解及固相沉降,其液柱压力可能降低;对水泥封固段,水泥环可能并不完整,地层压力可能作用于管柱上;按盐水柱计算支撑外压力可能比实际外压力偏小,但可使有效内压力偏大,而使管柱趋于安全。所以,支撑外压力为:

$$p_{ob} = 0.0098\rho_{sw}H \tag{6-15}$$

在支撑外压力计算中,从安全角度考虑,地层盐水密度可取低值。

3. 有效内压力

由上所述,可得套管柱有效内压力 p_{ie} 的计算方法。对于表层套管和技术套管:

$$p_{ie} = p_s + 0.0098(\rho_n - \rho_{sw})H \tag{6-16}$$

对于油层套管:

油井
$$p_{ie} = (p_p - 0.0098\rho_o H_B) - 0.0098(\rho_{sw} - \rho_o)H \tag{6-17}$$

气井
$$p_{ie} = p_p/e^{1.115 \times 10^{-4} \gamma (H_B - H)} - 0.0098\rho_{sw}H \tag{6-18}$$

图 6-2 为几种情况下的有效内压力对比情况。对于表层套管或技术套管,有效内压力是井口最小,井底最大;对于油层套管,有效内压力是井口最大,井底最小。可见,不同类型的井、不同类型的套管,所受外载是不一样的。另外,现场有时还采用直接用井口压力作为整个套管柱有效内压力的方法(即假设从井口到井底有效内压力均为井口压力)。从图 6-2(c) 可见,对于气井油层套管,采用这种方法显然是安全的,不过可能不经济,但可使内压力计算、进而使套管柱的抗内压设计更简捷。

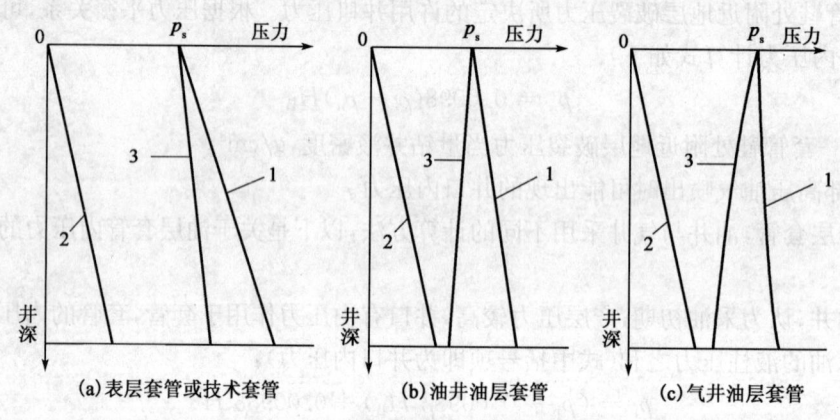

图 6-2 有效内压力对比示意图
1—内压力;2—支撑外压力;3—有效内压力

(三)轴向拉力

一般情况下,套管柱在入井过程中(即下套管过程中)承受的拉力最大。这时,除了套管柱的自重外,还有上提下放时的动载、上提时弯曲井段处的阻力,或者是遇卡上提时多提的拉力等附加拉力。在计算时,一般只计算套管的自重,将动载、遇卡上提时多提的拉力等附加拉力用设计安全系数考虑,或以其他方式考虑。

一个套管柱一般是由几段套管组成。在计算套管自重所产生的轴向拉力时,通常需要计算的是各段套管顶、底端的轴向拉力。显然,某段套管顶端的拉力即是其上面一段套管底端的拉力,其底端的拉力即是其下面一端套管顶端的拉力。

计算套管自重所产生的轴向拉力,有考虑钻井液浮力与不考虑钻井液浮力两种方法。当不考虑钻井液的浮力时,计算的是套管在空气中的重量;当考虑钻井液的浮力时,计算的是套管在钻井液中的重量,常简称为浮重。

对于某一段套管(设为第 k 段),当不考虑钻井液的浮力时,其顶端的轴向拉力为包括其自身在内的下部各段套管的重力之和:

$$T_k = \sum_{i=1}^{k} q_i L_i \tag{6-19}$$

式中　T——套管段顶端轴向拉力,kN;

　　　q_i——第 i 段套管单位长度名义重量,kN/m;

　　　L_i——第 i 段套管长度,m;

　　　i,k——套管段的序号,从井底开始计数。

当考虑钻井液的浮力时,其顶端的轴向拉力为:

$$T_k = \sum_{i=l}^{k} q_{bi} L_i \tag{6-20}$$

$$q_b = q B_F \tag{6-21}$$

$$B_F = 1 - \frac{\rho_m}{\rho_s} \tag{6-22}$$

式中　q_b——钻井液中套管单位长度重量,kN/m;

　　　B_F——浮力系数,无因次;

　　　ρ_s——套管钢材密度,g/cm³(取 7.85g/cm³)。

钻井液中套管单位长度重量 q_b 常简称为每米浮重。

很显然,套管柱自重所产生的轴向拉力的分布规律是井底最小(为零),往上逐渐增大,井口拉力最大。图 6-3 是套管轴向拉力沿井深分布示意图。

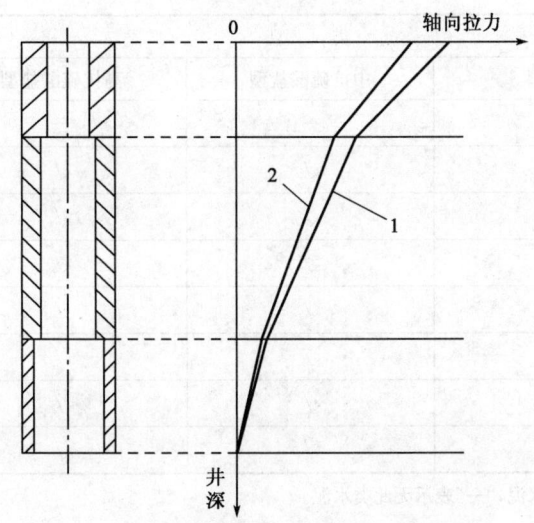

图 6-3　套管轴向拉力沿井深分布示意图
1—不考虑浮力;2—考虑浮力

在现场套管柱设计中,这两种方法都在使用。考虑浮力与不考虑浮力,设计中抗拉设计安全系数值应有所不同,特别是在使用重钻井液时。不考虑浮力时,抗拉设计安全系数值可适当比考虑浮力时的小一点,因为这时计算的轴向拉力大一些。

以上所述为套管柱受力分析与计算的基本原理。由上可见,套管柱在井中的受力是复杂的,套管柱类型不同、地层情况不同、井的生产工艺不同,套管柱的受力情况都不一样。对于定向井、水平井、大位移井等,套管柱的受力情况与直井的也不一样,而且更复杂。因此,对于具体井的具体套管柱,应具体分析其受力情况,对于能够准确计算的外载要认真计算,对于目前还不好计算的外载,在安全系数中要给予充分的考虑,以确保套管柱在井下的安全。

第二节 油井水泥

油井水泥是油气井固井工程中的主要材料之一。由于在油气井固井中,要把水泥浆泵送到几百或几千米深的井下,井下的温度、压力又随井深而变化,而水泥浆的各种性能又与温度、压力密切相关,因此对油井水泥及由油井水泥所配制的水泥浆的性能都有严格的要求。

一、油井水泥分类及水化反应

(一)油井水泥级别和类型

目前国内外使用的油井水泥主要是硅酸盐水泥,是由水硬性硅酸钙为主要成分,加入适量石膏和助磨剂(或是加入适量的石膏或石膏和水)磨细制成的产品。干水泥与水(经常还要加入外加剂)混合而成的浆体称为水泥浆。水泥浆凝结硬化后形成水泥石(在井下环形空间中的水泥石又称为水泥环)。

为了适应不同井深的需要和防止地层流体中硫酸盐对水泥石的腐蚀,有多种级别、类型的油井水泥可供选用。美国石油学会(API)规定了八种级别的油井水泥,我国也参照 API 标准制定了油井水泥的标准。API 标准油井水泥的使用范围见表 6-3。

表 6-3 API 油井水泥使用范围

级别	类型			备注
	普通型	中抗硫酸盐型	高抗硫酸盐型	
A	√	—	—	普通水泥
B	—	√	√	抗硫水泥
C	√	√	√	具有高早期强度
D	—	√	√	适于中温条件
E	—	√	√	适于高温条件
F	—	√	√	适于超高温条件
G	—	√	√	基本油井水泥
H	—	√	√	基本油井水泥

注:表中"√"表示有此类水泥,"—"表示无此类水泥。

其中,G 级和 H 级水泥为基本水泥,与促凝剂或缓凝剂一起使用,能适应于较大的井深和温度范围。G 级和 H 级水泥也是目前使用最普遍的水泥。

(二)水泥的水化反应

水泥与水混合后,迅速与水发生水化反应,生成各种水化产物,水泥浆也逐渐由液态转变为固态,这一过程也就是水泥浆的凝结和硬化过程。在油井水泥中,对水泥的凝结与硬化起主导作用的是以下四种矿物成分:硅酸三钙、硅酸二钙、铝酸三钙和铁铝酸四钙。

(1)硅酸三钙:$3CaO \cdot SiO_2$(简写 C_3S),是水泥产生强度的主要化合物,它的强度增长快,最后强度也大。

(2)硅酸二钙:β 型 $2CaO \cdot SiO_2$(简写 C_2S),它的水化反应慢,强度增长慢,但能在长时间内逐渐增大水泥的强度。

(3) 铝酸三钙:$3CaO \cdot Al_2O_3$(简写 C_3A),它的水化反应速度最快,是决定水泥浆初凝时间和稠化时间的主要因素,对水泥浆的流变性也有很大影响。铝酸三钙对硫酸盐类的侵蚀最为敏感,因此在抗硫水泥中对铝酸三钙的含量有限制。中抗硫酸盐型水泥中,铝酸三钙的含量不能超过8%;高抗硫酸盐型的水泥中,铝酸三钙的含量不能超过3%。

(4) 铁铝酸四钙:$4CaO \cdot Al_2O_3 \cdot Fe_2O_3$(简写 C_4AF),它的水化速度仅次于铝酸三钙,早期强度增长快,硬化3天和28天的强度值差别不大,强度的绝对值也不大。

水泥与水混合后,发生以下三类主要水化反应:

(1) C_3A 的水化反应:

$$3CaO \cdot Al_2O_3 + 6H_2O \longrightarrow 3CaO \cdot Al_2O_3 \cdot 6H_2O$$

(2) C_3S、C_2S 及 C_4AF 的水化反应:

$$2(3CaO \cdot SiO_2) + 6H_2O \longrightarrow 3CaO \cdot 2SiO_2 \cdot 3H_2O + 3Ca(OH)_2$$

$$2(2CaO \cdot SiO_2) + 4H_2O \longrightarrow 3CaO \cdot 2SiO_2 \cdot 3H_2O + Ca(OH)_2$$

$$4CaO \cdot Al_2O_3 \cdot Fe_2O_3 + 2Ca(OH)_2 + 10H_2O \longrightarrow 3CaO \cdot Al_2O_3 \cdot 6H_2O + 3CaO \cdot Fe_2O_3 \cdot 6H_2O$$

(3) 水化的 C_3A 与二水石膏的水化反应:

$$3CaO \cdot Al_2O_3 \cdot 6H_2O + 3(CaSO_4 \cdot 2H_2O) + 20H_2O \longrightarrow 3CaO \cdot Al_2O_3 \cdot 3CaSO_4 \cdot 32H_2O$$

水泥水化反应后,生成了如下主要水化产物:氢氧化钙、水化硅酸钙凝胶、水化铝酸钙、水化铁酸钙、水化硫铝酸钙。在这些水化产物中,氢氧化钙析出为巨大的晶体;水化硫铝酸钙为较小晶体;水化铝酸钙为更小晶体;含水硅酸钙和含水铁酸钙为无定形体,呈胶体状态。水化硅酸钙凝胶为纤维状薄片,从矿物颗粒上向外伸展出去,逐渐形成一连续的网状结构,与水化硫铝酸钙、氢氧化钙等晶体互相穿插,填充于水泥颗粒的空间,增加它们之间的黏结,使水泥强度不断提高。

水泥的水化反应是一个不断进行的过程。随着水化的不断进行,水泥浆从凝胶态逐渐向结晶态发展,最后形成硬化的水泥石。

水泥的水化反应是一放热反应,在工程上可利用这一特点来探测水泥浆在环形空间内的上返高度。另外,水泥在水化过程中要发生体积收缩(水化后生成物的总体积小于水化前反应物的总体积),在一定条件下,该体积收缩对固井质量有着重要的影响。

在油气井固井中,水泥的水化反应是在井下一定的温度、压力条件下进行的。温度、压力对水泥的水化速度有很大的影响,一般随温度、压力的增加,水泥水化速度加快,其中温度的影响更显著。正因为如此,水泥浆的有关性能一般均是在模拟井下温度、压力的情况下测定的。

二、水泥浆性能与固井工程的关系

为了保证施工安全并提高固井质量,水泥浆以及最终所形成的水泥石必须满足一定的要求。所测定的水泥浆(石)的性能有水泥浆密度、水泥浆稠化时间、水泥浆流变性、水泥浆失水量、水泥浆稳定性、水泥石抗压强度、水泥石渗透率。美国石油学会和我国都制定了这些性能指标的测试方法标准。但目前在现场上常测定的是前六项性能。

(一)水泥浆密度

水泥浆密度指的是单位体积内所含的水泥浆的质量。水泥浆的密度通常是用钻井液密度计测定。对水泥浆密度的要求是,在注水泥过程中,要能保证井内的压力平衡(即既不井涌又不窜漏),同时还要兼顾水泥浆(石)的其他性能,因水泥浆(石)的其他性能与水泥浆的密度密切相关。一般情况下,为了既保证水泥石的强度,又保证水泥浆的流动性,同时水泥浆的其他性能容易调整,水泥浆的密度通常为 $1.85\sim1.90\text{g/cm}^3$,而这一般比钻井液的密度大得多。

水泥浆密度与水灰比直接相关。水灰比指的是配制水泥浆时,配浆水的质量与干水泥的质量之比。水泥浆密度与水灰比的关系为:

$$\rho = \frac{\rho_c \rho_w (1+m)}{\rho_w + \rho_c m} \tag{6-23}$$

式中 ρ ——水泥浆密度,g/cm^3;

ρ_c ——干水泥密度,g/cm^3;

ρ_w ——配浆水密度,g/cm^3;

m ——水灰比,无因次。

一般情况下,可将配浆水的密度值视为1,所以:

$$\rho = \frac{\rho_c (1+m)}{1+\rho_c m} \tag{6-24}$$

干水泥的密度为 $3.14\sim3.15\text{g/cm}^3$,因此当水泥浆的密度为 $1.85\sim1.90\text{g/cm}^3$ 时,水灰比约为 $0.48\sim0.44$(干水泥密度按 3.15g/cm^3)。当干水泥中所混合的粉剂外加剂加量较大,尤其是为了调节水泥浆密度掺了加重剂或减轻剂时,以式(6-24)中干水泥密度 ρ_c 取水泥和这些外加剂混合后的固相混合物平均密度。这时,m 为水固比(配制水泥浆时,配浆水的质量与水泥和外加剂固相混合物的质量之比)。

(二)水泥浆稠化时间

随着水泥的不断水化,水泥浆不断变稠,直至失去流动性。为了保证注水泥施工安全,能将水泥浆泵送到井内环形空间的预定位置,水泥浆必须在一定的时间内保持能流动。水泥浆的稠化时间用加压稠度仪测定,该仪器能模拟井下的温度、压力条件。用加压稠度仪模拟井下温度压力条件,从给水泥浆加温加压时起,至水泥浆稠度达 100Bc(Bc 为稠度单位)所经历的时间称为水泥浆的稠化时间。对水泥浆稠化时间的要求是,注水泥施工作业能在稠化时间以内完成,并包含有较大的安全系数(如附加 1h)。反过来,当水泥浆的稠化时间确定后,整个注水泥施工必须在规定的时间内完成,否则易导致不能把水泥浆完全替出套管的注水泥施工事故。

(三)水泥浆流变性

水泥浆的流变性指的是水泥浆在外加剪切应力作用下流动变形的特性,用流变参数衡量(与流变模式有关)。对水泥浆流变性的主要要求是有利于提高水泥浆对钻井液的顶替效率(水泥浆顶替钻井液的程度)。另外,水泥浆的流变性能还要用来计算注水泥过程中的循环摩擦损失,以防止井眼憋漏和合理选择施工装置与设备。水泥浆的流变性用旋转黏度计测定,对于深井,应采用专用的水泥浆高温高压流变仪(原理与常规的旋转黏度计相同),模拟井下温度、压力条件测定。

(四)水泥浆失水量

水泥浆中的自由水通过井壁渗入地层的现象称为水泥浆失水。水泥浆大量失水将造成水泥浆急剧变稠,大大影响其流动性,从而不利于水泥浆对钻井液的顶替。水泥浆大量失水进入油气层,也将对油气层产生损害。

用失水仪测定水泥浆的失水量。水泥浆失水量指的是水泥浆失水的快慢程度,失水量大小用30min内的失水总体积表示。原则上说,水泥浆失水量越小越好,但控制水泥浆失水的外加剂,通常对水泥浆的流变性、稠化时间、抗压强度等有影响,因此应权衡考虑。以下是水泥浆失水量控制指标的一些推荐数值:一般套管注水泥(100~200)ml/30min;挤水泥或尾管注水泥(50~150)ml/30min;防气窜(20~40)ml/30min;高密度水泥应低于50ml/30min。

(五)水泥浆稳定性

水泥浆的稳定性测试包括自由水含量测试和沉降稳定性测试,目前现场常测试的是自由水含量,但沉降稳定性正逐步引起人们的重视。在静止过程中,水泥浆中的自由水从水泥浆中析出而形成连续水相的现象称为析水。单位体积水泥浆所析出的自由水体积即为水泥浆自由水含量(也称析水量),为百分数。水泥浆的沉降稳定性指的是在静止状态下,由于颗粒沉降而导致水泥浆上下密度不一致的现象。水泥浆有析水,实际上就有沉降稳定性问题,但水泥浆无析水沉降稳定性不一定就好。水泥浆析水量过大和沉降稳定性不好,将导致水泥浆密度分布不均,所形成的水泥石强度不一致,影响对地层的封隔。如果在井下,由于析水而形成纵向水槽,将影响环空的封隔。在定向井、水平井中,如果不控制析水,容易在环空的上侧形成连续水槽,严重影响封固质量。因此,必须对水泥浆的析水和沉降稳定性进行控制,原则上析水越小越好、沉降稳定性中水泥浆上下密度的差别越小越好。在定向井和水平井中,要使用零析水水泥浆。

(六)水泥石抗压强度

在API标准和我国标准中,目前是通过测试水泥石的抗压强度来检验水泥石的力学性能。水泥石在压力作用下达到破坏前单位面积上所能承受的力称为水泥石的抗压强度。

从工程角度而言,水泥石的抗压强度应满足以下要求:

(1)能支撑井内的套管。研究表明,支撑套管所需的水泥石抗压强度是很低的,只需0.7MPa即可,一般均能满足。

(2)能承受钻进时的冲击载荷。钻进时对套管进而对水泥石冲击载荷的大小,主要取决于钻进技术措施。在钻柱加压部分未出套管鞋前,应控制钻压和转速,减小对套管和水泥环的冲击载荷。

(3)能承受酸化压裂。注水泥井段在承受酸化压裂时的压力的最薄弱环节不是水泥石本身,而应是水泥环与井壁胶结处(或水泥环与套管胶结处),水泥石强度远大于水泥环与井壁的胶结强度。

水泥石的抗压强度固然重要,但实际上人们更关心水泥与套管,尤其是水泥与井壁的胶结情况。有研究人员进行水泥胶结强度的研究,但在有关标准中并未规定有胶结强度的测试方法,这可能是因为很难模拟井下情况来测试胶结强度(尤其是水泥与井壁的胶结强度)。

(七)水泥石渗透率

水泥石的渗透率指的是在一定压差下,水泥石允许流体通过的能力。显然,为实现封隔,水泥石的渗透率越低越好。实际上,水泥石的渗透率是很低的,大多数水泥石的渗透率都低于$1\times10^{-5}\mu m^2$。如果仅仅考虑水泥环基体(即水泥石)自身的渗透率,层间封隔的问题并不大;但如果水泥环与套管或水泥环与井壁间存在微环隙或胶结强度不够高,则对层间封隔有严重影响。因此,水泥与套管,尤其是水泥与井壁的胶结强度,应是今后进一步研究的重点。

三、油井水泥外加剂

油井水泥的种类是有限的,为了满足不同情况下固井施工和固井质量的要求,注水泥时,在水泥浆中一般均加有各种外加剂来调节水泥浆的性能。特别是随着石油工业的发展,固井所面临的条件也越来越复杂(如深井、超深井、调整井的增多,水平井、大位移井、小井眼井的发展等),对水泥浆的性能提出了更高的要求,外加剂的使用也更广泛,对外加剂的要求也更高。

常规的水泥外加剂有缓凝剂、速凝剂、减阻剂、降失水剂、减轻剂、加重剂。缓凝剂和速凝剂用来调节水泥浆的稠化时间,有的速凝剂还能提高水泥石的早期强度。加入减阻剂的目的是为了改善水泥浆的流动性能,降低流动摩阻。降失水剂的作用是降低水泥浆的失水量,防止水泥浆脱水。在井下有低压易漏失层时,为了防止注水泥时发生井漏,常加入本身密度低的减轻材料(如硅藻土、漂珠),以降低水泥浆的密度。反之,当地层压力高到一定值时,需要加入密度大的添加剂(如铁矿粉)提高水泥浆的密度,以平衡地层压力。

另外,值得一提的是高温下水泥石强度衰退及热稳定剂问题。在井下温度高于110℃时(如深井、超深井、热采井),水泥中硅酸二钙和硅酸三钙的水化产物要发生晶形转变,使水泥石的强度降低。在水泥浆中掺入适量的硅粉,可以防止高温下水泥石的强度衰退。硅粉加量与温度有关,对于井底静止温度处于110~204℃的井,硅粉加量为35%~40%,对于蒸汽注入井或蒸汽吞吐采油井(温度更高),硅粉加量通常在60%以上。

四、特种油井水泥浆体系

为满足不同的固井需求,需要相应的固井水泥浆来满足固井施工的要求,特种水泥是用于解决某些油气井特殊问题的水泥,用于解决注水泥中的高温、漏失、环空气窜等问题。表6-4给出几种特种水泥浆体系及其特点和适用范围。

表6-4 油井特种水泥浆体系

类型	特点	适用范围
低密度水泥浆体系	密度能达到1.2g/cm³	低承压能力地层或长封固段单级注水泥
耐高温水泥浆体系	目前能够承受最高温度为220℃,水泥石能够承受温度高达300℃,且强度不发生退变及脆裂	高温井及稠油热采井
含盐水泥浆体系	能够提高水泥石早期强度,防止淡水敏感地层发生垮塌,解决闪凝现象	高压盐水层、盐膏层,以及海洋、沙漠等地区直接用盐水固井的地层
防气窜水泥浆体系	在凝固过程中产生微小的气泡,并使孔隙压力增加,以弥补水泥浆凝结过程中井下压力的降低	常规水泥浆无法解决的油气水侵严重井
不渗透水泥浆体系	能够减少水泥浆的透气性和降低水泥石的渗透率	油气水侵严重的井
抗腐蚀水泥浆体系	抗含氯离子、硫酸根、碳酸氢根等离子的地层水腐蚀	含氯离子、硫酸根、碳酸氢根等离子地层水的井
膨胀水泥浆体系	提高界面胶结质量,防窜,抗腐蚀(胶乳膨胀水泥)	油气水侵严重的井
触变水泥浆体系	搅拌后水泥浆变稀,静止后水泥浆变稠	松散地层、漏层及防止气窜、补救挤水泥的固井作业

第三节 注 水 泥

一、注水泥工艺过程

下完套管之后，把水泥浆泵入套管内，再用钻井液把水泥浆顶替到套管外环形空间设计位置的作业称为注水泥。

在套管柱最上端的装置为水泥头，内装有胶塞。胶塞为实心，其作用是隔离顶替用的钻井液与水泥浆；当其坐落在浮箍上之后，地面压力将很快上升一定值（称为碰压），该信号说明水泥浆已顶替到位，施工结束。套管柱的最下端装有引鞋以利于下套管。浮箍实际上是一单向阀，其作用是防止环空中的水泥浆向管内倒流（因为一般水泥浆的密度比钻井液的密度高），另外也起承坐胶塞的作用。

常规注水泥工艺是指用相关设备把配置好的水泥浆从套管内注入，从套管柱（串）底部沿环形空间上返到预定井深，以达到设计段的套管与井壁间的有效封固。主要工序为：注前置液→注水泥浆→压碰压塞（上胶塞）→替钻井液→碰压→关井候凝，如图6-4所示。

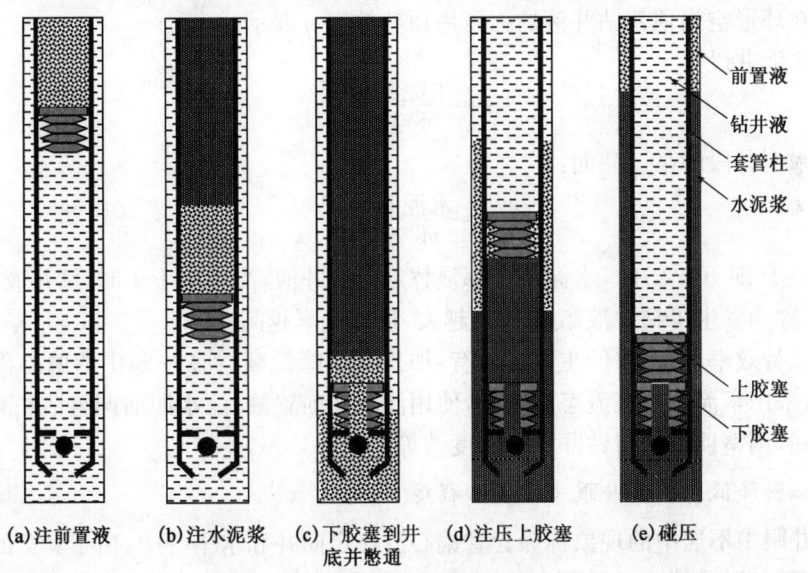

图6-4 常规注水泥工艺流程示意图

为了保证固井质量和整个施工过程的安全，必须在施工前做好相应的准备工作，主要包括：

(1)保持井眼畅通、井径规则（井径扩大率在15%以内）、井底干净、井下无漏失现象；

(2)在保证井壁稳定的前提下，钻井液性能应具有低黏度、低切力，具有良好的流动性能，无严重油气侵；

(3)套管与井壁的最小间隙在20mm以上，套管居中度在75%以上；

(4)水泥浆性能（流变性和稠化时间等）应能满足施工要求；

(5)注水泥施工设备到位，性能满足施工要求。

注入井内的水泥浆要凝固并达到一定强度后，才能进行后续的钻井施工或是其他施工。

因此，注水泥施工结束后，要等待水泥浆在井内凝固，该过程称为候凝。候凝时间通常为24h或48h，也有72h或几小时的，候凝时间的长短视水泥浆凝固及强度增长的快慢而定。候凝期满后，进行固井质量检测和评价测井。

固井的目的是为了封隔地层、加固井眼，建立密封性能良好的井内流动通道，以保证继续安全钻进，保证后期作业（试油、增产措施作业等）和生产的正常进行。固井是油气井建井过程中的重要环节，固井质量的好坏不仅关系到钻井的速度和成本，还将影响到油气井以后是否能顺利生产、油气井的寿命，甚至油气藏的采收率。因此，从固井设计开始直至施工验收，都应该认真考虑如何提高固井质量，把好质量关。

固井要消耗大量的钢管、水泥等材料。据统计，生产井的固井费用占全井成本的10%～25%，所以还应在提高固井质量的前提下，尽可能节约材料，降低成本。

固井还具有施工时间短、工作量大的特点。同时，固井是一次性工程，如果质量不好，一般情况下不易补救，而且补救的成本也高。

因此，一口井的固井工程要做到优质、低成本，就必须精心设计、精心施工，只有这样才能圆满完成固井工程任务。

二、提高注水泥顶替效率的措施

水泥浆在环形空间顶替钻井液的程度用顶替效率 η 表示。

对于注水泥井段：

$$\eta = \frac{水泥浆体积}{环空体积}$$

对于注水泥井段的某一截面：

$$\eta = \frac{水泥浆面积}{环空面积}$$

当 η 等于1（即100%）时，水泥浆全部顶替走了钻井液；当 η 小于1时，钻井液没有被水泥浆完全替走，称为发生了钻井液窜槽；η 值越大，顶替效率越高。

为提高顶替效率，所采取的主要措施有：加扶正器降低套管在井眼中的偏心程度，注水泥时活动套管，采用紊流或塞流流态注水泥，使用注水泥前置液，注水泥前调整钻井液性能，增加紊流接触时间，调整顶替液与钻井液的密度差等。

1. 加扶正器降低套管在井眼中的偏心程度

套管在井眼中不居中的现象称为套管偏心。在定向井和水平井中，由于套管的自重，管柱将偏向井眼下侧，形成偏心。就是直井，由于实际钻成的井眼不可能是一个完全垂直的井眼，因此也存在套管偏心的情况。注水泥顶替效率与套管在井眼中的偏心程度密切相关。

在同心环空中，由于整个环形空间周向上各处间隙相等，因此在周向上流速分布是均匀的。在偏心环空中，由于套管偏心，周向上各处间隙不相等，各间隙处的流动相对阻力不一样，导致沿周向流速分布不均，宽间隙处流速高，窄间隙处流速低。套管偏心越严重，这种流速分布不均的程度越大。

在水泥浆顶替钻井液的过程中，也会发生类似的情况，水泥浆在宽间隙处顶替钻井液的速度快一些，而在窄间隙处的顶替速度则较慢，导致宽窄间隙处水泥浆返高不一致。若套管偏心严重，则可能出现窄间隙的钻井液根本不能被顶走而滞留在原处的窜槽现象。

因此，要尽量降低套管在井眼中的偏心程度。目前所采取的措施是在套管上安装套管扶正器。

2. 注水泥时活动套管

在注水泥过程中,旋转或上下活动套管是提高顶替效率的有效措施。当环空窄间隙处有滞留(或流动较慢)的钻井液时,旋转套管可依靠套管壁拖拽力将钻井液带入进环空的较宽间隙处,从而被流动的水泥浆顶替走。

一般认为旋转套管效果较好,上下活动套管可能在上提套管后发生卡套管,从而使套管不能下放到设计放置,给安装井口造成困难。

3. 采用紊流或塞流流态注水泥

在层流流态,断面流速分布呈尖峰形态;在紊流和塞流流态,断面流速分布相对平缓,因而有利于水泥浆均匀推进顶替钻井液。但是,在偏心环空中,当采用塞流流态时,虽然在本间隙内水泥浆可均匀推进,但是由于在周向上流速分布不均,可能存在周向上严重推进不均的后果,导致窄间隙顶替效率不高。

紊流顶替不仅断面流速分布比较均匀,最重要的是,紊流顶替液中的紊流旋涡在顶替液与钻井液的交界面上可产生冲蚀、扰动、携带的作用,从而有利于对钻井液的顶替。在偏心环空中,这种冲蚀、扰动、携带作用可逐渐顶替走窄间隙处的钻井液。在偏心环空中,紊流时周向上的流速分布不均的程度也要大大低于层流时的流速分布不均程度(塞流本质上也属于层流),实验中曾测量到可降低 27%~76%,因而有利于对窄间隙的顶替。另外,紊流时,单位长度上的摩阻压降大,该摩阻压降对滞留钻井液而言是驱使其流动的动力,也有利于顶替。因此,只要井下条件许可(不会压漏地层),人们首选紊流顶替。

4. 使用注水泥前置液

由于水泥浆与钻井液的化学成分不同,当用水泥浆直接顶替钻井液时,在二者交界面附近钻井液要与水泥浆混合。一方面,钻井液与水泥浆混合后,可能使水泥浆增稠,导致环空流动摩阻增大,严重时造成井漏或造成泵送不动而导致不能把水泥浆全部从套管内替出的严重后果。另一方面,钻井液与水泥浆相互混合形成的混合物可能很稀,不容易被随后的水泥浆所顶替,造成这种混合物窜槽,影响注水泥质量。不管是哪种情况,均称钻井液与水泥浆不相容。

因此,在水泥浆前面通常要注入一段或几段与钻井液及水泥浆均相容的特殊配制的液体,这些液体称为注水泥前置液(简称前置液)。

前置液分为两种:冲洗液和隔离液。冲洗液主要起稀释钻井液、冲洗井壁与套管壁的作用(也能隔开钻井液与水泥浆),主要用于紊流注水泥。当与隔离液同时使用时,位于隔离液之前。隔离液的主要作用是隔离钻井液与水泥浆。隔离液有两种类型,一种是用于塞流注水泥的黏稠型隔离液,一种是用于紊流注水泥的紊流型隔离液。

这样,在注水泥过程中,实际顶替钻井液的是前置液。显然,如果水泥浆的流变性能能调节到满足紊流或塞流的要求则更好。但由于调整水泥浆的流变性能时,往往对水泥浆的其他性能有影响,所以在很多情况下,水泥浆的流变性不能调整到要求值(尤其是紊流要求)。

5. 注水泥前调整钻井液性能

钻井中钻井液的性能是为了满足钻井作业的需要,但从提高注水泥顶替效率方面来看,有些性能往往是不适宜的。因此,在注水泥前,一般都要对钻井液的性能进行调整,这一点非常重要。调整钻井液性能(密度、流变性)的原则是,在保证井下安全的前提下,尽量降低钻井液的密度、黏度和触变性（静切力）。理论和实验研究均表明，降低触变性尤为重要，因为触变性强则钻井液的内部结构力大，非常不利于顶替。

6. 增加紊流接触时间

紊流顶替最重要的是对钻井液的冲蚀、扰动、携带作用。显然，这种冲蚀、扰动、携带的顶替需要一定的时间。有人认为 4min 的接触时间就够了，但目前为多数人接受的观点是需要 10min 的接触时间才能达到有效的顶替。因此，要合理设计前置液和水泥浆的用量。

7. 调整顶替液与钻井液的密度差

一般要求钻井液、前置液、水泥浆的密度应逐级增大（即正密度差），因为正密度差将对钻井液产生浮力作用，有利于顶替。但对冲洗液可以例外，因为冲洗液所起的主要作用是稀释钻井液，冲洗井壁与套管壁。

三、水泥浆在凝结过程中的失重

注水泥刚结束时，水泥浆还是液态，这时环空内液体对地层作用的压力为作用点以上各浆柱的静液压力之和，因为水泥浆密度一般大于钻井液的密度，因此能够起到压住地层的作用。但是，由于一定的原因，水泥浆柱在凝结过程中对其下部或地层所作用的压力将逐渐降低，就好像失掉了一部分重量一样，这种现象称为水泥浆在凝结过程中的失重（简称失重）。当浆柱的压力失重到低于油气水层的压力时，地层中的油气水就窜入环空内，继而发生层间互窜或是沿环空窜至井口。在有高压油气水层或层间压差大（如注水开发井网）的井内，这种窜的可能性更大。

水泥浆失重有胶凝失重与桥堵失重之分。

1. 胶凝引起的失重

水泥浆在水化凝结的过程中，在水泥颗粒之间及与井壁和套管之间，要形成具有一定胶凝强度的空间网架结构。当下部浆柱由于水泥水化体积收缩和失水而发生体积减小时，水泥浆柱要向下移动以弥补下部的体积减小，从而向下传递压力，但水泥浆中的网架结构将使水泥浆柱的一部分重量悬挂在井壁和套管上，使压力不能有效向下传递，从而降低了作用在下部地层的有效压力，即导致失重。

2. 桥堵引起的失重

注水泥结束水泥浆静止后，水泥浆在高渗透率地层处的快速失水将使该处的水泥浆迅速变稠和致密，形成堵塞（即桥堵）。另外，由于注水泥时，高速冲蚀下来的岩块和水泥颗粒下沉等因素，也可能在井径和环空间隙较小处堆积形成堵塞。当下部浆柱由于水泥水化体积收缩和失水而发生体积减小时，由于桥堵，使得上部浆柱的压力不能有效向下传递，从而也会降低作用在下部地层的有效压力，造成失重。

目前所采取的预防水泥浆失重及其所导致的油气水窜的措施主要有：

(1) 降低水泥柱高度；

(2) 使用双凝水泥；

(3) 候凝时，井口环空加压；

(4) 固井时，增大环空内钻井液的密度；

(5) 使用多级注水泥技术；

(6)增加水泥浆混合水的密度;
(7)使用防窜水泥浆。

四、固井质量检测评价

水泥石封堵效果受许多因素的影响,在某些井段可能会出现钻井液不能被顶替干净而出现窜槽等现象,达不到有效封堵地层的目的。为了及时准确地评价固井质量,需要进行水泥胶结评价测井,检查水泥石与套管(第一胶结面)及水泥石与地层(第二胶结面)胶结的情况,以便找出有问题的井段,及时采取补救措施,保证油气井正常生产。

固井质量评价测井技术由早期的仅确定水泥面返高,发展到可以评价第一胶结面的声波幅度测井(CBL)和同时评价两个胶结面的声波变密度测井(VBL),目前还出现能直观反映水泥固结情况的成像测井技术(SBT)。下面着重介绍声波幅度测井技术。

声波幅度测井又称为声波水泥胶结测井,只能评价第一胶结面的质量,对第二胶结面不能评价,其基本原理如图6-5所示。井下测井仪器声波发射器发出的声波,通过不同的介质和路线后传播到接收器,最先到达接收器的是沿套管传播的滑行波(又称套管波)所产生的折射波,其次是由地层折射回来的地层波,最后到达的是沿钻井液传播的钻井液波,而声波幅度测井仪器记录的是最先到达的套管波的首波幅度。

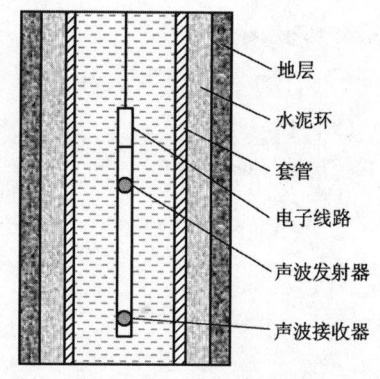

图6-5 固井声波幅度测井示意图

如果套管和水泥胶结良好,那么套管波的大部分能量被耦合到水泥环中,只有小部分能量折回井中被记录,因此接收器接收到的声波幅度较低,对应记录声幅的水泥胶结曲线上值很低,表明固结质量良好。反之,记录声幅的水泥胶结曲线上值较高,固结质量差。所以,可以通过声幅的相对幅度来判断水泥胶结的好坏,进而对固井质量进行评价。

目前国内对固井质量评价分为三个等级,即胶结良好、胶结一般和胶结较差。一般采用相对声幅值来进行具体计算:

$$相对声幅 = \frac{目的段声幅曲线幅度}{自由套管段声幅曲线幅度} \times 100\% \tag{6-25}$$

式(6-25)中自由套管段指管外为纯钻井液的套管段。

当相对声幅小于15%时,为胶结良好;介于15%~30%时,为胶结一般;大于30%则表明胶结较差,固井质量不合格。

思 考 题

1. 固井的目的是什么?
2. 套管柱在井下可能受到哪些力的作用?
3. 轴向力、外挤力和内压力的分布特点是什么?
4. 油井水泥的主要成分和性能是什么?
5. 简述油井水泥凝结硬化过程。

6. 水泥浆性能与固井质量有何关系？
7. 简述注水泥施工的工艺流程。
8. 简述顶替效率、窜槽、水泥浆失重、稠化时间的概念。
9. 提高注水泥顶替效率的措施有哪些？
10. 简述预防水泥浆失重及其所导致的油气水窜的工程技术措施。

第七章 完井技术

完井是油田开发过程中的重要环节,是从钻开油层到下套管固井、射孔、下生产管柱、排液,直至投产的一项系统工程。完井工程的设计水平和施工质量,对油井产能和油田开发的经济效益具有决定性的影响。完井工程有两个核心:一是从钻开油层开始到试油投产的全过程都要保护好油层,发挥油层的最大产能;二是利用完井优化设计,充分利用油层能量,用合理的方法使油井投入生产。

本章主要从采油工程对完井设计要求的角度出发,阐述油井完井方式选择、射孔工艺设计方法、试油工艺及其投产措施。

第一节 常用的完井方法

一口井钻成之后,主要的工作就是在井底建立油气层与油气井井筒之间的合理连通渠道,也就是完井。在井底建立的油气层与油气井井筒之间的不同连通渠道,构成了不同的完井方法。目前,国内外各油气田所采用的完井方法有多种类型,但都有其各自的适用条件和局限性。经过研究与实践,人们认识到,只有根据油气藏类型和油气层的特性并考虑开发开采的技术要求去选择最合适的完井方法,才能有效地开发油气田、延长油气井寿命、提高采收率、提高油气田开发的总体经济效益。

因此,合理的完井方法应该力求满足以下要求:
(1)油气层和井筒之间应保持最佳的连通条件,油气层所受的损害最小;
(2)油气层和井筒之间应具有尽可能大的渗流面积,油气入井的阻力最小;
(3)应能有效地封隔油气水层,防止气窜或水窜,防止层间的相互干扰;
(4)应能有效地控制油层出砂,防止井壁垮塌,确保油井长期生产;
(5)应具备进行分层注水、注气,分层压裂、酸化等分层措施,以及便于人工举升和井下作业等条件;
(6)如为稠油油田,则稠油开采应能达到热采(蒸汽吞吐和蒸汽驱)的要求;
(7)油田开发后期应具备侧钻定向井及水平井的条件;
(8)施工工艺应尽可能简便,成本应尽可能低。

油井一旦完成后,其井底结构就不容易更换。因此,应根据油气层的地质特点,参考本地区的实际经验,慎重地选择适宜的完井方式。

目前国内外常用的完井方式有裸眼完井、射孔完井、割缝衬管完井,以及基于防砂目的的砾石充填完井。为了降低完井及开发成本,以利于经济地开发低产油层,又出现了永久完井法、无油管完井法以及多油管完井法等新工艺。

一、裸眼完井

裸眼完井分为先期裸眼完井、复合型完井和后期裸眼完井三种方法。

先期裸眼完井(图7-1)是钻头钻至油层顶部附近后,取出钻具,下套管,注水泥浆固井,水泥浆从套管和井壁之间的环形空间上返至预定高度,待水泥浆凝固后,从套管中下入直径较小的钻头,钻穿水泥塞和油层,直至达到设计井深。

对于油层较厚、油层上部有气顶或顶界附近有水层时,可以将生产套管下过油气界面,用以封隔上部的气顶,然后下部裸眼完成,必要时可以再将上部的含油段射开。这种类型的完井称为复合型完井(图7-2)。

后期裸眼完井(图7-3)是当钻头钻至油层顶部附近后,不用更换钻头,用同一尺寸的钻头钻穿油气层直至设计井深,然后下套管至油气层顶部,注水泥固井。为了防止固井时水泥浆损害套管鞋以下的油层,通常在油层段垫砂或替入低失水、高黏度的钻井液,防止水泥浆下沉。

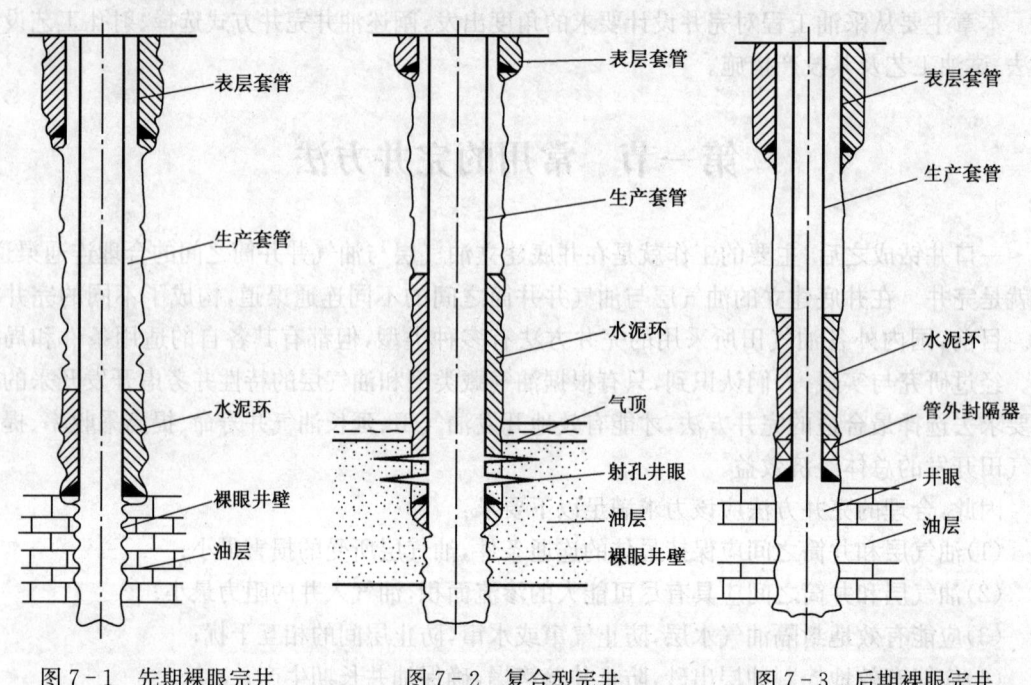

图7-1 先期裸眼完井　　图7-2 复合型完井　　图7-3 后期裸眼完井

裸眼完井方式的主要优点是产层完全裸露,产层具有最大的渗流面积,流线平直,符合平面径向渗流规律,这种井称为水动力学完善井,其产能较高。此外,由于井底没有任何设备,也不需要诸如射孔、砾石充填等工序,因此工艺简便,成本低,完井速度快。

与后期裸眼完井方式相比,先期裸眼完井还具有下述优点:

(1)由于在钻开之前已经完成了固井工序,因此在起钻、下套管、挤水泥浆期间,钻井液对产层没有任何影响,即缩短了钻井液对产层的浸泡时间;

(2)消除了高压油气对固井的影响,有利于提高固井质量;

(3)钻开产层时,已经排除了上部地层的干扰,为采用清水或其他符合产层特性的优质钻井液,打开产层或采用平衡钻井创造了良好条件。

在地质情况不清楚的探区采用先期裸眼完井时,如果未能弄清油层部位,则有可能无法保证刚好将套管下至产层顶部。套管下得过高,封不住上部坍塌地层,会给今后的油井开采带来困难;下得太低,一旦钻开油层,则等于后期完成,还有可能造成井喷事故。可见,先期裸眼完井最重要的是弄清层位,卡准套管下入深度,确保套管下至产层顶部。目前,后期裸眼完井在现场中已经很少使用,它仅限于对地层情况了解不够的探区。

裸眼完井方式存在如下缺点:
(1)不能克服井壁坍塌和油层出砂问题;
(2)不能克服整个生产层内不同压力油气水小层之间的相互干扰;
(3)不能进行选择性酸化或压裂等分层作业;
(4)不能实现分层开采和控制;
(5)先期裸眼完井法在下套管固井时,不能全部掌握产层的真实资料,继续钻进时如遇特殊情况,容易给钻进造成波动。

因此,裸眼完井仅适用于岩层坚硬致密、无含水夹层、无易坍塌夹层的单一油气层,或一些油气层性质相同、压力相似的多层油气层。因裸眼完井方式难以进行增产措施、控制底水锥进和堵水,现多转变为套管射孔完井。

二、射孔完井

射孔完井是国内外应用最为广泛的一种完井方式,包括套管射孔完井和尾管射孔完井。

套管射孔完井(图7-4)是先钻开油层至设计井深,将油层套管下至油层底部注水泥固井,然后再下入射孔枪对准产层进行射孔,射孔弹射穿套管、水泥环并穿透油层一定深度,建立起油流入井通道。

尾管射孔完井(图7-5)是在钻头钻至油层顶界后,下套管注水泥固井,然后下小一级的钻头钻穿油层至设计井深,用钻具将尾管送下并悬挂在套管上,再对尾管进行注水泥固井,然后实施射孔。

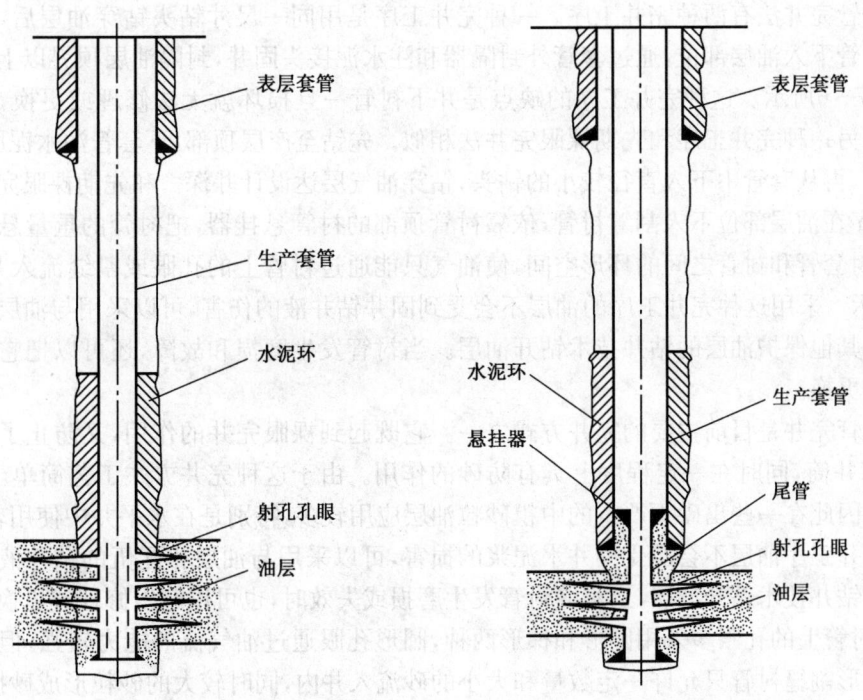

图7-4 套管射孔完井示意图　　图7-5 尾管射孔完井示意图

尾管射孔完井在钻开油层以前,上部地层已被套管封固,因此可以采用与油层配伍的钻井液,采用平衡或欠平衡的方式钻开油层,有利于保护好油层。同时,此类完井可以减少套管的重量和固井水泥的用量,降低完井成本。

由于产层多数都存在层间干扰问题,加之射孔工艺技术的发展,使完井的某些缺点已经得到克服。因此,目前国内外90%以上的油气井都是采用套管射孔完成,对于较深的油、气井,大多采用尾管射孔完成。

射孔完井的优缺点见表7-1。

表7-1 射孔完井的优缺点

优点	(1)能比较有效地封隔和支撑疏松易塌的生产层; (2)能比较有效地封隔和支撑含水夹层及易塌的黏土夹层,只要不射这些含水夹层和黏土夹层,就可以避免它们对生产的影响; (3)能够分隔不同压力和不同特性的油气层,可以选择性地打开产层,可以分层开采、分层测试,采取分层增产措施等; (4)进行无油管完井及多油管完井; (5)除裸眼完井方式外,比其他完井方式都经济
缺点	(1)在钻井和固井过程中,产层受钻井液和水泥浆浸泡时间较长,油层易受污染; (2)射孔完井是水动力学性质不完善井,产层的渗流面积只是井眼孔壁面积的总和,流线在孔眼附近必然会发生弯曲、聚集,产生附加渗流阻力; (3)对井深和射孔穿透深度要求严格,固井质量要求高; (4)对于裂缝性油气藏,由于裂缝发育的不均匀性,孔眼与裂缝相遇的机会难以控制

三、割缝衬管完井

割缝衬管完井法有两种完井工序。一种完井工序是用同一尺寸钻头钻穿油层后,套管柱下端连接衬管下入油层部位,通过套管外封隔器和注水泥接头固井,封隔油层顶界以上的环形空间,如图7-6所示。这种完井工序的缺点是井下衬管一旦损坏就无法修理或更换,目前基本不采用。另一种完井工序和先期裸眼完井法相似。先钻至产层顶部,下套管注水泥固井,待水泥凝固后,再从套管中下入直径较小的钻头,钻穿油气层达设计井深。和先期裸眼完井不同的是,该工序在油层部位下入割缝衬管,依靠衬管顶部的衬管悬挂器,把衬管的重量悬挂在套管上,并密封套管和衬管之间的环形空间,使油气只能通过衬管上的孔眼或割缝流入井内,如图7-7所示。采用这种完井工序的油层不会受到固井钻井液的伤害,可以采用与油层相配伍的钻井液或其他保护油层的钻井技术钻开油层。当衬管发生磨损和故障,还可以把它起出来进行修理或更换。

割缝衬管完井是目前主要的完井方式之一。它既起到裸眼完井的作用,又防止了裸眼井壁坍塌堵塞井筒,同时在一定程度上具有防砂的作用。由于这种完井方式工艺简单,操作方便,成本低,因此在一些出砂不严重的中粗砂粒油层应用较多,特别是在水平井中使用较普遍。

这种完井工序油层不会遭受固井水泥浆的损害,可以采用与油层相配伍的钻井液或其他保护油层的钻井技术钻开油层,当割缝衬管发生磨损或失效时,也可以起出修理或更换。

目前,衬管上的孔眼多采用圆形和梯形两种,圆形孔眼通过油气流的能力较强,但防砂能力较差。梯形割缝衬管只允许一定数量和大小的砂流入井内,同时较大的砂粒形成砂拱,砂拱不仅对油气流的阻力小,而且可以起到防砂的作用。但这种衬管又容易被泥质颗粒堵塞而使油气流入井内的阻力变大。割缝衬管完井法防砂是依靠油层自然形成砂拱来实现的,这样不易人工控制,因此在割缝衬管完井法的基础上发展了砾石充填方式完井。

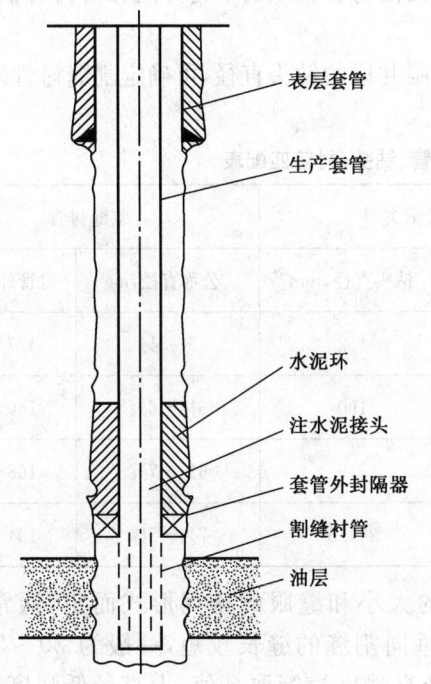
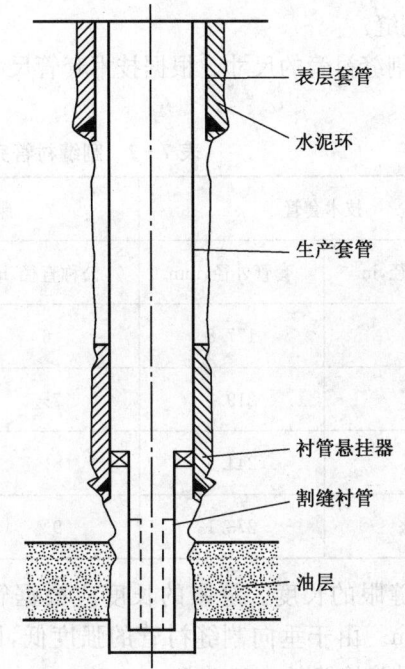

图 7-6 割缝衬管完井示意图　　　　图 7-7 改进割缝衬管完井示意图

割缝衬管就是在衬管壁上沿着轴线的平行方向或垂直方向割成多条缝眼。缝眼的功能是：一方面允许一定数量和大小的、能被原油携带至地面的细砂通过；另一方面能把较大颗粒的砂子阻挡在衬管外面。这样，大砂粒就在衬管外形成砂桥或砂拱，如图 7-8 所示。砂桥中没有小砂粒，因为生产时此处流速很高，把小砂粒都带入井内了。砂桥的这种自然分选，使它具有良好的通过能力，同时起到保护井壁的作用。

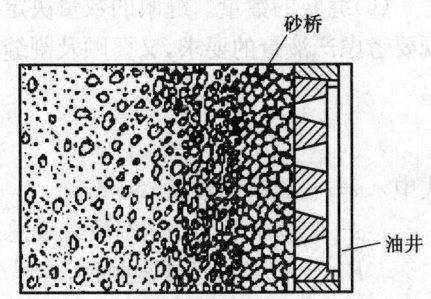

图 7-8 割缝衬管外形成的砂桥

割缝衬管的技术参数为：

(1) 缝眼的形状。缝眼的剖面应该呈梯形，梯形两斜边的夹角与衬管的承压大小及流通量有关，一般设计为 12°左右。梯形大的底边应为衬管内表面，小的底边应为衬管外表面。这种缝眼的形状可以避免砂粒卡死在缝眼内而堵塞衬管。

(2) 缝口宽度。梯形缝眼小底边的宽度称为缝口宽度。缝口宽度为：

$$e \leqslant 2d_{10} \tag{7-1}$$

式中　e——缝口宽度，mm；

d_{10}——产层砂粒度组成累积曲线上，占累积质量为 10% 所对应的砂粒直径，mm。

式(7-1)表明，占砂样总质量为 90% 的细小砂粒被允许通过割缝缝眼，而占砂样总质量为 10% 的大直径承载骨架砂不能通过缝眼，被阻挡在衬管外面形成具有较高渗透率的砂桥。

(3)缝眼的排列形式。缝眼的排列形式有两种:沿衬管轴线的平行方向和沿衬管轴线的垂直方向割缝。

(4)割缝衬管的尺寸。根据技术套管尺寸、裸眼井段的钻头直径,可确定割缝衬管外径,见表7-2。

表7-2 割缝衬管完井套管、钻头、衬管匹配表

技术套管		裸眼井段钻头		割缝衬管	
公称直径,in	套管外径,mm	公称直径,in	钻头直径,mm	公称直径,in	衬管外径,mm
7	177.8	6	152	5～5½	127～140
8⅝	219.1	7½	190	5½～6⅝	140～168
9⅝	244.5	8½	216	6⅝～7⅝	168～194
10¾	273.1	9⅝	244.5	7⅝～8⅝	194～219

(5)缝眼的长度。缝眼的长度应根据管径的大小和缝眼的排列形式而定,通常为20～300mm。由于垂向割缝衬管的强度低,因此垂向割缝的缝长较短,一般为20～50mm。平行向割缝的缝长一般为50～300mm。小直径高强度衬管取高值,大直径低强度衬管取低值。

(6)缝眼的数量。缝眼的数量决定了割缝衬管的流通面积。在确定割缝衬管流通面积时,既要考虑产液量的要求,又要顾及割缝衬管的强度。缝眼的数量可由下式确定:

$$n = \frac{\alpha F}{el} \tag{7-2}$$

式中　n——缝眼的数量,条/m;
　　　α——缝眼总面积占衬管外表总面积的百分数,一般取2%;
　　　F——每米衬管外表面积,mm²/m;
　　　e——缝口宽度,mm;
　　　l——缝眼长度,mm。

四、砾石充填完井

对于胶结疏松、出砂严重的地层,一般采用砾石充填完井。它是人为地在割缝衬管和井壁之间充填一定尺寸的砾石,使之起防砂和保护生产层的作用。充填砾石的方法可分为直接充填和预充填两种。

直接充填是先将绕丝筛管(在钢管上预先打孔或割缝后,再用不锈钢丝绕制的防砂管)或割缝衬管下入井内油层部位,然后用充填液将地面上预先选好的砾石泵送至绕丝筛管(或割缝衬管)与井眼或绕丝筛管与套管之间的环形空间内,构成一个砾石充填层,以阻挡油层砂流入井筒,达到保护井壁、防砂入井的目的。

预充填砾石绕丝筛管是在地面预先将符合地层特性要求的砾石填入具有内、外双层绕丝筛管的环形空间而制成的防砂管,将这种筛管下入井内,对准油层部位进行防砂。与砾石充填相比,使用该防砂方法的油井产能低,防砂有效期短。它不能像井下砾石充填那样,能防止油

层砂进入井筒,只能是当油层砂进入井筒后阻止其不再进入油管。该方法工艺简便,成本低,在一些不具备砾石充填条件的防砂井中,仍是一种有效的方法。

砾石充填完井一般都使用不锈钢绕丝筛管,而不使用割缝衬管,其原因是:

(1)割缝衬管的缝口宽度受割刀强度的限制,0.5mm以下割缝宽度加工较困难,因此,它只能用于中、粗砂岩的储层防砂。绕丝筛管是由异形(三角形)不锈钢丝绕在割缝的中心衬管上进行防砂,缝隙宽度最小可达0.12mm,因此适用范围大。

(2)绕丝筛管是由连续绕丝形成的连续缝隙,其流通面积大,流体通过筛管时几乎没有压降,且绕丝筛管的断面为外窄内宽的梯形,具有一定的自洁功能,轻微的堵塞可被产出流体疏通,其流通面积比割缝衬管大。

(3)绕丝筛管以不锈钢丝为原料,其耐腐蚀性强,使用寿命长。虽然成本是割缝筛管的2~3倍,但综合效益高。

砾石充填防砂的优点是能有效地把地层砂限制在产层内,从而使地层保持稳定的力学结构,并且较厚的砾石层和绕丝筛管组成的二级挡砂体系,可以非常有效地防止油层砂产出。相反,割缝衬管完井和绕丝筛管完井由于没有砾石层,在地层疏松、流速较高及时间较长时,地层有可能垮塌,缝隙可能被完全堵死。因此,割缝衬管完井和绕丝筛管完井只是一种短期防砂方法,并只适合出砂不严重的地层和低产井。而砾石充填是一种高效、长期的防砂方法,适宜于疏松地层及高产井。当然,这种砾石充填完井不论施工的难度和成本,都要比割缝衬管完井和绕丝筛管完井高得多。

为了适应不同油层特性的需要,裸眼完井和射孔完井都可以充填砾石,分别称为裸眼砾石充填完井和套管内砾石充填完井。

(1)裸眼砾石充填完井。

在地质条件允许使用裸眼完井而又需要防砂时,就应该采用裸眼砾石充填完井。其优点是渗流面积大,产量高,阻力小,充填层因扩孔厚度大,结构稳定。其缺点是工序复杂,井下滤饼使产量下降。

裸眼砾石充填完井工序是:钻头钻达油层顶界以上约3m后,下技术套管注水泥固井,再用小一级的钻头钻穿水泥塞,钻开油层至设计井深,然后更换扩张式钻头将油层部位的井径扩大到技术套管外径的1.5~2倍,以确保充填砾石时有较大的环形空间,增加防砂层的厚度,提高防砂效果,如图7-9所示。

(2)套管内砾石充填完井。

对已下套管和射开多层或薄生产层的井,或要求封隔气水夹层及易坍塌层等的井,需要采用套管内砾石充填完井。与裸眼充填井的采油指数相比,管内充填井的采油指数要低得多,为此应采用高孔密、大孔径、负压射孔。

套管内砾石充填完井的基本工序是:钻头钻穿油层至设计井深后,下油层套管于油层底部,注水泥浆固井,然后对油层部位射孔。要求采用高孔密(30孔/m左右)、大孔径(20mm左右)射孔,以增大充填流通面积,有时还把套管外的油层砂冲掉,以便于向孔眼外的周围油层填入砾石,避免砾石和地层砂混合增大渗流阻力,如图7-10所示。

以上主要介绍了不同完井方式的特点及其使用条件。实际上,为了解决油层出砂问题,还可以采用金属纤维防砂筛管、陶瓷防砂筛管、多孔冶金粉末防砂筛管、多层充填井下滤砂器以及化学固砂等方法完井。

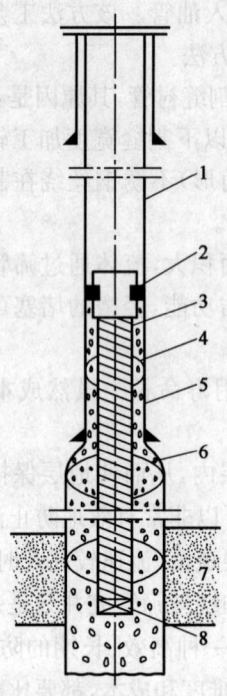 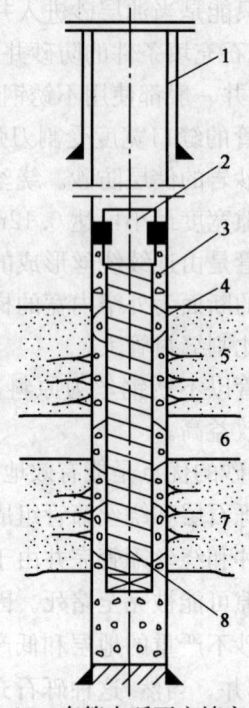

图 7-9 裸眼砾石充填完井示意图　　　图 7-10 套管内砾石充填完井示意图
1—技术套管；2—铅封；3—筛管；4,6—扶正器；　　1—油层套管；2—铅封；3—砾石；4—扶正器；
5—砾石；7—油层；8—丝堵　　　　　　　　　　5,7—油层；6—夹层；8—筛管

各种完井方式适用的地质条件见表 7-3。

表 7-3 常用完井方式适用的地质条件

完井方式	适用的地质条件
裸眼完井	(1)岩性坚硬致密、天然裂缝发育、井壁稳定不坍塌的碳酸盐岩或砂岩储层； (2)无气顶、无底水、无含水夹层及易塌夹层的储层； (3)单一储层，或压力、岩性基本一致的多层储层； (4)不准备实施分隔层段及选择性处理的储层
射孔完井	(1)有气顶，或有底水，或有含水夹层及易塌夹层等复杂地质条件，因而要求实施分隔层段的储层； (2)各分层之间存在压力、岩性等差异，因而要求实施分层测试、分层采油、分层注水、分层处理的储层； (3)要求实施大规模水力压裂作业的低渗透储层； (4)含油层段长、夹层厚度大、不适合于裸眼完井的、构造复杂的油气藏
割缝衬管完井	(1)无气顶、无底水、无含水夹层及易塌夹层的储层； (2)单一厚储层，或压力、岩性基本一致的多层储层； (3)不准备实施分隔层段及选择性处理的储层； (4)岩性较为疏松的中、粗砂粒储层
裸眼砾石充填完井	(1)无气顶、无底水、无含水夹层的储层； (2)单一厚储层，或压力、岩性基本一致的多层储层； (3)不准备实施分隔层段及选择性处理的储层； (4)岩性疏松且出砂严重的中、粗、细砂粒储层
套管内砾石充填完井	(1)有气顶，或有底水，或有含水夹层及易塌夹层等复杂地质条件，因而要求实施分隔层段的储层； (2)各分层之间存在压力、岩性等差异，因而要求实施选择性处理的储层； (3)岩性疏松且出砂严重的中、粗、细砂粒储层

续表

完井方式	适用的地质条件
复合型完井	(1)岩性坚硬致密、井壁稳定不坍塌的储层； (2)裸眼井段内无含水夹层及易塌夹层的储层； (3)单一厚储层，或压力、岩性基本一致的多层储层； (4)不准备实施分隔层段及选择性处理的储层； (5)有气顶或储层顶界附近有高压水层，但无底水的储层

第二节 射孔工艺技术

射孔完井是目前国内外使用最广泛的完井方法。射孔技术是指将射孔器用专用仪器设备输送到井下预定深度，对准目的层引爆射孔器，穿透套管及水泥环，构成目的层至套管内连通孔道的一项工艺技术。

自射孔被应用于油气井以来，从子弹式射孔到聚能射孔，从简单的电缆输送射孔到油管输送射孔，穿深从十几毫米到上千毫米，射孔工艺技术自20世纪70年代以来，得到了比较快的发展。目前的射孔已不仅仅是沟通地层与井筒通道的工艺技术，它又增加了改造油气层、提高油气产量的任务。随着油气勘探开发难度的加大，油藏工程师们对射孔工艺技术的要求也越来越高，他们希望射孔对地层的穿透更深、对产层的伤害最小、完善系数更高，能获得很理想的产能。因而，改进射孔工艺、优化射孔设计是完井试油中的重要环节。

目前，世界各国的射孔技术按输送方式基本可分为两类：一是电缆输送射孔；二是油管(钻杆、连续油管)输送射孔。按其穿孔作用原理可分为子弹式射孔技术、聚能射孔技术、水力射孔技术、水力割缝射孔技术、复合射孔技术。应用最广泛的是电缆输送聚能射孔技术。

复合射孔技术因其独特的射孔增产机理而被越来越广泛地应用于现场，激光射孔技术也已完成初步试验，相信在不久的将来会成为一种有效的射孔工艺技术而被广泛应用。射孔技术将向综合化、集成化、高穿深、无污染的方向发展。

一、射孔原理

(一)聚能射孔原理

聚能射孔技术产生于1946—1948年，是从反装甲武器中演变而来。

聚能射孔技术是指由聚能射孔弹与其他部件组合对地层进行射孔的技术。这项技术的关键单元是聚能射孔弹。聚能射孔弹由三个基本部分组成——弹壳、炸药和药型罩，其结构如图7-11所示。

药型罩一般为锥形或抛物线形，它是由拉制的铜合金或是由铜、铅、钨等金属粉末压制而成。制造弹壳的材料比较多，有纸、陶瓷、玻璃、金属等，金属弹壳是应用最广泛的弹壳材料。

炸药是射孔弹穿孔的动力源，其技术参数直接影响到射孔弹的穿孔性能。射孔弹的炸药主要有RDX(黑索金)、HMX(奥克托金)、HNS(六硝基砒)、PYX(皮威克斯)、TACOT(塔考特)等5种。

聚能射孔弹是利用聚能效应进行穿孔的。所谓聚能效应，是利用装药一端有锥形或抛物线形空穴来提高装药对空穴前方介质局部破坏作用的效应。当雷管将主体炸药引爆后，主体炸药产生的爆轰波到达药型罩罩面时,药型罩由于受到爆轰波的剧烈压缩,迅速向轴线运动,并在轴线上发生高速碰撞挤压,药型罩内表面的一部分金属以非常高的速度向前运动。随爆轰波连续地向药型罩底部运动,从内表面连续地挤出速度大于6000m/s的、具有极高能量的金属流,该金属流沿轴线方向对目标靶进行挤压穿孔,图7-12为聚能效应示意图。聚能效应是炸药爆炸作用的一种特殊形式,它之所以具有穿孔(破甲)作用,根本原因在于能量集中。

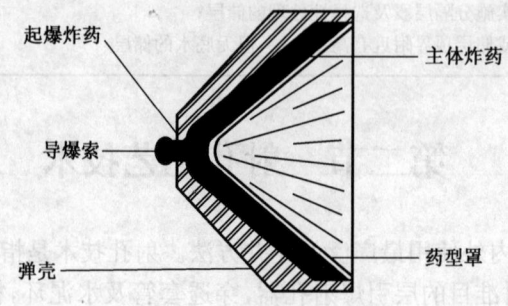

图7-11 聚能射孔弹结构图

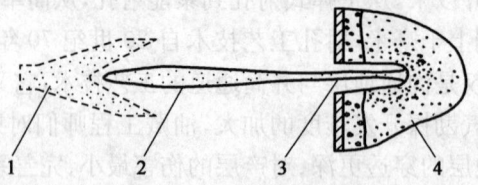

图7-12 聚能效应示意图
1—射孔弹;2—杵体;3—射流;4—地层

(二)水力射孔原理

水力射孔技术是通过地面高压供给设备,将水或特殊液体以大于70MPa的压力从喷嘴喷出,利用高压水射流的强大冲击力,将套管和目的层冲蚀成孔,从而提高油井产量的一种技术。

该技术的井下系统由枪身、高压软管、冲顶器和水力锚等组成。施工时,用油管将井下系统送至目的层,校深后,坐封水力锚,固定井下系统。地面高压大排量供给系统向油管内加压,液压冲头顶向套管,并喷射高压水流,将套管冲蚀出孔洞后,液压冲头停止前行,高压软管在液压的作用下伸向已形成的孔洞,并继续喷射高压水流,在地层中形成孔道,边喷边伸,高压软管在进入地层一定距离后停止运动。地面降低泵压,收回软管,停泵,解封水力锚,移至下一待穿孔处,重复上述工作直到结束施工。

该技术可在地层中冲蚀出深度大于2m的孔道,孔眼直径可达20~30mm。

由于水射流的效能对环境压力非常敏感,环境压力越高,水射流的效能越差,所以该技术目前只适用于井深3000m左右的井。另外,其施工比较复杂,周期较常规射孔长,对设备和下井管柱的要求过高,不适于广泛应用。

(三)水力割缝射孔原理

水力割缝射孔原理与水力射孔技术的原理基本一样,都是通过高压水力冲蚀套管和地层,从而取得增产效果。

水力割缝射孔技术是前苏联在20世纪70年代中期研制开发的,主要是为了提高储层打开程度、改变应力分布和近井地带的渗透率,进而达到增产增注的目的。

水力割缝射孔工具由控制器、复位器和喷枪三部分组成。控制器可控制喷枪在施工时产生一定的移动速度,复位器在完成一组割缝后将喷枪恢复原位。

水力割缝射孔技术一次施工可有效切割15对缝,套管处缝宽20mm,缝内延伸宽度100mm,造缝深度1000mm。

据有关资料介绍,在其他参数不变的情况下,割缝施工后,可切割成深1m、宽0.1m的缝,按其渗流面积折算,相当于将井筒半径扩大到0.64m,产量可增加31%。

(四)复合射孔原理

复合射孔是指将射孔和高能气体压裂在一次下井过程中同时完成的工艺技术。复合射孔是目前发展最快的射孔增产技术,按射孔弹和推进剂的不同组合,可分为一体式、单向式、对称式和外套式四种。其基本原理是利用炸药的爆轰和推进剂燃烧的不同作用机理,形成两个以上带有一定时间差(炸药的作用时间为微秒级,推进剂的燃烧时间为毫秒级)的不同压力脉冲,对地层进行射孔和改造。其作用机理是导爆索在引爆射孔弹的同时引燃推进剂,由于射孔弹的爆轰和推进剂的燃烧存在时间差,所以射孔弹先在套管和地层间形成一个通道,推进剂燃烧释放的高压气体随即对射孔孔道进行冲刷、压裂,破坏射孔压实带,并使孔眼周围和顶部形成多道裂缝,达到改善近井地带导流能力的目的。

1. 一体式

一体式复合射孔是将射孔弹和推进剂装在同一支射孔枪内的复合射孔技术。其优点是施工简单,安全;缺点是推进剂药量少,作用时间短。

2. 单向式

单向式复合射孔是在射孔枪的底部连接一支装有推进剂的高能气体发生器的复合射孔技术。其优点是推进剂药量可根据地层和套管情况进行调整;缺点是在电缆射孔时,上窜距离大,易损坏电缆。

3. 对称式

对称式复合射孔是在射孔枪上下各连接一支装有推进剂的高能气体发生器的复合射孔技术。该技术可以减少电缆上窜,对电缆有一定的保护作用。

4. 外套式

外套式复合射孔是将推进剂做成筒状,套在射孔枪(弹架)外壁上的复合射孔技术。

5. 三相流高能复合射孔压裂技术

三相流高能复合射孔压裂技术是华北石油管理局井下作业公司地球物理站与有关研究单位共同研制开发的一项新型复合射孔技术。该技术是将射孔弹、推进剂、特制支撑剂有机地结合在一起,显著地提高了增产效能。其技术特点是:

(1)射孔弹和凹凸形复合药片相互结合起来,构成一种分体套装黏结形成整体。利用同一根枪身,同时完成穿孔、气体压裂和加砂作业,既保护了套管不受损伤,又降低了气压在井筒的损耗,从而提高了对地层的有效作用力。

(2)三相流射孔沿轴向同时点火,从射孔弹爆轰到复合推进剂燃烧的时间差只有40~50μs,大大缩短了射孔和气体压裂的时间差,使射孔孔道的弹性变形几乎尚未恢复,气体压裂的脉冲波便随即而至,保证了高能气体压裂的效率,有利于加大和保护裂缝缝长、缝宽的延伸。

(3)高速运动的压裂砂对孔眼内壁进行剧烈撞击,并充填于裂缝之间,能有效地解除射孔压实带和近井地带存在的污染状况,并可极大地改善近井地层的完善程度,达到射孔增效的目的。复合药片由中心点火向外燃烧,气体平台压力保持时间为60~70ms,足以使压裂砂全部进入地层,确保高能气体造缝加砂的有效性。

二、射孔工艺选择及参数优选

(一)射孔工艺的选择

表7-4是目前主要选用的射孔工艺的优缺点;表7-5是各种射孔工艺对比情况。

表7-4 各种射孔工艺的优缺点

射孔工艺		优 点	缺 点
电缆射孔	正压	施工简单,成本低,高孔密,高穿透	污染严重,不适用于斜井、水平井和稠油井
	负压	具有负压清洗和穿透较深的优点,适用于低压油藏	不适用于自喷井、斜井、水平井和稠油井,不能保证多次射孔的负压
油管输送射孔		高孔密,高穿透,易形成负压,便于和其他工艺联作,适用于各种井	联作工艺复杂,成本相对较高
过油管射孔		污染小,适用于生产井不停产补孔和打开新层位	负压值小,穿透能力小,电缆易卡,射孔枪的长度和直径受到限制
喷射射孔	高压液体射流	孔径大,穿透能力特强	工艺复杂,成本高
	水力喷射	孔径大,穿透能力特强	方向性差,不适用于软地层

表7-5 各种射孔工艺对比情况

射孔工艺	电缆射孔	过油管射孔	油管输送射孔	过油管扩展射孔
枪直径,mm	73~177.8	35~54	73~177.8	42.0
射孔弹型	深穿透和大孔径	深穿透	深穿透和大孔径	深穿透
弹药重,g	15~66	1.8~17	15~66	22
孔密,孔/m	13~39	13~19	13~46	13
孔深,mm	400~800	146~615	400~800	678
孔径,mm	7.1~31.3	5.4~14.5	7.1~31.3	—
相位,(°)	120、90、60、45、30	180、90、60、0	120、90、72、60、51.4、45、30、20	180
负压范围	不能负压	可控或等压	按负压要求	可控或等压
适应井筒	14.3~245mm套管,直井、50°以内斜井	油管≥60.3mm,单独套管≤245mm,直井、50°以内斜井	114.3~245mm套管,直井、斜井、水平井	60.3~114.3mm油管,直井、50°以内斜井
应用范围	普通井	生产井、补孔	普通井、高压油气井、防砂井、低渗井、困难井	生产井、补孔
射孔效果	射孔污染影响产能	孔径孔深小或部分污染影响产能	能冲洗孔眼,产能高	孔径小或部分污染影响产能

射孔工艺优选的基本原则是:

(1)对井斜不超过20°、地层压力较低、无负压射孔要求、井身规则无变形、无油帽、原油黏度低、清水或压井液黏度低、射孔段小的井,可选用电缆输送射孔工艺;对井斜不超过20°、地层压力高、无负压射孔要求、井身规则无变形、无油帽、原油黏度低、清水或压井液黏度低的井,可选用电缆输送密闭式射孔工艺。

(2)对井斜大于20°、地层压力高或不清楚、原油黏度较高、需进行负压或超正压射孔的井,应选用油管输送射孔工艺;在井斜不大于35°时,可选用机械投棒方式的起爆装置;当井斜大于35°时,应选用压力起爆方式的起爆装置。

(3)当井内有钻井液、稠油时,应选择密闭式起爆装置加开孔器的组合管柱进行油管输送射孔。

(4)当井内有油管,因某些原因不宜起出而又需要射孔时,可选择电缆输送张开式过油管射孔工艺或电缆输送无枪身过油管射孔工艺。

(5)在井内射孔段以上套管有变形,但变形处最小直径大于80mm时,可选择电缆输送张开式过油管射孔工艺。

(二)射孔参数的优选

1. 射孔参数对孔隙性油藏产能的影响

1)孔深、孔密的影响

如图7-13所示,油井产能比随着孔深、孔密的增加而增加,但提高幅度逐渐减小,即靠增加孔深、孔密提高产能有一个限度。从经济角度考虑,孔深小于800mm而孔密小于24孔/m时,增加孔深和孔密,其增产效果比较明显。

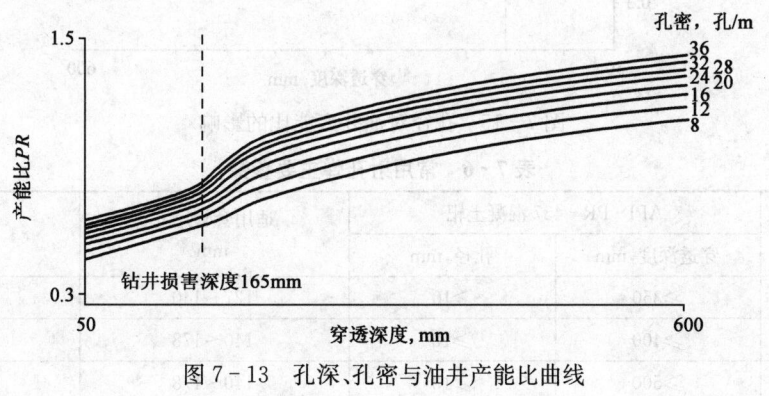

图7-13 孔深、孔密与油井产能比曲线

2)相位角的影响

图7-14表明,在各向异性不严重时(0.7≤K_z/K_r≤1.0,其中K_z为地层的纵向渗透率,K_r为地层的水平渗透率),90°相位最好,0°相位最差,依产能比从高到低的顺序,相位角依次为90°、120°、60°、45°、180°、0°。

3)孔径的影响

从图7-15可以看出,随着孔径的增加,油井产能比增加,但相对而言,孔径的影响并不大,一般保证孔径在10mm以上即可。

2. 射孔参数的优选

射孔参数应选择高孔密、深穿透、大孔径、90°相位角且无杆堵。表7-6是常用射孔弹的主要参数,表7-7是常用射孔枪的性能,从表7-6和表7-7可以看出,选择YD-102射孔枪、YD-127射孔弹,孔密为16发/m,相位角90°是比较适合的,在鄂南地区基本上使用的是这种射孔参数组合,效果比较好。

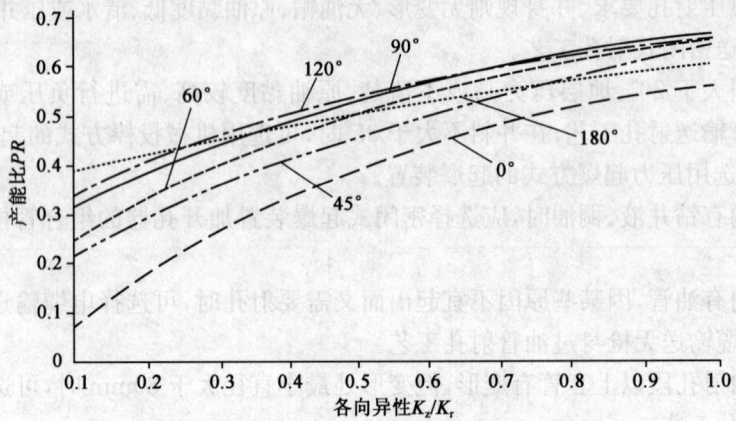

图7-14 相位角和各向异性对油井产能比的影响

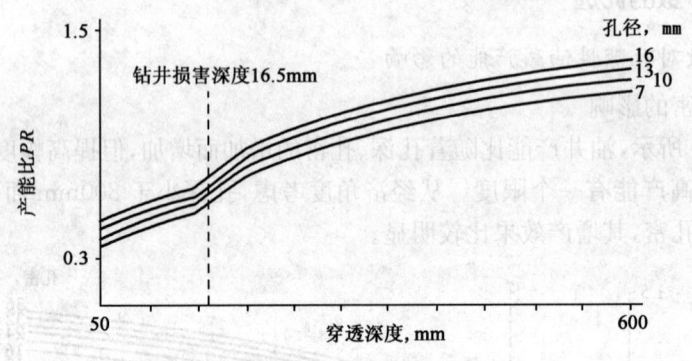

图7-15 孔径对油井产能比的影响

表7-6 常用射孔弹主要参数

弹型	API-PR-437混凝土靶		适用套管尺寸 mm	耐温条件 ℃/48h
	穿透深度,mm	孔径,mm		
YD-73	≥350	≥10	127~140	150
YD-89	≥400	≥10	140~178	150
YD-102	≥500	≥13	140~178	150
YD-127	≥700	≥13	140~178	150

表7-7 常用射孔枪性能

枪型	最大外径,mm	相位,(°)	孔密,发/m	适用套管尺寸,mm
YD-73	73	60/90	12/16/20	127~140
YD-89	89	60/90	12/16/20	140~178
YD-102	102	60/90	6/12/16	140~178
YD-127	127	60/90	1/12	178

3. 射孔负压值的确定

负压射孔是通过人为降低井内液柱高度,减少井内液柱压力,从而改变地层在射孔时的压力环境,使射孔时井内液柱压力低于储层的原始地层压力。在负压条件下射孔,打开地层的瞬间即会产生比较强的冲击回流,使钻井过程中进入地层的固相颗粒及地层中可移动的颗粒外移,同时避免射孔弹爆炸后固相颗粒和压井液进入地层。足够的负压值不但能够形成完全清洁、畅通的孔道,而且可以减轻射孔压实损害,同时也避免了射孔液对储层的伤害,从而提高油井产能。

负压值是负压设计的关键。一方面要保证孔眼清洁、冲刷出孔眼周围的破碎压实带中的细小颗粒,满足这一要求的负压称为最小负压;另一方面,负压值又不能超过某个值,以免造成地层出砂、垮塌、套管挤毁、封隔器失效或其他方面的问题,对应的这一临界值称为最大负压。合理射孔负压值的选择应当是既高于最小负压,又不超过最大负压。

W. T. Bell 根据世界范围内上千口射孔完井的经验,给出了根据产层渗透率及储层类型确定所需负压值的一个统计表,见表 7-8。

表 7-8 射孔负压设计经验准则

渗透率,$10^{-3}\mu m^3$	负压 Δp 范围,MPa	
	油层	气层
$K>100$	1.4～3.5	6.9～13.8
$10<K\leqslant100$	6.9～13.8	13.8～34.5
$K\leqslant10$	>13.8	>34.5

思 考 题

1. 油井完井主要有哪些方法?各自的优缺点是什么?
2. 选择完井方式主要应考虑哪些因素?
3. 简述目前主要的射孔工艺类型及其适用性。

第八章　油气层保护技术

钻井与完井的目的是为油气建立一条安全畅通的通道。在钻井与完井过程中,造成储层渗透率下降的现象称为储层损害。

为什么会发生储层损害呢?在储层被钻开之前,它的岩石、矿物和流体是在一定物理化学环境下处于一种物理化学的平衡状态。在被钻开后,钻井、完井过程都可能改变原来的环境条件,使平衡状态发生改变,从而造成储层渗透率的下降,储层损害,油气井产能降低。

储层损害是在外界条件影响下,储层内部性质发生变化造成的,凡是受外界条件影响而导致储层渗透性降低的储层内在因素,均属储层潜在损害因素(内因)。它包括储层孔隙结构、敏感性矿物、岩石表面性质和地层流体性质等。在施工作业时,任何能够引起储层微观结构或流体原始状态发生改变,并使油气井产能降低的外部作业条件,均为储层损害的外因。它包括入井流体性质、压差、温度和作业时间等可控因素。储层保护的核心是有针对性地控制各种外因,使储层的内因不发生改变或改变小,从而达到保护储层的目的。

第一节　钻井过程中的储层保护技术

钻井过程中,防止储层损害是保护储层系统工程的第一个工程环节。其目的是交给试油或采油部门一口无损害或低损害、固井质量优良的油气井。储层损害具有累加性,钻井中对储层的损害不仅影响储层的发现和油气井的初期产量,还会对今后各项作业损害储层的程度以及作业效果带来影响。因此搞好钻井过程中的储层保护工作,对提高勘探开发经济效益至关重要,必须把好这一关。

一、钻井过程中造成储层损害的原因

(一)储层损害原因

钻开储层时,在正压差的作用下,钻井液的固相进入储层造成孔喉堵塞,其液相进入储层与储层岩石和流体作用,破坏储层原有的平衡,从而诱发储层潜在损害因素,造成渗透率下降。

钻井过程中储层损害原因可以归纳为以下五个方面。

1. 钻井液中固相颗粒堵塞储层

钻井液中存在多种固相颗粒,如膨润土、加重剂、堵漏剂、暂堵剂、钻屑和处理剂的不溶物等。钻井液中小于储层孔喉直径或裂缝宽度的固相颗粒,在钻井液有效液柱压力与地层孔隙压力的压差作用下,进入储层孔喉和裂缝中形成堵塞,造成储层损害。损害的严重程度随钻井液中固相含量的增加而加剧,特别是分散得十分细的膨润土影响最大。

2. 钻井液滤液与储层岩石不配伍

钻井液滤液与储层岩石不配伍诱发以下五个方面的储层潜在损害因素:

(1)水敏。低抑制性钻井液滤液进入水敏储层,引起黏土矿物水化、膨胀、分散,而产生微

粒运移的损害源。

(2)盐敏。滤液矿化度低于盐敏的低限临界矿化度,引起黏土矿物水化、膨胀、分散和运移。如滤液矿化度高于盐敏的高限临界矿化度,也有可能引起黏土矿物去水化收缩破裂,造成微粒堵塞。

(3)碱敏。高pH值滤液进入碱敏储层,引起碱敏矿物分散、运移堵塞及溶蚀结垢。

(4)润湿反转。当滤液含有表面活性剂时,这些表面活性剂就有可能被亲水岩石表面吸附,引起储层孔喉表面润湿反转,造成储层油相渗透率降低。

(5)表面吸附。滤液中所含的部分处理剂被储层孔隙或裂缝表面吸附,缩小孔喉或孔隙尺寸。

3. 钻井液滤液与储层流体不配伍

钻井液滤液与储层流体不配伍可诱发以下五个方面储层潜在损害因素:

(1)无机盐沉淀。滤液中所含无机离子与地层水中无机离子作用,形成不溶于水的盐类,例如,含有大量碳酸根、碳酸氢根的滤液遇到高含钙离子的地层水时,形成碳酸钙沉淀。

(2)形成处理剂不溶物。当地层水的矿化度和钙、镁离子浓度超过滤液中处理剂的抗盐和抗钙、镁能力时,处理剂就会盐析而产生沉淀。例如,腐植酸钠遇到地层水中钙离子,就会形成腐植酸钙沉淀。

(3)发生水锁效应。特别是在低孔低渗气层中最为严重。

(4)形成乳化堵塞。特别是使用油基钻井液、油包水泥浆、水包油钻井液时,含有多种乳化剂的滤液与地层中原油或水发生乳化,可造成孔道堵塞。

(5)细菌堵塞。滤液中所含的细菌进入储层,如储层环境适合其繁殖生长,就有可能造成喉道堵塞。

4. 油相渗透率变化

钻井液滤液进入储层,改变了井壁附近地带的油气水分布,导致油相渗透率下降,增加油流阻力。

5. 负压差急剧变化

中途测试或负压差钻井时,如选用的负压差过大,可诱发储层速敏,引起储层出砂及微粒运移。此外,还会诱发地层中原油组分形成有机垢和产生应力敏感损害。

(二)影响储层损害程度的工程因素

钻井过程损害储层的严重程度不仅与钻井液类型和组分有关,而且随钻井液固相和液相与岩石、地层流体的作用时间和侵入深度的增加而加剧。影响作用时间和侵入深度主要是工程因素,这些因素可归纳为以下四个方面。

1. 压差

压差是造成储层损害的主要因素之一。通常钻井液的滤失量随压差的增大而增加,因而,钻井液进入储层的深度和损害储层的严重程度均随正压差的增加而增大。此外,当钻井液有效液柱压力超过地层破裂压力或钻井液在储层裂缝中的流动阻力时,钻井液就有可能漏失至储层深部,加剧对储层的损害。

2. 浸泡时间

当储层被钻开时,钻井液固相或滤液在压差作用下进入储层,其进入数量和深度及对储层损害的程度均随钻井液浸泡储层时间的增长而增加,浸泡时间对储层损害程度的影响不可忽视。

3. 环空返速

环空返速越大,钻井液对井壁滤饼的冲蚀越严重,因此,钻井液的动滤失量随环空返速的增高而增加,钻井液固相和滤液对储层侵入深度及损害程度也随之增加。此外,钻井液当量密度随环空返速增高而增加,因而钻井液对储层的压差也随之增高,损害加剧。

4. 钻井液性能

钻井液性能好坏与储层损害程度高低紧密相关。因为钻井液固相和液相进入储层的深度及损害程度,均随钻井液静滤失量、动滤失量、HTHP滤失量的增大和滤饼质量变差而增加。钻井过程中,起下钻、开泵所产生的激动压力随钻井液的塑性黏度和动切力增大而增加。此外,井壁坍塌压力随钻井液抑制能力的减弱而增加,维持井壁稳定所需钻井液密度随之增高,若坍塌层与储层同在一个裸眼井段,且坍塌压力又高于储层压力,则钻井液液柱压力与储层压力之差随之增高,就有可能使损害加重。

二、保护储层的钻井液技术

钻井液是石油工程中最先与储层接触的工作液,其类型和性能好坏直接关系到储层的损害程度,因而保护储层钻井液技术是搞好保护储层工作的首要技术环节。

(一)保护储层对钻井液的要求

钻开储层的钻井液不仅要满足安全、快速、优质、高效的钻井工程施工需要,而且要满足保护储层的技术要求。

1. 钻井液密度可调,满足不同压力储层近平衡压力钻井的需要

我国储层压力系数从0.4到2.87,部分低压、低渗、岩石坚固的储层,需采用负压差钻进来减少对储层的损害。因而,必须研究出从空气到密度为$3.0g/cm^3$的不同类型钻井液才能满足各种需要。

2. 降低钻井液中固相颗粒对储层的损害

钻井液中,除保持必需的膨润土、加重剂、暂堵剂等外,应尽可能降低钻井液中膨润土和无用固相的含量。依据所钻储层的孔喉直径,选择匹配的固相颗粒尺寸大小、级配和数量,尽可能减少固相侵入储层的数量与深度。此外,还可以根据储层特性选用暂堵剂,在油井投产时再进行解堵。对于固相颗粒堵塞会造成储层严重损害且不易解堵的井,钻开储层时,应尽可能采用无固相或无膨润土相钻井液。

3. 钻井液必须与储层岩石相配伍

对于中、强水敏性储层,应采用不引起黏土水化膨胀的强抑制性钻井液。例如,氯化钾钻井液、钾胺基聚合物钻井液、两性离子聚合物钻井液、阳离子聚合物钻井液、正电胶钻井液、油基钻井液和油包水钻井液等。对于盐敏性储层,钻井液的矿化度应控制在两个临界矿化度之间。对于碱敏性储层,钻井液的pH值应尽可能控制在7~8;如需调控pH值,最好不用烧碱作为碱度控制剂,可用其他种类的、对储层损害程度低的碱度控制剂。对于非酸敏储层,可选用酸溶处理剂或暂堵剂。对于速敏性储层,应尽量降低压差和严防井漏。采用油基钻井液、油包水钻井液、水包油钻井液时,最好选用非离子型乳化剂,以免发生润湿反转等。

4.钻井液滤液组分必须与储层中流体相配伍

确定钻井液配方时,应考虑以下因素:滤液中所含的无机离子和处理剂不与地层中流体发生沉淀反应;滤液与地层中流体不发生乳化堵塞;滤液表面张力低,以防发生水锁作用;滤液中所含细菌在储层所处环境中不会繁殖生长。

5.钻井液的组分与性能都能满足保护储层的需要

所用各种处理剂,应对储层渗透率影响小。要尽可能降低钻井液在各种状况下的滤失量及滤饼渗透性,改善流变性,降低当量钻井液密度和起下管柱或开泵时的激动压力。此外,钻井液的组分还必须有效地控制处于多套压力层系裸眼井段中的储层可能发生的损害。

(二)钻开储层的钻井液类型

为了达到上述对保护储层的钻井液的要求,减少对储层的损害。通过多年努力,我国已形成三大类十一种用于钻开储层的钻井液。

1.水基钻井液

由于水基钻井液具有成本低,配置、处理、维护较简单,处理剂来源广,可供选择的类型多,性能容易控制等优点,并具有较好的保护储层效果,因此是国内外钻开储层的常用钻井液体系。按其组分与使用范围可分为如下六种。

1)无固相清洁盐水钻井液

无固相清洁盐水钻井液不含膨润土和其他人为加入的固相,其密度靠加入不同数量和不同种类的可溶性盐进行调节,其密度可在 $1.0 \sim 2.30 \text{g/cm}^3$ 范围内;加入对储层无损害(或低损害)的聚合物来控制其滤失量和黏度;为了防腐,应加入对储层不发生损害或损害程度低的缓蚀剂。

无固相清洁盐水钻井液可以大大降低固相堵塞损害和水敏损害,但仅适用于套管下至储层顶部,储层为单一压力体系的裂缝性油层或强水敏油层。此种钻井液具有成本高、工艺复杂、对处理剂要求苛刻、对固控设备要求严格、腐蚀较严重和易发生漏失等问题,因此很少用作钻井液,只在射孔液与压井液中使用。

2)水包油钻井液

水包油钻井液是将一定量的油分散于水或不同矿化度盐水中,形成以水为连续相、油为分散相的无固相水包油钻井液。其组分除油和水外,还有水相增黏剂,主、辅乳化剂。其密度可通过调节油水比和加入不同数量和不同种类的可溶性盐来调节,最低密度可达 0.89g/cm^3。水包油钻井液的滤失量和流变性能可通过在油相或水相中加入各种低损害的处理剂来调节。此种钻井液特别适用于技术套管下至储层顶部的低压、裂缝发育及易发生漏失的储层。

3)无膨润土暂堵型聚合物钻井液

无膨润土暂堵型聚合物钻井液由水相、聚合物和暂堵剂固相粒子组成。其密度依据储层孔隙压力,采用不同种类和加量的可溶性盐来调节,但需注意不要诱发盐敏。其流变性能通过加入低损害聚合物和高价金属离子来调控,滤失量可通过加入各种与储层孔喉直径相匹配的暂堵剂来控制,这些暂堵剂在储层中形成内滤饼,阻止钻井液中固相或滤液继续侵入。此种钻井液在使用过程中必须加强固控工作,减少无用固相的含量。

我国现有的暂堵剂按其可溶性和作用原理可分为四类:

(1)酸溶性暂堵剂。常用的有细目或超细目碳酸钙、碳酸铁等能溶于酸的固相颗粒。油井投产时,可通过酸化消除储层井壁内、外滤饼而解除这种固相堵塞。此类暂堵剂不宜用于酸敏储层。

(2)水溶性暂堵剂。常用的有细目或超细目氯化钠和硼酸盐等。它仅适用于加有盐抑制剂与缓蚀剂的饱和盐水体系,所用饱和盐水要根据所配体系的密度大小加以选择。例如,低密度体系用硼酸盐饱和盐水或其他低密度盐水作基液,体系密度为 $1.03\sim1.20\text{g/cm}^3$。氯化钠盐粒加入到密度为 1.20g/cm^3 饱和盐水中,其密度范围为 $1.2\sim1.56\text{g/cm}^3$。选用高密度体系时,需选用氯化钙、溴化钙和溴化锌饱和盐水,然后加入氯化钙盐粒,密度可达 $1.5\sim2.3\text{g/cm}^3$。此类暂堵剂可在油井投产时,用低矿化度水溶解各种盐粒解堵。

(3)油溶性暂堵剂。常用的为油溶性树脂,按其作用可分为两类。一类是脆性油溶性树脂,它主要用作架桥粒子。这类树脂有油溶性聚苯乙烯,在邻位或对位上有烷基取代的酚醛树脂、二聚松香酸等。另一类是可塑性油溶性树脂,它的微粒在压差下可以变形,在使用中作为填充粒子。这类油溶性树脂有乙烯—醋酸乙烯树脂,乙烯—丙烯酸脂等。此类暂堵剂可由地层中产出的原油或凝析油加以溶解而解堵,也可注入柴油或亲油的表面活性剂加以溶解而解堵。

(4)单向压力暂堵剂。常用的有改性纤维素或各种粉碎极细的改性果壳、改性木屑等。此类暂堵剂在压差作用下进入储层,以其与储层孔喉直径相匹配的颗粒堵塞孔喉。当油气井投产时,储层压力大于井内液柱压力,在反方向压差作用下,将单向压力暂堵剂从孔喉中推出,实现解堵。

上述各类暂堵剂依据储层特性可以单独使用,也可联合使用。

无膨润土暂堵型聚合物钻井液通常只宜使用在技术套管下至储层顶部,而且储层为单一压力系统的井。此种钻井液尽管有许多优点,但成本高,使用条件较苛刻,因此在实际钻井过程中使用不多。

4)低膨润土聚合物钻井液

膨润土对储层会带来危害,但它能给钻井液提供必需的流变性和低的滤失量,并可减少钻井液所需处理剂加量,降低钻井液成本。低膨润土聚合物钻井液的特点是尽可能降低其中膨润土的含量,使其既能使钻井液获得安全钻井所必需的性能,又能不对储层产生较大的损害。钻井液与储层的配伍性及所必需的流变性能与滤失性能,可通过选用不同类型的聚合物和暂堵剂来达到。

5)改性钻井液

我国大部分井均采用长段裸眼钻开储层,技术套管没能封隔储层以上地层。为了减少对储层的损害,在钻开储层之前,需对钻井液进行改性,使其与储层特性相匹配,不诱发或少诱发储层潜在损害因素。其改性途径为:

(1)降低钻井液中膨润土和无用固相含量,调节固相颗粒级配;
(2)按照所钻储层特性调整钻井液配方,尽可能提高钻井液与储层岩石和流体的配伍性;
(3)选用合适类型的暂堵剂及加量;
(4)降低静滤失量、动滤失量、HTHT滤失量,改善流变性与滤饼质量。

此种钻井液在国内外被广泛用作钻开储层的钻井液,因为它的成本低,应用工艺简单,对井身结构和钻井工艺没有特殊要求,对储层损害程度较低。

6)屏蔽暂堵钻井液

当长裸眼井段中存在多套压力层系地层时,例如,上部井段存在高孔隙压力或处于强地应力作用下的易坍塌泥岩层或易发生塑性变形的盐膏层和含盐膏泥岩层,下部为低压储层;多套低压储层之间存在高孔隙压力的易坍塌泥岩层；老油区因采油或注水而形成的多压力层系地层等，如果采用以上阐述过的各类钻井液，均难以解决钻井液与储层间形成的过高压差而引起的储层损害。因为同在一个裸眼井段中，为了顺利钻井，钻井液密度必须按裸眼井段中所存在的最高孔隙压力来确定，否则就会发生井塌等井下复杂情况，轻则增加钻井时间，重则报废井，而这样做必然会对低压储层形成过高压差。为了解决此技术难题，近年来研制成功了屏蔽暂堵钻井液。

2. 油基钻井液

油基钻井液包括油包水钻井液。该类钻井液以油为连续相，其滤液为油，能有效地避免油层的水敏作用，对储层损害程度低，并具备钻井工程对钻井液所要求的各项性能，是一种较好的钻井液。但由于其成本高、对环境易产生污染、容易发生火灾等原因，在我国现场使用受到限制。

油基钻井液对储层仍然可能发生以下几方面损害：使油层润湿反转，降低油相渗透率；与地层水形成乳状液堵塞油层；储层中固相颗粒运移和油基钻井液中固相颗粒侵入等。因而在使用油基钻井液时，应通过优选组分来降低上述损害。

3. 气体类流体（或钻井液）

对于低压裂缝油气田、稠油油田、低压强水敏或易发生严重井漏的油气田及枯竭油气田，其储层压力系数往往低于 0.8，为了降低压差的损害，需实现近平衡压力钻井或负压差钻井。但上述两大类钻井液密度均难以满足要求。气体类流体以气体为主要组分来实现低密度，该类流体可分为四种。

1）空气

空气流体是由空气或天然气、防腐剂、干燥剂等组成的循环流体。由于空气密度最低，常用来钻已下过技术套管的下部漏失地层、强敏感性储层和低压储层。此种流体密度低、无固相和液相，从而减少对储层的损害。使用空气钻井，机械钻速高，并能有效预防井漏对储层的损害。但该类流体的使用，受到井壁不稳定、地层出水、井深等问题的限制。

2）雾

雾流体是由空气、发泡剂、防腐剂和少量水混合组成的流体，是空气钻井中的一种过渡性工艺，即当钻遇地层流体进入井中（其流量小于 $23.85 m^3/h$）而不能再继续采用空气作为循环流体钻进时，可向井内注入少量发泡液，使返出岩屑、空气和液体呈雾状。其压力低，对储层损害程度低，但它与空气一样，使用范围受限制。

3）泡沫流体

泡沫流体是由空气（或氮气、天然气等）、淡水（或咸水）、发泡剂和稳泡剂等组成的密集细小气泡，气泡外表为强度较大的液膜包围而成的一种气—水型分散体系。它在较低速度梯度下有较高的表观黏度，因而具有较好的携屑能力。使用泡沫流体钻井，机械钻速高，储层浸泡时间短，无固相，密度低（常压下为 $0.032\sim0.065 g/cm^3$），因而对储层损害程度低，适用于低压、易发生漏失且井壁稳定的储层。

4）充气钻井液

充气钻井液以气体为分散相、液相为连续相，并加入稳定剂，使之成为气液混合均匀而稳定的体系。

充气钻井液密度最低可达 $0.6 g/cm^3$，携砂能力好，可用来钻进低压、易发生漏失的储层，实现近平衡压力钻井,减少压差对储层的损害。

(三)屏蔽暂堵保护储层钻井液技术

屏蔽暂堵保护储层钻井液技术(简称屏蔽暂堵技术)主要用来解决裸眼井段多压力层系地层保护储层的技术难题,即利用钻进储层过程中对储层发生损害的两个不利因素(压差和钻井液中固相颗粒),将其转变为保护储层的有利因素,达到减少钻井液、水泥浆、压差和浸泡时间对储层损害的目的。

屏蔽暂堵技术的技术构思是利用储层被钻开时,钻井液液柱压力与储层压力之间形成的压差,在极短时间内,迫使钻井液中人为加入的各种类型和尺寸的固相粒子进入储层孔喉,在井壁附近形成渗透率接近于零的屏蔽暂堵带。此带能有效地阻止钻井液、水泥浆中的固相和滤液继续侵入储层,其厚度必须小于射孔弹射入深度,以便在完井投产时,通过射孔解堵。

形成渗透率接近于零的薄屏蔽暂堵带的技术要点为:

(1)测定储层孔喉分布曲线及孔喉的平均直径;

(2)按 1/2～2/3 孔喉直径选择架桥粒子(如超细碳酸钙、单向压力暂堵剂)的颗粒尺寸,使其在钻井液中含量大于 3%(可用粒度计检测钻井液中固相的颗粒粒径分布和含量);

(3)按颗粒直径小于架桥粒子(约 1/4 孔喉直径)选用充填粒子,其加量大于 1.5%;

(4)加入可变形的粒子,如磺化沥青、氧化沥青、石蜡、树脂等,加量一般为 1%～2%,粒径与充填粒子相当。变形粒子的软化点应与储层温度相适应。

三、保护储层的钻井工艺技术

钻井过程中,针对钻井工艺技术措施中影响储层的损害因素,可以采取降低压差以实现近平衡压力钻井、减少钻井液浸泡时间、优选环空返速、防止井喷井漏等措施来减少对储层的损害。

(一)建立四个压力剖面,为井身结构和钻井液密度设计提供科学依据

地层孔隙压力、破裂压力、地应力和坍塌压力是钻井工程设计和施工的基础参数,依据上述四个压力,才有可能进行合理的井身结构设计,确定合理的钻井液密度,实现近平衡压力钻井,从而减少压差对储层产生的损害。

(二)确定合理的井身结构是实现近平衡压力钻井的基本保证

井身结构设计原则有许多,其中最重要的是满足保护储层实现近平衡压力钻井的需要。因为我国大部分油气田均属于多压力层系地层,只有将储层上部的不同孔隙压力或破裂压力地层用套管封隔,才有可能采用近平衡压力钻进储层。如果不采用技术套管封隔,裸眼井段仍处于多压力层系。当下部储层压力大大低于上部地层孔隙压力或坍塌压力时,如果用依据下部储层压力系数确定的钻井液密度来钻进上部地层,则钻井中可能出现井喷、坍塌、卡钻等井下复杂情况,使钻井作业无法继续进行;如果依据上部裸眼段最高孔隙压力或坍塌压力来确定钻井液密度,尽管上部地层钻井工作进展顺利,但钻至下部低压储层时,就可能因压差过高而发生卡钻、井漏等事故,并且因高压差而给储层造成严重损害。综上所述,选用合理的井身结构是实现近平衡钻进储层的前提。

(三)实现近平衡压力钻井,控制储层的压差处于安全的最低值

平衡压力钻井是指钻井时井内钻井液柱有效压力等于所钻地层孔隙压力,即压差为零。

此时,钻井液对油层损害程度最小。

当钻井液柱有效压力大大小于地层孔隙压力时,就可能发生井喷和井塌等恶性事故。因而,在实际钻井作业中,为了既确保安全钻进,又尽可能将压差控制至安全的最低值,往往采取近平衡压力钻井。

为了尽可能将压差降至安全的最低限,对一般井来说,钻进时,应努力改善钻井液流变性和优选环空返速,降低环空流动阻力与钻屑浓度;起下钻时,应调整钻井液触变性,控制起钻速度,降低抽吸压力。对于地层孔隙压力系数小于 0.8 的低压储层,可依据实际的地层孔隙压力,分别选用充气钻井、泡沫流体钻井、雾流体或空气钻井,降低压差,甚至可采用负压差钻井,减少对储层的损害。

(四)降低浸泡时间

钻井过程中,储层浸泡时间从钻开储层开始直至固井结束,包括纯钻进时间、起下钻接单根时间、处理事故与井下复杂情况时间、辅助工作与非生产时间、完井电测时间、下套管及固井时间。为了缩短浸泡时间,减少对储层的损害,可从以下几方面着手:

(1)采用优选参数钻井,并依据地层岩石可钻性选用合适类型的牙轮钻头或 PDC 钻头及喷嘴,提高机械钻速;

(2)采用与地层特性相匹配的钻井液,加强钻井工艺技术措施及井控工作,防止井喷、井漏、卡钻、坍塌等井下复杂情况或事故的发生;

(3)提高测井一次成功率,缩短完井时间;

(4)加强管理,降低机修、组停、辅助工作和其他非生产时间。

(五)搞好中途测试

为了早期及时发现储层,准确认识储层的特性,正确评价储层产能,就要进行中途测试。中途测试是一项最有效打开新区勘探局面,指导下一步勘探工作部署的技术手段。大量事实表明,只要在钻井中采用与储层特性相匹配的优质钻井液,中途测试就有可能获得储层真实的自然产能。中途测试时,需依据地层特性选用负压差。压差不宜过大,以防止储层微粒运移或泥岩夹层坍塌。

(六)搞好井控,防止井喷井漏对储层的损害

钻井过程中,一旦发生井喷,就会诱发出大量储层潜在损害因素,如因微粒运移产生速敏损害、有机垢或无机垢堵塞、应力敏感损害、油气水分布发生变化而引起相渗透率下降等,使储层遭受严重损害,如压井措施不妥更加剧损害程度。因而,在钻井过程应严格搞好井控工作。

钻进储层过程中,一旦发生井漏,大量钻井液进入储层,造成固相堵塞,其液相与岩石或流体作用,诱发潜在损害因素。因而钻进易发生漏失的储层时,应尽可能采用密度较低的钻井液,保持近平衡压力钻进。也可预先在钻井液中加入能解堵的各种暂堵剂和堵漏剂来防漏,一旦发生漏失,尽量采用在完井投产时能用物理或化学解堵的堵漏剂进行堵漏。

(七)钻进多套压力层系地层所采用的保护储层钻井技术

前面已经阐述我国许多裸眼井段仍然存在多套压力层系,由于受到各种条件的制约,已不可能再下套管封隔储层以上地层,因而在钻开储层时,难以实行近平衡压力钻井,压差所造成的储层损害难以控制。对此类地层采取以下几种方法减轻储层的损害,这些方法不一定是最佳的保护储层技术方案,但往往在经济效益上是可行的。

(1)储层为低压层,其上部存在大段易坍塌高压泥岩层。对此类地层,可依据上部地层坍塌压力确定钻井液密度,以确保井壁稳定。为了减少对下部储层的损害,可在进入储层之前,转用与储层相匹配的屏蔽暂堵钻井液。

(2)裸眼井段上部为低压漏失层或破裂压力低的地层;下部为高压储层,其孔隙压力超过上部地层的破裂压力。对此类地层,可在进入高压储层之前进行堵漏,提高地层承压能力,堵漏结束后进行试压,证明上部地层承受的压力系数与下部地层相当时,再钻开下部储层。否则,一旦用高密度钻井液钻开储层,就可能发生井漏,诱发井喷,对储层产生损害。

(3)多层组高坍塌压力泥页岩与多层组低压易漏失储层相间。对此类地层,应提高钻井液抑制性,降低坍塌压力,按此值确定钻井液密度。为了减少对储层的损害,应尽可能提高钻井液与储层配伍性,采用屏蔽暂堵保护储层钻井液技术。

多压力层系地层多种多样,可参考上述原则来确定技术措施。

(八)调整井保护储层钻井技术

我国部分油气田开采已进入中后期,为了重新认识储层,改善和提高开发效果,实现油气田稳产,需对已投入开发的油气田,以开发新层系或井网调整为主要目的再钻一批井,这些井称为调整井。调整井的地层特性与油田勘探开发初期所钻的探井、开发井相比,已经发生较大变化。因而,钻调整井时所发生的储层损害的原因和防止损害措施也有所改变。

1. 调整井地层特点和引起储层损害的主要原因分析

由于长期采油与注水,老油气田储层特性主要发生三方面变化。一是同一井筒中形成多套压力层系或低压层,部分储层由于长期采油或注采不平衡,造成孔隙压力与破裂压力大幅度下降;部分地层因注水憋成高压,其孔隙压力甚至超过上覆压力或同一井筒中另一组地层的破裂压力;部分未投入开发的储层仍保持原始地层压力。上述这些地层与井筒中原有高坍塌压力地层、易发生塑性变形的盐膏层或含盐膏泥岩层组合形成多套压力层系,这些地层的孔隙压力或破裂压力与原始压力相差较大。二是储层孔隙结构、孔隙度、渗透率、岩石组成与结构等均已发生变化。例如,压裂就会使储层裂缝增多,连通性发生改善等。三是油气水分布发生变化,相渗透率也随之而改变。上述这些变化导致部分调整井钻井液密度大幅度增高,钻井过程中井喷、井漏、卡钻、地层坍塌不断发生,而井漏大多发生在低压储层中,对储层产生较大的损害。对于部分低压层,即使没发生井漏,高的液柱压力所形成的高压差也会加剧对储层的损害,高的液柱压力还有可能超过低压储层的破裂压力而诱发裂缝,造成井漏。而另一部分调整井,由于地层孔隙压力大幅度下降,储层连通性改善,采用原有的水基钻井液钻进,会不断发生井漏。部分储层甚至已无法采用密度大于 $1.0g/cm^3$ 的钻井液钻进。综上所述,井喷、井漏、高压差等因素加剧了调整井钻井过程中的储层损害程度。

2. 调整井保护储层钻井技术

调整井保护储层钻井技术仍需依据已发生变化的储层特性,按照前两节所阐述的原则进行优选。除此之外,还需依据调整井的特点采取一些特殊技术措施,来减少对储层的损害。

(1)采用重复式电缆电层测试器(RFT)测井、岩性密度测井、长源距声波测井或地层测试、电子压力计测压等方法,搞清调整井区地层孔隙压力,建立孔隙压力和破裂压力曲线。

(2)对于裸眼段均为低压层的井,可依据地层压力选用与储层特性相配伍的各类低密度钻井液,实现近平衡压力钻井,防止井漏。为了提高防漏效果,必要时可在钻井液中加入单封和各种暂堵剂。

(3)如果裸眼段是多压力层系,高压层是长期注水引起的,则应在钻调整井之前,停注泄压,或控制注水量,或停注停采。如个别地层压力极高,可预先打泄压井,降低地层压力。

(4)如果高压层是原始的高压储层,且裸眼段还存在压力系数相差较大的低压层,或高压层的孔隙压力超过其他地层破裂压力,则应通过:①设计合理井身结构来解决;②在钻开低压层后,进行预防性堵漏,提高地层承压能力,防止在钻进高压层时因提高钻井液密度而发生井漏;③在钻高压层后,进入低压层之前,往钻井液中加入各种暂堵剂或堵漏剂,采取预防性的循环堵漏。如果漏层是储层,无论预防性堵漏,还是漏失后堵漏,所采用的堵漏剂都需采用在油井投产时能用物理或化学方法进行解堵的材料。

第二节　完井过程中的储层保护技术

完井作业是油气田开发总体工程的重要组成部分。和钻井一样,在完井过程中也会造成对储层的损害。如果完井作业处理不当,就有可能严重降低油气井的产能,使钻井过程中的保护储层措施功亏一篑。因此,必须了解完井过程对储层损害的特点,了解各种保护储层的完井技术。

一、保护储层的固井技术

套管固井是为了封隔各油气水层及夹层,防止油气水上窜,为各层组储层分别投产或进行各项井下作业创造条件。固井作业对储层的损害主要反映在固井质量和水泥浆对储层损害程度两个方面。

(一)固井质量和保护储层之间的关系

固井质量的主要技术指标是环空封固质量,而环空的封固质量直接影响储层在今后各项作业中是否会受到损害,其原因有以下几点:

(1)环空封固质量不好,不同压力系统的油气水层相互干扰和窜流,易诱发储层中潜在损害因素,如形成有机垢、无机垢、发生水锁作用、乳化堵塞、细菌堵塞、微粒运移、相渗透率变化等,从而对投产的储层产生损害,影响产量。

(2)环空封固质量不好,当油井进行增产、注水、热采等作业时,各种工作液就会在井下各层中窜流,对储层产生损害。如酸化压裂液窜入未投产储层,而没能及时反排,就会对该储层产生损害;注入水窜进入未投产的水敏储层,就会使该层中岩石发生水化膨胀分散,从而影响有效渗透率,水的进入也改变了该层相渗透率等。

(3)环空封固质量不好,会使油气上窜至非产层,引起油气资源损失。

(4)固井质量不好,易发生套管损坏和腐蚀,引起油气水互窜,造成对储层的损害。

综上所述,固井质量不好是对储层的最大损害,而且会影响到油气井生产全过程。

(二)水泥浆对储层损害原因分析

固井作业中,在钻井液和水泥浆有效液柱压力与储层孔隙压力之间产生的压差作用下,水泥浆通过井壁被破坏的滤饼而进入储层,对储层产生损害。水泥浆对储层产生损害的原因可归纳为以下三个方面。

1.水泥浆中固相颗粒堵塞储层

水泥浆中固相颗粒直径较大,但粒径为 5~30μm 的仍占 15% 左右,多数砂岩孔喉直径大于此值,因此在压差作用下,这些颗粒仍能进入储层孔喉中,堵塞油气孔道。根据资料报道,水泥浆固相颗粒侵入深度约为 2cm。但如果固井中发生井漏,则水泥浆中固相颗粒就有可能进入储层深部,造成严重损害。

2.水泥浆滤液与储层岩石和流体作用而引起的损害

水泥浆失水量通常均高于钻井液滤失量,没有加入降失水剂的水泥浆 API 失水量高达 1500mL 以上。室内试验结果表明,尽管在实际渗透性地层中,水泥浆失水量比按 API 标准测得的失水量小 1/60~1/150,水泥浆滤液仍对储层产生损害。因为水泥与水发生水化反应时,在滤液中形成大量 Ca^{2+}、Fe^{2+}、Mg^{2+}、OH^-、CO_3^{2-} 和 SO_4^{2-} 等多种离子,OH^- 会诱发碱敏矿物分散运移,上述离子还可能与地层流体作用形成无机垢,滤液还会引发水锁作用与乳化堵塞,滤液中所含表面活性物质可能使岩石发生润湿反转等,上述这些作用都会使储层受到损害。

3.水泥浆中无机盐结晶沉淀对储层的损害

水泥浆在水化过程中游离和溶解出大量无机离子,在静止状态下,由于水泥浆液相 pH 值高,这些离子以过饱和状态存在于液相中。但在固井过程中,液相中无机离子随滤液进入储层,由于条件的变化,这些无机离子将以结晶析出或沉淀出 $Ca(OH)_2$、$CaSO_4$、$CaCO_3$ 等,堵塞孔喉,降低储层渗透率。

水泥浆对储层损害程度与水泥浆组分、失水量大小、钻井液滤饼质量及外滤饼消除情况、压差大小和固井过程在储层是否发生过漏失等因素有关。室内试验结果表明,在有滤饼存在的情况下,水泥浆可能使储层渗透率下降 10%~20%。水泥浆对储层的损害程度随钻井液滤饼质量变差而加剧,随井漏的发生而趋于恶化。

(三)保护储层的固井技术

1.提高固井质量是固井作业中保护储层的主要措施

固井作业施工时间短,工序内容多,材料消耗大,技术性强,未知影响因素复杂。因此,要优质地固好一口井,必须精心设计、精心施工、严密组织、严格质量控制,在施工后形成一个完整的水泥环,使水泥与套管、水泥与井壁固结好,水泥胶结强度高,油气水层封隔好,不窜、不漏。为满足上述要求,确保固井质量,可采取以下主要技术措施。

1)改善水泥浆性能

推广使用 API 标准水泥和各种优质外加剂。根据产层特性和施工井况,采用减阻、降失水、调凝、增加水泥石早期强度、抗腐蚀、防止强度衰退等外加剂,合理调配水泥浆各项性能指标,以满足安全泵注、替净、早期强度、防损害、耐腐蚀及稳定性的要求。

2)合理压差固井

严格按照地层压力和破裂压力设计水泥浆密度及浆柱结构,并采用密度调节材料满足设计要求。保证注水泥过程中不发生水泥浆漏失。漏失严重的井,必须先堵漏,后固井。

3)提高顶替效率

注水泥前,必须处理好钻井液性能,使钻井液具备流动性好、触变性合理、失水造壁性好的特点,并采用优质冲洗液和隔离液、合理安放旋流扶正器、主封固段紊流接触时间不低于 7~

10min等方法,让滞留在井壁处的"死钻井液区"尽量顶替干净。

4)防止水泥浆失重引起环空窜流

水泥浆候凝过程中地层油气水窜入环空,是水泥浆失重引起浆柱有效压力与地层压力不平衡的结果。如果高压盐水窜入水泥柱,还可导致水泥浆长期不凝。防止环空窜流,除确保良好的顶替效率外,主要措施是采用特殊外加剂,通过改变水泥浆自身物理化学特性,以弥补失重造成的压力降低。最有效的方法是采用可压缩水泥、不渗透水泥、触变水泥、直角稠化水泥及多凝水泥等。此外,还可采用分级注水泥、缩短封固段长度及井口加回压等工艺措施。

2. 降低水泥浆失水量

为了减少水泥浆固相颗粒及滤液对储层的损害,需在水泥浆中加入降失水剂,控制失水量小于250mL(尾管固井时,控制失水量小于50mL)。控制水泥浆失水量,不仅有利于保护储层,而且是保证安全固井,提高环空层间封隔质量及顶替效率的关键因素。

3. 采用屏蔽暂堵钻井液技术

钻开储层时,采用屏蔽暂堵钻井液技术,在井壁附近形成屏蔽环,此环带也可在固井作业中阻止水泥浆固相颗粒和滤液进入储层。

二、射孔完井的保护储层技术

射孔完井工艺对油气井产能的高低有很大影响。如果射孔工艺和射孔参数选择恰当,可以使射孔对储层的损害程度减到最小,还可以在一定程度上缓解钻井对储层的损害,从而使油气井产能恢复甚至达到天然生产能力。如果射孔工艺和射孔参数选择不当,射孔本身就会对储层造成极大的损害,甚至超过钻井损害,从而使油气井产能很低。有些井的产能只是天然生产能力的20%~30%,甚至完全丧失产能。

(一)射孔对储层的损害分析

射孔对储层的损害,可归纳为以下几个主要方面。

1. 成孔过程对储层的损害

为了研究成孔过程中孔眼周围岩石的状况,1978年,R. J. Sanucier发表了用贝雷砂岩靶射孔,然后沿孔眼轴线方向剖开岩心靶,观察孔眼周围岩石受损害的文章。观察表明,在最靠近孔眼约2.54mm(0.1in)厚的严重破碎带处,产生大量裂缝,有较高的渗透率;向外约2.54~5.08mm(0.1~0.2in)厚为破碎压实带,渗透率降低;再向外约5.08~10.16mm(0.2~0.4in)厚为压实带,此处渗透率大大降低。Sanucier指出,在孔眼周围大约12.70mm(0.5in)厚的破碎压实带处,其渗透率K_{cz}约为原始渗透率K_{cr}的10%。这个渗透率极低的压实带将极大地降低射孔井的产能,而目前的射孔工艺技术尚无法消除它的影响。

此外,若射孔弹的性能不良,也会形成杵堵。聚能射孔弹的紫铜罩约有30%的金属质量能转变为金属微粒射流,其余部分是碎片以较低的速度跟在射流后面而移动,且与套管、水泥环、岩石等碎屑一起堵塞已经射开的孔眼。这种杵堵非常牢固,酸化及生产流体的冲刷都难以将其清除。

2. 射孔参数不合理或储层打开程度不完善对储层的损害

射孔参数是指孔密、孔深、孔径、布孔相位角、布孔格式等。若射孔参数选择不当,将引起射孔效率的严重降低。

射孔参数越不合理(孔密过低、孔眼穿透浅、布孔相位角不当等),产生的附加压降就越大,油气井的产能也越低,上述情况称为打开性质不完善井。

由于种种原因,储层有可能不宜完全射开。如油层有气顶和底水,油层段仅射开中间1/3。由于可供流通的孔眼集中在1/3的油层段内,使得井底附近的流速更高,附加阻力更大,这种情况称为打开程度和打开性质双重不完善井。

3. 射孔压差不当对储层的损害

所谓射孔压差,是指射孔液柱的回压与储层孔隙压力之差。若采用正压差射孔(射孔液柱回压高于储层孔隙压力),在射开储层的瞬间,井筒中的射孔液就会进入射孔孔道,并经孔眼壁面侵入储层。与此同时,由于正压差射孔的"压持效应",将促使已被射开的孔眼被射孔液中的固相颗粒、破碎岩屑、子弹残渣所堵塞。有人认为钻井液正压差射孔时,在已经形成的孔眼中,大约有1/3的孔眼被完全堵死,呈永久性堵塞。正压差射孔还将造成更严重的压实损害带,特别是气层。这可能是由于孔隙中的气相比原油更易压缩,不易支撑孔隙的缘故。

负压差射孔(射孔液柱回压低于储层孔隙压力),在成孔瞬间由于储层流体向井筒中冲刷,对孔眼具有清洗作用。合理的射孔负压差值可确保孔眼完全清洁、畅通。但其负压差值的大小,必须科学合理地制定,否则同样不能充分发挥负压差射孔的优越性。

4. 射孔液对储层的损害

正压差射孔必然会造成射孔液对储层的损害,即使是负压差射孔,射孔作业后,有时由于种种原因,需要起下更换管柱,射孔液也就成为压井液了。

射孔液对储层的损害包括固相颗粒侵入和液相侵入两个方面。侵入的结果将降低储层的绝对渗透率和油气相对渗透率。如果射孔弹已经穿透钻井损害区,此时射孔液的损害不但将使井底附近的地层在受到钻井液损害以后,再进一步受到射孔液的损害,而且将使钻井损害区以外未受钻井液损害的地层也受到射孔液的损害。因此,射孔液的不利影响有时要比钻井液更为严重。

采用有固相的射孔液或将钻井液作为射孔液时,固相颗粒将进入射孔孔眼,从而将孔眼堵塞。较小的颗粒还会穿过孔眼壁面而进入储层,引起孔隙喉道的堵塞。射孔液液相进入储层将产生多种机理的损害。

因此,应根据储层物性,通过室内筛选,选择能与储层配伍、满足射孔施工要求的射孔液。

(二)保护储层的射孔完井技术

射孔完井的产能效果取决于射孔工艺和射孔参数的优化配合。射孔工艺包括射孔方法、射孔压差和射孔液。

1. 正压差射孔的保护储层技术

虽然负压差射孔具有显著的优越性,应尽量采用负压差射孔,但并不是说在任何油气井都可以实施负压差射孔。某些油气井仍然需要采用正压差射孔工艺。

正压差射孔的保护储层技术主要有以下两个方面:一是应通过筛选实验,采用与储层相配伍的无固相射孔液;二是应控制正压差值不超过2MPa。

2. 负压差射孔的保护储层技术

负压差射孔可以使射孔孔眼得到瞬时冲洗,形成完全清洁畅通的孔道,可以避免射孔液对储层的损害。负压差射孔可以免去诱导油流工序,甚至也可以免去解堵酸化投产工序。因此,负压差射孔是一种保护储层、提高产能、降低成本的完井方法。

负压差射孔的保护储层技术也可分为两个方面：一是和正压差射孔一样，应通过筛选实验，采用与储层相配伍的无固相射孔液；二是应科学合理地制定负压差值。

3. 合理射孔负压差值的确定

负压差射孔时，首先应考虑确保孔眼完全清洁所必须满足的负压差值。若负压差值偏低，便不能保证孔眼完全清洁畅通，降低了孔眼的流动效率。但若负压差值过高，有可能引起地层出砂或套管被挤毁。因此，必须科学合理地确定所需的负压差值。

4. 保护储层的射孔液

射孔液是射孔作业过程中使用的井筒工作液，有时它也作为射孔作业结束后的生产测试、下泵等压井液。对射孔液的基本要求是保证与储层岩石和流体相配伍，防止射孔作业过程中和射孔后的后续作业过程中，对储层造成损害。同时，应满足射孔及后续作业的要求，即应具有一定的密度，具备压井的条件，并应具有适当的流变性，以满足循环清洗炮眼的需要。

目前国内外使用的射孔液有六种体系。

1) 无固相清洁盐水射孔液

无固相清洁盐水射孔液一般由无机盐类、清洁淡水、缓蚀剂、pH值调节剂和表面活性剂等配制而成。其中，无机盐类的作用是调节射孔液的密度和暂时防止储层中的黏土矿物水化膨胀分散造成水敏损害；缓蚀剂的作用是降低盐水的腐蚀性；pH值调节剂的作用是调节清洁盐水的pH值在一合适范围，以免造成碱敏损害；表面活性剂的作用是降低滤液的界面张力，以利于进入储层的滤液反排，以及清洗岩石孔隙中析出的有机垢。为减小造成乳化堵塞和润湿反转损害的可能性，最好使用非离子表面活性剂。

2) 阳离子聚合物黏土稳定剂射孔液

阳离子聚合物黏土稳定剂射孔液可以是用清洁淡水或低矿化度盐水，加阳离子聚合物黏土稳定剂配制而成，也可以在清洁盐水射孔液的基础上，加入阳离子聚合物黏土稳定剂配制而成。一般来说，对不需加重的地方，用前一种方法较好。这类射孔液除具有清洁盐水的优点外，还克服了清洁盐水稳定黏土时间短的缺点，对防止后续生产作业过程的水敏损害具有很好的作用。

3) 无固相聚合物盐水射孔液

无固相聚合物盐水射孔液是在无固相清洁盐水的基础上，添加高分子聚合物配制而成。其保护储层机理是利用聚合物提高射孔液的黏度，以降低滤失速率和滤失量，提高清洗炮眼的效果，其余与无固相清洁盐水基本相同。使用该类射孔液时，长键高分子聚合物进入储层会被岩石表面吸附，从而减少孔喉有效直径，造成储层的损害，因此应权衡增黏降滤失量与聚合物损害的利弊，一般不宜在低渗透储层中使用，仅宜于在裂缝性或渗透率较高的孔隙性储层中使用。

4) 暂堵型聚合物射孔液

暂堵型聚合物射孔液主要由基液、增黏剂和桥堵剂组成。基液一般为清水或盐水，增黏剂为对储层损害小的聚合物，桥堵剂为颗粒尺寸与储层孔喉大小和分布相匹配的固相粉末。常用的桥堵剂有酸溶性、水溶性和油溶性三种。对于必须酸化压裂才能投产的储层，可用酸溶性桥堵剂；对于含水饱和度较大、产水量较高的储层，可用水溶性桥堵剂；其他情况最好用油溶性桥堵剂。这类射孔液保护储层的机理是，通过暂堵减少滤液和固相侵入储层的量，从而达到保护储层的目的。

5) 油基射孔液

油基射孔液可以是油包水型乳状液，或直接采用原油，或柴油与添加剂配制。油基射孔液可避免储层的水敏、盐敏危害，但应注意防止储层润湿反转，乳状液及沥青、石蜡的堵塞以及防火安全等问题，这类射孔液价格比较昂贵，一般很少使用。

6) 酸基射孔液

酸基射孔液是由醋酸或稀盐酸与缓蚀剂等添加剂配制而成。其保护储层机理是利用盐酸、醋酸本身溶解岩石与杂质的能力，使孔眼中的堵塞物以及孔眼周围的压实带得到一定的溶解，并且酸中的阳离子也有防止水敏损害的作用。使用该类射孔液应注意酸与岩石或地层流体反应生成物的沉淀和堵塞，设备、管线和井下管柱的防腐等问题，一般不宜于在酸敏性储层及 H_2S 含量高的储层使用。

实际选择射孔液时，首先应根据储层的特性和现场所能提供的条件确定最适宜的射孔液，然后根据储层的岩心矿物成分资料、孔隙特征资料、油水组成资料及五敏试验资料，进行射孔液的配伍性试验。通过上述工作，才能确定对本地区储层无损害或基本无损害的优质射孔液、压井液。

5. 射孔参数优化设计

要想获得理想的射孔效果，使油气井的产能最高，除了需要合理选择射孔方法、射孔压差和射孔液以外，还需要进行射孔参数的优化设计。

储层保护技术是钻井与完井过程中的关键技术，因此，在设计和施工中必须予以高度重视。

思 考 题

1. 简述常见的钻井与完井液体系及各自适用的条件。
2. 钻井过程中造成油气层伤害的原因有哪些？
3. 常用的保护油气层的钻井液有哪些？
4. 常用的保护油气层的钻井技术有哪些？
5. 常用的保护油气层的固井技术有哪些？
6. 常用的保护油气层的射孔技术有哪些？

参 考 文 献

[1] 刘希圣. 钻井工艺原理(上、中、下). 北京:石油工业出版社,1988.
[2] 陈庭根,管志川. 钻井工程理论与技术. 东营:石油大学出版社,2000.
[3] 陈平,等. 钻井与完井工程. 2版. 北京:石油工业出版社,2011.
[4] 万仁溥. 现代完井工程. 3版. 北京:石油工业出版社,2008.
[5] 钻井手册编写组. 钻井手册. 2版. 北京:石油工业出版社,2013.
[6] 刘刚,金业权. 钻井井控风险分析与控制. 北京:石油工业出版社,2011.
[7] 金业权,刘刚. 钻井装备与工具. 北京:石油工业出版社,2012.
[8] 楼一珊,金业权. 岩石力学与石油工程. 北京:石油工业出版社,2006.
[9] 鄢捷年,黄林基. 钻井液优化设计与实用技术. 东营:石油大学出版社,1993.
[10] 郝俊芳. 平衡压力钻井与井控. 北京:石油工业出版社,1992.
[11] 高德利. 井眼轨迹控制. 东营:石油大学出版社,1994.
[12] 刘瑞文. 现代完井技术. 北京:石油工业出版社,2009.
[13] 步玉环,王德新. 完井与井下作业. 东营:中国石油大学出版社,2006.
[14] 张明昌. 固井工艺技术. 北京:中国石化出版社,2007.
[15] 徐同台,熊友明,康毅力. 保护油气层技术. 3版. 北京:石油工业出版社,2010.
[16] 韩志勇. 定向井设计与计算. 北京:石油工业出版社,1989.
[17] 周开吉,郝俊芳. 钻井工程设计. 东营:石油大学出版社,1996.
[18] Gillick S, Hamilton R, Smith Bits, Singh A, Rock Mechanics Lab Testing And Computerized Simulation of Bit Dynamics Improves Drilling Performance in Horizontal Chalk Reservoirs[R]. SPE/IADC 87101, March 2004.
[19] Cstalder S, Raynal J. Measurement of Some Mechanical Properties of Rock and Their Relationship to Rock Drillability[J]. Journal of Petroleum Technology, 1966, 18(08): 991-996.
[20] Calderoni J D, Brugman R E, Vogel J W, Jenner. The Continuous Circulation System —From Prototype to Commercial Tool[R]. SPE 102851-MS, 2006.
[21] Robert D Grace. Advanced Blowout and Well Control[M]. Houston, Texas: Gulf Publishing Company, 1994.
[22] Aldred W, Plumb D, Bradford I, et al. Managing Drilling Risk[J], Oilfield Review, 1999, 11(2): 2-19.
[23] Joe DeGeare, David Haughton, Mark McGurk. The Guide to Oilwell Fishing Operations: Tools, Techniques, and Rules of Thumb[M]. Burlington: Gulf Professional Publishing, 2003.
[24] Abdrakhmanov G S, Ibatullin R, Robinson B, et al. Isolation profile liner helps stabilize problem well bores[J]. Oil and Gas Journal, 1995, 93(37), 50-52.
[25] Grace R, D, et al. Field Examples of Gas Migration Rates. SPE 35119 March 1996, 9-2.
[26] Dave McKay, Greg Galloway and Ken Dalrymple. New Developments in the Technology of Drilling with Casing: Utilizing a Displaceable DrillShoe Tool[R]. World Oil Casing Drilling Technical Conference. 2003.
[27] Jenner J W, Elkins H, Springett F, et al. The continuous circulation system: an advance in constant pressure drilling[J]. SPE Drilling & Completion, 2005, 20(03): 168-178.